发酵工程实验指导

第 3 版

主　编　吴根福

编　者　吴根福　鲁栋樑　杨志坚

高等教育出版社·北京

内容简介

本书为高等院校发酵工程实验教学用书,全书分为基础发酵实验和综合发酵实验两大类。基础发酵实验以抗生素发酵为主线,涵盖菌种的选育、复壮与保藏,培养基及培养条件的优化,发酵效价的测定和污染的检测等内容,还编入了甜酒酿发酵、酸乳发酵、泡菜发酵和工程菌发酵等实验内容,适合常规教学体制下的实验安排。综合发酵实验包括液态通气搅拌发酵(以谷氨酸发酵为代表)、液态静置发酵(以啤酒发酵为代表)和固态发酵(以红曲发酵为代表)3个系列共50余个实验,涉及培养基的配制和灭菌、菌种扩大培养、发酵分析、过程控制和产物提取等内容,适于集中式教学的实验安排。

第3版配套的数字课程包括所有实验的电子课件,还提供部分基础实验及系列实验的视频,共约300分钟,以供教学参考。

本书可作为高等院校生物科学、生物技术、生物工程及食品科学等专业本科生和硕士生的实验教材,也可作为相关科技工作人员的参考书。

图书在版编目(CIP)数据

发酵工程实验指导 / 吴根福主编 . -- 3 版 . -- 北京:高等教育出版社,2021.7

ISBN 978-7-04-056194-4

Ⅰ. ①发… Ⅱ. ①吴… Ⅲ. ①发酵工程－实验－高等学校－教学参考资料 Ⅳ. ① TQ92-33

中国版本图书馆 CIP 数据核字(2021)第 112493 号

Fajiao Gongcheng Shiyan Zhidao

策划编辑 高新景	责任编辑 高新景	封面设计 李卫青	责任印制 耿 轩

出版发行	高等教育出版社	网 址	http://www.hep.edu.cn
社 址	北京市西城区德外大街4号		http://www.hep.com.cn
邮政编码	100120	网上订购	http://www.hepmall.com.cn
印 刷	人卫印务(北京)有限公司		http://www.hepmall.com
开 本	787mm×1092mm 1/16		http://www.hepmall.cn
印 张	14.5	版 次	2006 年 5 月第 1 版
字 数	340千字		2021 年 7 月第 3 版
购书热线	010-58581118	印 次	2021 年 7 月第 1 次印刷
咨询电话	400-810-0598	定 价	28.00 元

数字课程（基础版）

发酵工程实验指导

（第3版）

主编　吴根福

发酵工程实验指导（第3版）

《发酵工程实验指导》（第3版）数字课程包括所有实验的电子课件，以及实验基本操作和部分系列实验的视频，以供教师教学和学生自学参考。

用户名：　　　密码：　　　验证码：　　　5360　忘记密码？　登录　注册

http://abook.hep.com.cn/56194

扫描二维码，下载Abook应用

发酵工程是利用生物，特别是微生物的特定性状和功能，通过现代化工程技术来生产有用物质或将生物直接用于工业化生产的技术体系，是建立在发酵工业基础上，与化学工程相结合而发展起来的一门学科，是连接生命科学研究与应用的桥梁。在当今生物技术领域起领头羊作用的基因工程和细胞工程，只是利用分子生物学的最新成就，操纵基因，定向地改造物种。若要将它们转化成产品，还必须依靠发酵工程，对这些"工程菌"或"工程细胞株"进行大规模培养，以生产出大量有用的产物或发挥其独特的生理功能。因此发酵工程与生物制药、食品酿造、化工生产、环境保护、饲料加工、微生物冶金、生物质能开发等国民经济领域具有非常密切的联系。掌握发酵工程的基本理论，熟悉发酵工艺流程及常用的实验技术，无论对今后有志于科学研究的学生，还是对希望在生产中大显身手的学生，都具有十分重要的意义。

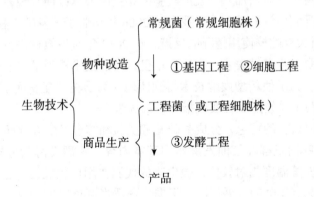

在传统的教学体系中，理论学习往往占主导地位，实验教学只是为验证理论课的某些内容而设立。因此，无论是教学课时数、学分数，还是老师和学生的重视程度，实验教学都无法与理论教学相比，而现代社会对学生动手能力和综合素质的要求越来越高。我们参照国外某些大学的做法，将发酵工程设定成一门以实验操作为主、理论讲解为辅的技能训练课程，通过学习，要求学生掌握发酵工程的基本理论，了解发酵工业的特点及发酵工程学的发展概况，更重要的是通过几种常见发酵产品的实验室中型发酵实验，熟悉发酵工业的整体流程，掌握有氧发酵和无氧发酵、液态发酵和固态发酵等常规发酵方法及发酵产品的后处理技术。由于发酵工程实验的集成度较高，涉及分析化学、有机化学、生物化学、微生物学、发酵工艺学、化学工程等多个学科的内容，进行这样的实验不仅可巩固原来已学过的知识，还可以极大地提高学生的综合实验能力。发酵工程实验还是一门开放性的课程，在同一单位时间内，不同的组进行不同的实验，各项操作要求学生参照实验指导和教学视频自行摸索，独立完成；发酵工程实验更是一门协作性很强的课程，为了同一个目标，各小组分工合作，轮流值班，进行发酵指标的测定和发酵参数的调节。通过这样的训练，不但学生的创造性、自主性和责任心得到锻炼，而且其吃苦耐劳精神、团队协作精神也得到培养，发现问题、分析问题和解决问题的能力得以提高。

鉴于微生物发酵的周期较长，实验须连续进行，在常规的教学体制中很难对发酵大实验进行合理的安排。为了让同学们尽可能全面、直观地理解发酵工程的内涵，我们从1999年开始利用短学期（春夏学期结束后或秋冬学期开学前，共 10 d）开设了发酵工程技能训练课程。我们选取了液态搅拌发酵（以谷氨酸发酵为代表）、液态静置发酵（以啤酒发酵为代表）和固态浅盘发酵（以红曲发酵为代表）三大系列实验，提供一切可能的条件让同学们亲自生产味精、酿制啤酒、发酵红曲。之所以选择这三大系列实验，是因为这三类发酵的代谢基础已经在生物化学和微生物学中介绍过，发酵周期与课时比较吻合，且发酵过程分析内容充实，有利于学生动手能力的锻炼。另外，这三类发酵，特别是谷氨酸发酵，涵盖了菌种的扩大培养、培养基的配制及灭菌、接种、无菌空气的制备、发酵控制、产物分离、纯化结晶等操作单元，系统性强，不但在发酵工业中占有重要地位，而且与日常生活关系密切，有利于激发学生的兴趣。

经过多年的实践，学生反映很好。为了总结和检验教学成果，我们在教育部高等教育司的大力支持下，于2004年9月组织了全国高等院校生物技术实验教学交流会。会议中许多老师建议在教材编写时增加基础发酵实验的相关内容，以便常规教学体制下的课程教学选用。在听取老师们建议的基础上，我们于2006年出版了《发酵工程实验指导》，并根据该教材在 50 多所大专院校使用情况的反馈，于2013年对该教材进行了修订（第 2 版）。时间过得很快，转眼 7 年又过去了。在这 7 年里，发酵技术得到了飞速的发展，教材形态也有了很大的进步。为了使新型发酵技术得到体现，为了在"互联网＋"时代更好地满足教学需要，我们编写了《发酵工程实验指导》第 3 版。

第 3 版保留了原教材的特色，分成基础发酵实验和综合发酵实验两大类。综合实验部分以谷氨酸发酵、啤酒发酵和红曲发酵作为基本内容。啤酒发酵为分批发酵，以酵母菌作为发酵的主体，发酵温度相对较低，微生物的代谢作用比较缓慢，主发酵周期在 6 d 左右，学生只需每天测定发酵的进展情况，根据进程适当调整发酵参数，而不需要在发酵过程中流加原料。红曲发酵是一种需氧固态发酵，以红曲霉菌作为发酵的主体，发酵温度在30℃左右，在浅盘中进行，因此需要在接种后每天观察生长情况，适当补充水分。以上两大实验可以全部安排在白天进行。而谷氨酸发酵是补料分批发酵，以谷氨酸棒状杆菌作为发酵的主体，发酵温度在 32~34℃，发酵周期在 36 h 左右。由于在发酵过程中产生大量有机酸，pH 会不断降低，因此要根据产酸情况适当流加氨水或尿素（既充当氮源，又能调节 pH），并根据发酵的各项参数调整通风量、开闭冷却水等，实验必须连续进行（需要值夜班）。

除了酵母菌、霉菌和细菌外，放线菌也是一类重要的工业微生物。但由于放线菌生长相对较慢，发酵周期较长，又是需氧发酵，在实验室进行中试规模的实验不太现实，因此只在基础实验部分作为重点加以介绍。另外，酶制剂也是一类重要的发酵制品，而且淀粉酶、蛋白酶产生菌株的筛选相对容易，不需要特别的设备，适于普通轻工专业师生选用，因此也在基础发酵实验中作了详细的阐述。

与第 2 版教材相比，第 3 版有以下几方面的改进：①基础发酵部分增加了基本操作技能的训练视频，以利于学生对实验技能的复习和巩固；②对谷氨酸发酵部分进行了较大调整，使结构更加合理，语句更加通顺；③对啤酒发酵部分进行了更新，补充了精酿技术，增加了操作视频，特别是啤酒厂现场拍摄的视频；④对红曲发酵进行了更新，增加了实验内容。为便于教师备课及学生预习和复习，配套的教学课件连同操作视频（书中以 ▶ 表示），以数字课程的形式呈现在高等教育出版社的新形态教材网站上。

本课程建议 96 学时。有条件的学校可安排在 10 d 内完成，三大系列发酵实验穿插进行，在实验的间隙适当安排一些基础发酵实验或是发酵工程基本理论方面的专题讲座。采用常规教学体制的学校也可选取其中的部分实验进行教学，除了谷氨酸发酵外，其他实验都适合于每周一次的实验安排，详细建议请参见相关章节的介绍。

为了提高教学效率，建议将实验安排分时段详细地告诉学生（见"发酵工程实验时间安排表"），让他们按该时间表进行各项操作。因为发酵工程实验是一个连续的、开放性的大实验，三大发酵同时进行，因此下列几点必须引起学生的注意：

（1）充分发挥主观能动性　实验 2~3 人一个小组，8~10 人一个大组，根据课程安排表轮流进行。应充分发挥主动性，自觉进行各项操作。

（2）不要移动实验器材　由于多个实验同时进行，需要较多的实验器材，不能为了自己的方便，把其他组的器材拖来就用。共用的小型仪器应放于固定地方，不要随便搬动。

（3）保持清洁卫生　实验在一段时间内为轮班作业，值日学生一定要及时清理垃圾，以免引起发酵污染。

本教材的基础发酵实验和红曲发酵实验由浙江大学的吴根福编写，谷氨酸发酵实验由浙江大学的杨志坚和吴根福共同编写，啤酒发酵实验由吴根福和千岛湖啤酒集团的鲁栋樑共同编写，全书由吴根福统稿。在教材出版过程中得到高等教育出版社和浙江大学的大力支持，在此一并致谢。限于编者水平有限，错误在所难免。恳请同行专家批评指正。

2020 年 12 月

目　录

发酵工程实验室实验守则

1. 实验前充分预习，明确实验目的，了解实验内容，观看相关实验视频，做到心中有数。

2. 进入实验室须穿实验服，不得带入与实验无关的物品。

3. 按时进入实验室，不得迟到。

4. 老师集中讲解实验要点时须专心听讲，遇到不懂的问题及时提问。

5. 实验开始前须清点实验台上物品，结束后按要求放回。

6. 实验时须认真操作，仔细观察，及时记录；对需合作完成的实验，须做好交接班。

7. 严格遵守各项操作规程，尤其是无菌操作规程及灭菌规程。

8. 独立完成各项实验，遇到不懂的问题及时请教，不得窃取别人的实验成果。

9. 实验过程中不得高声喧哗，尽量少走动，保持实验室安静。

10. 废弃物须按分类要求放于指定地点，不得随意丢弃，保持实验室整洁。

11. 注意人身安全，特别须注意酒精灯、电炉、高温蒸汽以及它们加热过的物品，以防烫伤；处理玻璃器皿时须小心，以防割伤划伤。腐蚀性化学品应戴好防护手套后取用，挥发性化学品应在通风柜中取用；若体表遭微生物沾污，须清洗后消毒处理。

12. 注意生物安全，避免将微生物扩散到周围环境中。微生物及含活体微生物的发酵制品须灭菌后才能丢弃，尤其是工程菌发酵处理液。

13. 节约水电，操作结束后须及时切断电源，熄灭酒精灯。

14. 爱护公物，如有损坏，须及时报告；凡属责任事故的，须按有关规定进行赔偿。

15. 实验完毕，须整理好实验台上的各种器材和试剂，洗净用过的各种器具，并放于指定位置。注意把各种标记擦洗干净，把标签纸刮掉。

16. 实验结束后，须待指导老师同意，方能离开实验室。

17. 未经允许，实验室内的各类物品（包括微生物菌种）不准带离实验室。

18. 值日生须将台面、地面、水槽整理打扫干净，把公用物品清洗干净，把垃圾清理干净。

19. 独立完成并按时上交实验报告，实验报告应规范、整洁、完整，严禁抄袭。

20. 若有意外发生，须及时报告指导老师。

发酵工程实验时间安排表

时间		实验内容	对应实验	值日组
第一天	08：30—09：00	总体介绍	绪论	
	09：00—17：00	啤酒发酵介绍，协定法糖化试验，酵母培养基配制，灭菌	啤酒发酵概述、实验3-1	1
	17：00—17：30	红曲发酵之浸米	实验4-5	
第二天	08：30—09：15	啤酒酵母菌种扩大（一级菌种扩大）：斜面→50 mL三角瓶，25℃培养，每隔2 h摇动一次	实验3-5	
	09：15—12：00	谷氨酸、红曲发酵介绍	谷氨酸发酵概述、红曲发酵概述	
	13：30—17：00	谷氨酸发酵之一、二级菌种培养基配制，灭菌	实验2-1	
		红曲发酵之豆芽汁培养基的配制，灭菌	实验4-4	2
		红曲发酵之固体培养基配制（蒸饭、冷却）	实验4-5	
	17：00—17：30	啤酒发酵之二级菌种扩大：500 mL三角瓶，15~20℃培养（若接种量小，可延至第三天上午8：30接种）	实验3-5	
	17：00—17：30	将红曲液体种子接至固体培养基中	实验4-5	
		谷氨酸一级种子接种	实验2-1	
第三天	08：30—17：00	啤酒发酵之麦芽粉碎、麦芽汁制备、煮沸、冷却	实验3-7、实验3-8	
	09：30—17：30	谷氨酸发酵之发酵管道熟悉，发酵罐的空消	实验2-2	
		从第三天至第七天，每天观察红曲的发酵情况，作好记录；根据发酵料的干湿情况，每天适量喷洒醋酸溶液或无菌水	实验4-5	3
	17：00—17：30	将啤酒酵母菌种接入发酵罐（若温度高，可推迟至第四天上午）	实验3-9	
		谷氨酸发酵二级种子的接种	实验2-1	

时间		实验内容	对应实验	值日组
第四天	08：30—14：30	谷氨酸发酵之发酵培养基的配制、实消、并种、上罐	实验 2-3	
	08：45—17：30	麦芽汁及啤酒发酵液的分析（各组轮流进行）	实验 3-（相关实验）	4、5
	14：30—24：00	谷氨酸发酵之过程控制（各组轮流值班）	实验 2-4	
		红曲发酵的观察，补水	实验 4-5	
第五天	00：00—22：30	谷氨酸发酵之过程控制（各组轮流值班）	实验 2-4、实验 2-5、实验 2-6	
	08：30—17：30	啤酒发酵液的分析（每组每天各分析一个项目）	实验 3-（相关实验）	6、7
		红曲发酵的观察，补水	实验 4-5	
第六天	08：30—17：30	谷氨酸等电回收	实验 2-8	
		啤酒发酵分析	实验 3-（相关实验）	8、9
		红曲发酵分析	实验 4-（相关实验）	
第七天	08：30—17：30	谷氨酸的脱色、除杂、中和	实验 2-9	
		啤酒发酵分析	实验 3-（相关实验）	10
		红曲发酵分析	实验 4-（相关实验）	
第八天	08：30—12：30	谷氨酸钠的精制	实验 2-9	
	08：30—16：00	啤酒发酵分析	实验 3-（相关实验）、实验 4-（相关实验）	
		红曲发酵分析		全体学生
	15：30—16：00	红曲液体培养基(第二天配制)接种，培养(供下一班学生用)	实验 4-4	
	15：30—16：00	啤酒的后发酵	实验 3-19	
	16：00—17：00	大扫除		
第九天		实验总结，写实验报告，复习迎考		
第十天	08：30—12：30	去工厂参观		
	14：00—15：30	考试，上交实验报告		
	15：30—17：00	啤酒的品尝，实验总结	实验 3-22	

成绩考评：平时、考试、实验报告各占 1/3。

实验结束后各组整理好自己的物品，值日生请做好值日，保持实验室整洁。

▽
绪　论
▽

一、发酵工程的定义

发酵工程（fermentation engineering）又称微生物工程（microbiological engineering）。要搞清楚什么是发酵工程，首先必须搞清楚什么是发酵（fermentation）。遗憾的是，目前对发酵这一概念的引用较为混乱。发酵最初是指酵母菌作用于果汁或麦芽汁而产生气泡（foam）的现象，后来生物化学研究者从生物化学的角度对发酵进行定义，微生物学研究工作者从微生物学的角度来考虑这一概念，还有一些工业部门的人员，他们把发酵的概念进行了很大的扩展，甚至将一般的细胞机能都称为发酵。目前，发酵这一概念具有以下三个层次的含义。

1. 生物化学角度

发酵是机体在无氧条件下获得能量的一种方式。如人体在剧烈运动时需要大量的能量，有氧呼吸不能满足需要，因此肌肉在缺氧的条件下将葡萄糖"发酵"为乳酸，同时产生 ATP：

$$C_6H_{12}O_6 + 2ADP + 2Pi \longrightarrow 2C_3H_6O_3 + 2ATP$$

在糖发酵分解的过程中，被氧化的基质是有机物质，氧化还原反应中的最终电子受体也是有机物质，并且这种作为最终电子受体的有机物质通常是被氧化基质不完全氧化的中间产物。也就是说，基质在发酵过程中氧化不彻底，发酵的结果仍积累某些有机酸。

2. 微生物学角度

发酵是厌氧微生物或兼性厌氧微生物在无氧条件（或缺氧条件）下将代谢基质不彻底氧化，并大量积累某一（或几）种代谢产物的过程。如细菌的同型乳酸发酵：

$$C_6H_{12}O_6 + 2ADP + 2Pi \longrightarrow 2C_3H_6O_3 + 2ATP$$

从这一定义可见，它与从生物化学角度下的定义基本相同，但强调了两点：

（1）发酵的主体是厌氧微生物或兼性厌氧微生物；

（2）代谢产物的积累，而生物化学角度强调的是能量的产生。

3. 工业生产角度

发酵是指利用微生物生产某一有用产物的过程，更有人认为发酵是非寄生菌所展示的旺盛的代谢活动，即其有用性得到发展而旺盛化了的代谢活动。厌氧条件下利用酵母将糖类转化成乙醇可称为发酵；有氧条件下将糖类转化为谷氨酸或抗生素也称为发酵。单细胞蛋白（single cell protein，SCP）的制备是为了获得整个菌体而不是某种代谢产物，可以算作发酵；废水处理只是消耗废水中的营养物质，使水质达到一定的排放标准，并非为了得到某一有用的代谢产物，这种旺盛化的代谢活动也可称作发酵。所以从工业角度看，发酵主体除了厌氧微生物和兼性厌氧微生物外，还包括好氧微生物。

发酵工程就是利用微生物的特定性状和功能，通过现代化工程技术来生产有用物质或将微生物直接用于工业化生产的一种技术体系，是建立在微生物发酵工业基础上，与化学工程相结合而发展起来的一门学科。简而言之，发酵工程就是研究发酵过程中微生物生命活动的规律及其相关工程技术的一门学科。

二、发酵工程的研究内容

发酵工程的研究内容包括发酵和提纯两部分。

1. 发酵

发酵（狭义上也称为发酵工程）的研究内容包括菌种的特性与选育，培养基的配制、选择及灭菌理论，发酵醪的特性，发酵机制，发酵过程动力学，空气除菌，微生物对氧的吸收与利用，微生物的培养方式及其自动化控制等。

发酵的基本过程包括菌种的扩大培养、培养基的配制及灭菌和发酵过程控制等操作单元（图 0–1）。

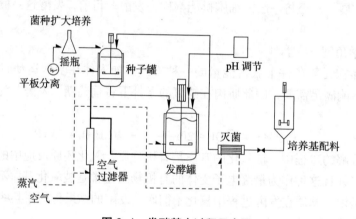

图 0–1 发酵基本过程示意图

2. 提纯

提纯（也称后处理）的研究内容包括细胞破碎、分离、醪液输送、过滤除杂、离子交换电渗析、逆渗透、超滤、层析、沉淀分离、溶媒萃取、蒸发、结晶、蒸馏、干燥包装等操作单元及其自动化控制。

三、发酵工程与化学工程的关系

发酵工程借鉴了许多化学工程的成果，但与化学工程也有一些明显的区别，主要表现如下。

1. 一步生产

微生物的发酵是由一系列极其复杂的生化反应组成的，反应所需的各种酶均包含在微生物细胞内。因此，它"吃的是草"，产出的是"牛奶"。而用化学合成方法，要得到"牛奶"，则需要许多步骤才能完成。

2. 反应条件温和

微生物的酶反应是在常温常压下进行的。而化学合成则需剧烈的反应条件，如高温、高压、强酸、强碱以及催化剂的参与下才能进行。

3. 原料纯度要求低

微生物发酵常以农副产品（如薯干、麸皮等）作原料，来源丰富，价格低廉。而化学合成法的原料纯度要求高，较昂贵。

4. 设备通用

微生物发酵多为纯种发酵，好氧发酵一般用搅拌式发酵罐加空气过滤系统，厌氧发酵多用密封式发酵罐。而化学工程所需的设备各种各样，有的耐压，有的耐酸。

5. 对环境的污染相对较小

发酵工业排出的废水中含有较多的营养物质，生化需氧量（biochemical oxygen demand，BOD）和化学需氧量（chemical oxygen demand，COD）较高，但一般不含有毒物质。而化学合成法除需强酸、强碱等剧烈条件外，常用重金属作催化剂，因此排出的废水毒性较大。

6. 反应液的流体力学性质不同

发酵醪既含固相（如淀粉、微生物菌体）颗粒，又含液相（如培养基）和气相（如氧气、二氧化碳）物质，是一类非牛顿流体，不服从牛顿力学规律。其质量传递、动量传递等特性与化学工程中的牛顿流体有很大的不同。

四、当今发酵工程研究中的主要难题

1. 发酵和提纯过程的比拟放大

"实验室研究→中试→生产性试验"这一过程仍是目前新产品开发的必经之路。但通过前两个步骤获得的最佳工艺参数和操作条件，按简单的几何比例放大时往往不能取得理想的效果，究其原因主要是缺乏必要的模型放大理论。对发酵和提纯过程中比拟放大规律的研究是当今发酵工程研究中的难题之一。

2. 自动测控仪器的开发

自动化控制不但可节省劳动成本，提高劳动生产率，而且有助于对发酵机制的了解。目前温度、流量、溶解氧、压力和消泡等的自动化控制已经得到解决，而对产物浓度以及基质浓度的自动测控尚未取得令人满意的结果。

3. 发酵理论的完善

虽然由大量生产实践和科学实验总结出的一系列发酵机制、发酵动力学和发酵理论促进了生产实际问题的解决，但对霉菌、放线菌等丝状菌的发酵还没有完善的理论指导；连续发酵中菌种退化、污染等问题也未完全得到解决。

五、发酵工程的发展概况

发酵工程的发展大致经历了自然发酵期、奠基期和发展期三个阶段，现分别介绍如下。

1. 自然发酵期——只知其然而不知其所以然

我国劳动人民在距今 8 000～4 500 年前就已发明了制曲酿酒工艺。从龙山文化时期的陶制酒器可看出当时酿酒工艺已很发达，谷物酒已成为普遍的饮料。埃及人也在 4 000 多年前学会了酿酒技术。制酱和醋的技术在春秋战国时期已被我国劳动人民掌握。

人类利用微生物发酵生产食品的历史虽然悠久，但不知道发酵是由微生物引起的，这一时期是在不自觉地利用自然环境中的微生物进行混合发酵，因此称为自然发酵期。

2. 奠基期——纯培养发酵技术的建立

1676 年列文虎克观察到微生物的存在，1857 年巴斯德发现发酵是由微生物引起的，而后科赫等建立了纯培养技术，使得腐败现象大大减少，为发酵工业的发展奠定了基础。从此发酵可在人工控制下进行，发酵效率大大提高。

3. 发展期——一系列新技术的建立

（1）通气搅拌发酵工程技术的建立促进了好气性发酵的发展

1929 年英国细菌学家弗莱明（Fleming）发现青霉素后，人们对好气性发酵进行了深入的研究，先后发明了摇瓶培养和纤维过滤高效制备无菌空气等方法，并于 20 世纪 40 年代建立了通气搅拌发酵工程技术，并利用这种技术进行了有机酸、酶制剂、维生素及激素等产品的开发和生产，使得发酵产物由分解代谢物扩展到合成代谢产物，由初生代谢产物转向次生代谢产物。

（2）诱变育种与代谢控制发酵工程技术的建立使产量大幅度提高

微生物生理学和遗传学研究的不断进展，促进了代谢控制发酵技术的进步，从而可人为地控制发酵，使代谢朝有利于产品合成的方向进行。自 1956 年日本最先用发酵法生产谷氨酸获得成功以来，目前用发酵代谢控制技术可生产出绝大部分氨基酸。

所谓代谢控制发酵工程技术，就是以微生物生理学和微生物遗传学为基础，通过对微生物的诱变，筛选出某种产物大量积累的突变株，再在人工控制的条件下培养，选择性地生产出人们所需产品的一种技术。除氨基酸外，目前此项技术已应用于核苷酸类物质、有机酸和部分抗生素的发酵生产。

（3）发酵的连续化、自动化、智能化工程技术的建立使生产效率大大提高

随着数学、动力学、化学工程原理、计算机和自动控制等技术在发酵生产中的应用，发酵工业向大型化、连续化、自动化、智能化方向发展。新工艺、新设备层出不穷，如日本开发出塔式连续发酵设备，法国开发成功了 L–M 型单级连续发酵罐。最近设计出的实验型万能发酵罐，不但自动化程度高，而且发酵过程的一些基本参数如温度、pH、罐压、溶解氧（DO）、氧化还原电位、空气流量及 CO_2 含量等可自动记录并智能控制，大大提高了生产效率。

（4）生物合成和化学合成相结合制造出更多有用产品

与化学合成法相比，微生物发酵有许多优点，但也存在一些缺点，如代谢产物的浓度较低、产物分离较困难、生产周期长等。

随着矿物的开发和石油化工的发展，一些低相对分子质量的化合物，如乙醇、丙醇、丁醇等用化学合成法进行生产更为廉价和方便。因此，某些复杂化合物的生产可采用生物合成与化学合成相结合的办法。常见的有两种类型：

① 先用化学合成法合成一些廉价的前体，再用发酵法生产产品。如以石油等产品为原料用化学合成法制备乙酸，再以乙酸为原料，通过乙醛酸循环发酵生产柠檬酸、

谷氨酸等。

② 先用发酵法生产出半成品，再用化学合成法合成产品。如维生素 C 的生产可先用发酵法生产山梨糖，再用化学合成法合成维生素 C。目前许多新型抗生素，特别是半合成抗生素多用这种方法进行生产。

4. 发展趋势

（1）与微生物生态学相结合，研究传统酿造工业

我国的酿造业历史悠久，闻名于世。传统黄酒、白酒、酱油及醋等是用自然发酵法生产的，风味独特，用优势菌种机械化生产的产品远不能与传统酿造的产品相比。对这些传统发酵技术应该从微生物生态学的角度来研究风味的物质基础及来源，研究各种微生物之间及微生物与环境之间的相互关系，并用现代新技术、新方法生产出能与传统产品相比拟的产品。

（2）与微生物生理学相结合，使所需产品在发酵液中富集

进一步研究发酵机制，利用代谢调控技术抑制不需要的副反应，激活关键酶，利用选择性培养基、限量补充培养基等，使所需的产品得到富集。同时开发新的生物资源，如利用纤维素作为基质来生产产品。

（3）与微生物遗传学相结合，改良菌种，生产出更多更好的产品

用诱变育种、原生质体融合、基因工程等技术，改造菌种，构建一些超级菌株，生产出我们所需的产品，甚至新产品。

（4）与化学工程技术结合，使生产向大型化、连续化方向发展

当今的发酵工厂不再是作坊式的，而是发展成为庞大的现代化企业。常用的发酵罐容量达 20~120 t，也有多达 500 t，甚至 2 000 t 的。

（5）与计算机技术和互联网技术结合，使生产向自动化、智能化方向发展

由于生物检测探头的开发成功，计算机和互联网的普及，不少发酵工厂已实行了程序智能控制，大大提高了生产效率。

总之，发酵工程学与其他学科的融合，推动了发酵产业的发展。

六、发酵工业的特点及其范围

1. 发酵工业的特点

发酵工业，又称微生物工业，是指利用微生物及其酶系统来进行物质转换，生产各种发酵产品的工业，是在传统的酒、酱、醋等酿造技术基础上发展起来的。从微生物工业的发展趋势，可以看出近代微生物工业有以下几个特点：

（1）由生产糖分解的简单化合物转向复杂物质的生物合成，从自然发酵转向人工控制的突变型发酵、代谢控制发酵和遗传工程菌的发酵。

（2）发酵法生产的工业产品越来越多。微生物发酵与化学合成相结合的工程技术的建立，使发酵产物通过化学修饰及化学结构改造，进一步生产出更多精细有用的物质，从而开拓了一个新的领域。

（3）近代微生物工业向大型化、连续化、自动化和智能化方向发展。

（4）随着微生物工业的发展壮大，能够作为发酵原料的自然资源日益短缺，迫切需要

开发新的资源，利用石油、纤维素、木质素及几丁质作为发酵原料是发酵工业发展的一个方向。

2. 发酵工业的范围

发酵工业大致可分为下列14类：

（1）酿酒工业（白酒、黄酒、啤酒、葡萄酒等）；

（2）食品工业（酱、酱油、食醋、腐乳、面包、泡菜、酸乳等）；

（3）有机溶剂发酵工业（乙醇、丙酮、丁醇等）；

（4）抗生素发酵工业（青霉素、四环素等，包括农用抗生素）；

（5）有机酸发酵工业（柠檬酸、葡萄糖酸等）；

（6）酶制剂发酵工业（淀粉酶、蛋白酶等）；

（7）氨基酸发酵工业（谷氨酸、赖氨酸等）；

（8）核苷酸类物质发酵工业（肌苷酸、腺苷酸等）；

（9）维生素发酵工业（维生素C、维生素E等）；

（10）生理活性物质发酵工业（激素、赤霉素等）；

（11）微生物菌体蛋白发酵工业（单细胞蛋白、菌苗、疫苗、微生态制剂等）；

（12）微生物环境净化工业（污水处理、固态有机垃圾处理等）；

（13）生物能工业（沼气、燃料乙醇、生物柴油等）；

（14）微生物冶金工业（利用微生物探矿、冶金、石油脱硫等）。

七、我国的发酵工业

我国利用自然发酵生产酱油、醋和白酒等酿造食品已有悠久的历史。但几千年来，墨守成规，改进不大。中华人民共和国成立前只有几家外国人兴办的发酵工厂、几家旧法酿造作坊及少数酒精工厂。酒精工业以山东黄台薄酒精厂和上海的中国酒精厂最早建成。但中国酒精厂于1937年即被日本飞机炸毁。酱油生产方面一直沿用自然发酵法，直到1930年才由南京的"中央工业试验所"分离出米曲霉进行纯种酿造，冲破了酱油生产受季节限制的框框。

中华人民共和国成立后，特别是改革开放后，我国逐步建立起门类齐全、技术先进、具有一定竞争力的发酵工业体系，各类发酵产品相继得到生产。在发酵食品方面，2019年全年产量约2 850万吨，总产值近3 000亿元，出口502万吨，产值50亿美元；其中，味精、赖氨酸和柠檬酸的产量和贸易量位列世界第一，淀粉水解糖、麦芽糖醇、甘露糖醇、酵母制品和酶制剂的生产技术工艺也处于国际先进水平。抗生素方面，2019年原料药产量达21.8万吨，产值约1 700亿元；其中青霉素、头孢霉素、链霉素、四环素和庆大霉素的生产处于国际领先地位，但高附加值抗生素的产能较弱，2019年出口原料药抗生素8.75万吨，创汇36亿美元，但进口高附加值抗生素961吨，耗汇就达6.91亿美元。酒类酿造方面，2019年白酒产量786万千升，销售收入5 618亿元，实现利润1 404亿元；啤酒产量3 765万千升，销售收入1 581亿元，实现利润124亿元；葡萄酒产量46万千升，销售收入145亿元，实现利润10.6亿元；酒精工业产量647万千升，销售收入513亿元。

尽管我国的发酵工业取得了长足的进步，但与国际先进的发酵企业相比，还存在不少差距。主要是大而不强，能耗高、污染大，另外，关键技术和装备有待提升和更新，管理水平有待加强。

第一部分
基础发酵实验 ▶

发酵工程主要包括发酵和提纯两个方面。其中发酵部分涵盖菌种选育、培养基配制与灭菌、培养方式、发酵机制、发酵动力学和空气除菌等内容，提纯部分包括细胞破碎、过滤除杂、离子交换膜电渗析、超滤、层析、沉淀、萃取、蒸发、结晶、蒸馏及干燥等单元操作。本书第一部分"基础发酵实验"选取的主要是各类发酵工程实践中通用的基本操作技术，要求学生作为技能训练内容反复练习，熟练掌握。

由于第二、三、四部分的系列实验分别以细菌、酵母菌和霉菌作为发酵的主体，所以在第一部分的内容编排上我们选择了另一类重要的工业微生物——放线菌作为实验的主要材料。放线菌是产生抗生素的主要微生物类群，它们的生长速度相对较慢，生长周期在 7 d 左右，非常适合常规教学体制下每周一次的教学安排。但是抗生素的筛选较麻烦，工作量较大，而有些学校课时数有限，为此我们特意安排了相对简单的淀粉酶和蛋白酶发酵实验。

菌种是发酵工业的"灵魂"，菌株的选育是发酵工程中最基本的实验技术之一。考虑到不少学校缺乏菌种资源，我们在实验设计时采用了研究型教学模式，即实验的目的不是为了验证前人的结果，而是为了获得我们需要的发酵菌株。因为所有的发酵菌种最初都来自于自然界，所以我们可以向土壤、水体要菌种。抗生素产生菌、淀粉酶产生菌和蛋白酶产生菌等菌株在自然界分布十分广泛，在土壤微生物中占了相当比例，只要我们采集合适的土样，选择便利的筛选手段，一定能分离到我们所需要的菌株。只是这些菌株的发酵效价可能较低，需要通过诱变或其他手段提高效价后，才有可能应用于工业生产。建议教师根据自己的科研方向选用一种发酵产品开展实验。

这部分实验不需要特别的设备，在普通的微生物实验室完全有条件进行。可按下述时间顺序安排这部分实验：

第一周　培养基配制，无菌水制备，培养皿、移液管和涂布棒的包扎，灭菌；

第二周　微生物的分离与筛选（初筛）；

第三周　菌落形态观察，菌株纯化，复筛培养基的准备；

第四周　复筛（摇瓶培养），细胞形态观察；

第五周　发酵液的活性（效价）测定；

第六周　培养条件的优化；

第七周　生长曲线、产物形成曲线、底物利用曲线的测定；

第八周　发酵产品的提取，纯化；

第九周　诱变育种；

第十周　菌种保藏；

第十一周　进行其他发酵实验（甜酒酿、酸奶、泡菜发酵或红曲、啤酒发酵）。

基础发酵实验中常用的操作技术可参考以下视频（见数字课程网站）：

1. 培养基配制技术
2. 培养基分装技术
3. 包平板技术
4. 包移液管技术
5. 斜面摆放技术
6. 平板制备技术
7. 干热灭菌技术
8. 高压蒸汽灭菌技术
9. 土壤稀释技术
10. 涂布法分离技术
11. 混菌法分离技术
12. 斜面接种技术
13. 斜面 – 平板接种技术
14. 斜面 – 三角瓶接种技术

实验 1-1　发酵菌种的自然选育

一、实验目的

1. 学习从自然环境中分离工业微生物菌株的方法。
2. 熟悉无菌操作技术。

二、实验原理

土壤是微生物生长的大本营，水体是微生物生长的第二场所。工业微生物菌种最初都来自于自然界（目前海洋微生物资源的开发和利用正成为世界性的研究热点）。但是自然界中微生物种类繁多，而且都是混居在一起的，要获得发酵菌株，首先必须把它们从混杂的微生物群体中分离出来。

分离微生物菌株最基本的方法就是稀释法。将样品加至无菌水中，通过振荡，使微生物悬浮于液体中，然后静置一段时间，土粒等杂质沉降较快，而微生物细胞因体积小沉降慢，会较长时间悬浮于液体中。通过对微生物细胞悬液的进一步稀释和选择性培养，就可以分离出我们需要的目的菌株。具体流程如下：

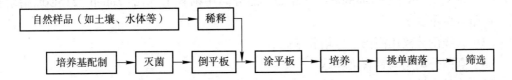

但是，并不是所有分离株都能成为生产菌株。作为工业发酵菌株，必须具备下列基

本特征：

（1）能在廉价原料制成的培养基上迅速生长，并能生成较多的发酵产物；

（2）培养条件如温度、渗透压等易控制；

（3）抗杂菌和抗噬菌体能力较强；

（4）遗传稳定性高，不易退化；

（5）不产生有害的生理活性物质或毒素（食品或医药微生物菌株）。

本实验以土壤或淡水微生物的分离为例，介绍发酵菌种的自然选育方法。若要筛选海洋微生物，在配制培养基及无菌水时应用陈海水代替蒸馏水和生理盐水，其他操作都一样。

三、实验材料、试剂与仪器

1. 样品

土壤、水、湖泊沉积物或其他富含微生物的样品（如动物胃肠道）。

2. 培养基

（1）Zobell 2216E 琼脂培养基：蛋白胨 5 g，酵母膏 1 g，$FePO_4$ 0.01 g，NaCl 10 g，琼脂 20 g，加水至 1 000 mL，pH 7.2 ~ 7.4。

（2）营养琼脂培养基：蛋白胨 10 g，牛肉膏 3 g，NaCl 5 g，琼脂 20 g，加水至 1 000 mL，pH 7.2 ~ 7.4。

（3）高氏一号培养基：可溶性淀粉 20 g，KNO_3 1 g，K_2HPO_4 0.5 g，$MgSO_4 \cdot 7H_2O$ 0.5 g，NaCl 0.5 g，$FeSO_4 \cdot 7H_2O$ 0.01 g，琼脂 20 g，加水至 1 000 mL，pH 7.2 ~ 7.4。

可溶性淀粉用少量冷水调匀后，加到沸水中，边加边搅拌，待淀粉溶解后再加入其他成分。

（4）马铃薯培养基：马铃薯（去皮）200 g，切成小块，煮沸 20 min 后过滤，滤液中加蔗糖 20 g 和琼脂 20 g，补水至 1 000 mL，pH 自然。

若要筛选海洋微生物，上述培养基用陈海水（或 2% 海盐）配制。

3. 试剂与仪器

高压蒸汽灭菌锅、恒温干热灭菌箱、超净工作台、天平、电炉、1 mol/L HCl、1 mol/L NaOH、刻度搪瓷杯、量筒、漏斗、漏斗架、玻棒、三角瓶、玻璃珠、试管、培养皿、移液器、防水纸等。

四、实验步骤

1. 培养基制备

（1）细菌分离用 Zobell 2216E 琼脂培养基或营养琼脂培养基。

（2）寡营养细菌（oligotrophic bacteria）的分离用稀释 10 倍的 Zobell 2216E 琼脂培养基（琼脂含量不变）。

（3）放线菌分离用高氏一号培养基。

（4）真菌分离用马铃薯培养基。

通过称量、溶解、调节 pH 等步骤，配制上述培养基，并配制 45 mL 无菌水（内装几颗玻璃珠）1 瓶，4.5 mL 无菌水若干支，0.1 MPa 灭菌 30 min 后备用。另包扎好培养皿、移液管（或移液器吸头）和涂布棒等，灭菌，烘干备用。

2. 倒平板

将灭菌后的培养基冷却至 50～60℃，以无菌操作法倒至经灭菌并烘干的培养皿中，每皿约 20 mL。为了防止非目的菌株的生长，可在真菌培养基中加入链霉素使其质量浓度达到 30 mg/L，以抑制细菌的生长；在细菌和放线菌培养基中加入制霉菌素使其质量浓度达到 100 mg/L，以抑制真菌生长。冷却凝固，待用。

3. 微生物分离（涂布法）

（1）称取样品 5 g（液体样品 5 mL），放入装有 45 mL 无菌水的三角瓶中（可加玻璃珠数颗），振荡 10 min，即为 10^{-1} 的土壤稀释液。

（2）取 4.5 mL 无菌水 4 支，用记号笔编上 10^{-2}、10^{-3}、10^{-4}、10^{-5}。

（3）取 10^{-1} 的稀释液，振荡后静置 2 min，用无菌移液管吸取 0.5 mL 上层细胞悬液，加至装有 4.5 mL 无菌水的试管中，制成 10^{-2} 稀释液。同法依次制备 10^{-3}、10^{-4}、10^{-5} 稀释液。在稀释过程中，因从高浓度到低浓度，每稀释一次应更换一支移液管（或移液器吸头）。

（4）另取移液管，分别以无菌操作法吸取 10^{-5}、10^{-4}、10^{-3} 的稀释液 0.1 mL（依样品中微生物的多少选取不同的稀释度），加至制备好的平板上，用无菌刮刀（涂布棒）涂布均匀。从低浓度到高浓度，可以用同一根移液管或涂布棒（图 1-1）。

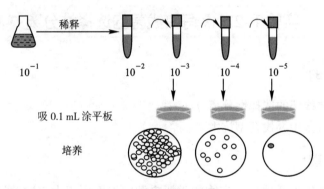

图 1-1 稀释涂平板示意图

（5）将培养皿倒置培养于恒温培养箱中，细菌 37℃ 培养 1～2 d，真菌 30℃ 培养 3～5 d，放线菌 30℃ 培养 5～7 d。若杂菌干扰不严重，可适当延长平板的培养时间，以便挑取生长速度较慢的菌株。

（6）根据菌落形态特征，挑取有代表性的单菌落（尽量挑取不同类型的菌落），在相应培养基的平板上划线，直至得到纯培养（通过显微镜检查确认只有单一形态的菌体）。纯化后的菌株应及时转接到斜面培养基上保存。

（7）对分离获得的纯培养进行特定发酵能力的测定（详见实验 1-3）。

五、注意事项

1. 培养箱中最好放置一杯水，以增加湿度。分离放线菌的平板应相对厚一些，避免因培养时间过长而干掉，也可将培养皿置于保鲜袋内，恒温培养。

2. 样品的贮藏时间不宜过长，因为样品是破坏了的自然体，水、热、气等因子与原来环境中的不一样，如果贮藏时间稍长，一些"娇气"的微生物容易死亡，所以要想从土样中找出有价值的微生物，应当克服这种"藏"与"死"的矛盾。

3. 筛选海洋微生物，应用陈海水（或 2% 海盐）代替蒸馏水和生理盐水，其他操作都一样。Zobell 2216E 琼脂培养基对筛选海洋细菌比较适宜。

4. 样品的采集要有针对性。分离淀粉酶产生菌最好在栽培淀粉谷物的土壤中采集，分离蛋白酶产生菌最好在蛋白加工厂周围（动物蛋白）或栽培豆科植物的土壤（植物蛋白）里采集。

5. 由于细菌、放线菌和真菌都具有细胞壁，对渗透压不敏感，本实验用无菌水进行稀释。如果用无菌生理盐水或磷酸缓冲液（0.02 mol/L）稀释，效果更佳。

六、思考题

1. 除涂布法外，你还知道哪些分离微生物菌株的方法？比较各种分离方法的优缺点。
2. 分离设计时怎样安排较为合理，是多皿一次分离为佳，还是少皿多次分离为佳？
3. 查找资料，根据你所在地的特殊生态环境（如盐湖、温泉、酸性土壤等），设计一个筛选方案来筛选这些生境中的特有微生物。

实验 1-2　稀有放线菌的选择性分离

一、实验目的

1. 学习稀有放线菌的选择性分离方法。
2. 从稀有放线菌中寻找新型抗生素。

二、实验原理

放线菌是新型生理活性代谢产物的重要来源。然而由于大多数放线菌菌株已被反复研究过，从中发现新化合物的概率在逐渐降低。新菌种必然有新的基因，新基因必然产生新的代谢产物，这一观点早已为微生物学及微生物药物工作者所接受。由瓦克斯曼（Waksman）建立的抗生素筛选系统适于从土壤微生物（主要是链霉菌）的代谢产物中寻找抗生素，但要用该法发现新抗生素已变得越来越难。20 世纪 50 年代后，人们发现稀有放线菌也具有产生抗生素的潜力，如紫色小单孢菌可产生庆大霉素，诺卡氏菌可产生利福霉素，马杜拉放线菌可产生马杜拉霉素、洋红霉素等。此外，稀有放线菌也能产生酶、维生素、氨基酸等其他生理活性物质，因此从稀有放线菌中寻找新型生理活性物质已成为当今发酵工程的研究热点之一。

分离稀有放线菌的操作与实验 1-1 大致相同，只不过需要用更高选择度的分离培养基和分离条件。样品需先经干燥及高温处理，以杀灭不耐热、不耐干燥的非目的菌，再根据稀有放线菌对某些化学药品的抗性较强这一原理，用这些化学药剂处理样品稀释液，以杀死链霉菌属的放线菌。为了尽可能增加目的放线菌的数量，在培养基中还可加入这类稀有放线菌产生的特异性抗生素。

三、实验材料、试剂与仪器

1. 样品的采集

选取较干燥、有机物质丰富的土壤，铲去表层杂草及土粒，采集 5~20 cm 深的土壤数十克，装入灭过菌的牛皮纸袋或培养皿内，带回实验室分离。土样采集后应及时分离，或者将土样放在通风干燥处风干并保藏备用，保藏时间不宜过长。

若要采集湖泊沉积物样品，可用采泥器采集表层泥样，装入铝盒或培养皿内，编号记录后带回实验室分离。若不能及时分离，应放于 4℃ 冰箱保存；若在较长一段时间内不能分离，最好将样品放于 20% 甘油中，−20℃ 冷冻保藏。

2. 培养基

（1）HV 琼脂培养基（HVA）：腐殖酸 1.0 g，$CaCO_3$ 0.02 g，Na_2HPO_4 0.5 g，$MgSO_4 \cdot 7H_2O$ 0.5 g，KCl 1.7 g，$FeSO_4 \cdot 7H_2O$ 0.01 g，维生素 B_2 0.5 mg，维生素 B_1 0.5 mg，维生素 B_6 0.5 mg，烟酸 0.5 mg，肌醇 0.5 mg，泛酸 0.5 mg，生物素 0.25 mg，对氨基苯甲酸 0.5 mg，琼脂 20 g，水 1 000 mL，pH 7.2。

（2）LSV–SE 琼脂培养基：木质素 1.0 g，豆饼粉 0.2 g，$CaCO_3$ 0.02 g，Na_2HPO_4 0.5 g，$MgSO_4 \cdot 7H_2O$ 0.5 g，KCl 1.7 g，$FeSO_4 \cdot 7H_2O$ 0.01 g，维生素 B_2 0.5 mg，维生素 B_1 0.5 mg，维生素 B_6 0.5 mg，烟酸 0.5 mg，肌醇 0.5 mg，泛酸 0.5 mg，生物素 0.25 mg，对氨基苯甲酸 0.5 mg，琼脂 20 g，水 1 000 mL，pH 7.2。

（3）土壤浸汁琼脂培养基：把富含有机物质的园土风干后过筛，称取细土 400 g 加至 900 mL 自来水中，121℃（0.1 MPa）下蒸煮 30 min，静置冷却（过夜），上清液用滤纸过滤，取滤液 250 mL，加腐殖酸（或木质素）1 g，琼脂 20 g，定容至 1 000 mL，调 pH 至 7.2。

（4）淀粉酪素琼脂培养基：可溶性淀粉 10 g，水解酪素 2 g，琼脂 20 g，水 1 000 mL，pH 7.2。

（5）GYEA 培养基：葡萄糖 20 g，酵母提取物 10 g，琼脂 20 g，水 1 000 mL，pH 自然。

3. 试剂与仪器

高压蒸汽灭菌锅、恒温培养箱、培养皿、移液器、三角瓶、试管、量筒、天平、酒精灯、涂布棒、采土纸袋或铝盒、pH 试纸、0.1 mol/L HCl 和 0.1 mol/L NaOH 溶液等。

四、实验步骤

1. 小单孢菌的选择性分离

小单孢菌（*Micromonospora*）的基内菌丝发育良好，菌丝纤细，直径 0.3~0.6 μm，有分枝，气生菌丝无或偶见稀疏气生菌丝；孢子单生，柄有或无。菌落小，直径 2~3 mm，橙黄色或红色，边缘深褐色或蓝色，表面覆盖一层粉状孢子。该属放线菌可产生多种氨基糖苷类抗生素（如庆大霉素），目前发现的抗生素种类仅次于链霉菌属。小单孢菌是一类好气性腐生菌，分布广泛，土壤、水体、高低温环境及碱性环境中均有分布。特别是湖泊沉积物中，数量可占放线菌总数的 30% 以上，在物质循环及毒物分解过程中起着重要作用。

小单孢菌耐干燥，对苯酚的抗性强，对衣霉素和萘啶酸具有较高的耐受性，因此可利用衣霉素和萘啶酸来抑制细菌、真菌和非目的放线菌的生长，选择性地分离出小单孢菌。

（1）配制 HVA 培养基，准备好培养皿、无菌水、移液管、涂布棒等，0.1 MPa 灭菌备用。

（2）待 HVA 培养基冷却至 50℃左右，放至 50℃水浴锅中，以无菌操作方式加入萘啶酸和衣霉素，使它们的质量浓度达到 20 mg/L，加入放线酮，使其质量浓度达到 50 mg/L，混匀后倒平板，凝固待用。

（3）取自然风干的土样 5 g，加至 45 mL 无菌水中，摇匀，制成 10^{-1} 土壤悬浮液。静置 2 min 后，吸取上层菌悬液 0.5 mL 至 4 mL 无菌水中，摇匀后再加 0.5 mL 15% 的苯酚溶液，制成 10^{-2} 土壤悬浮液（含 1.5% 苯酚），30℃处理 30 min 后，吸取 0.5 mL 10^{-2} 悬浮液至 4.5 mL 无菌水中，制成 10^{-3} 悬浮液。同法制成 10^{-4} 悬浮液。

（4）吸取 10^{-3} 和 10^{-4} 稀释液各 0.2 mL 涂布 HVA 平板，30℃恒温箱中倒置培养，5 d 后逐日观察。根据菌落形态挑取小单孢菌（可占总菌落数的 60% 以上）。

2. 小双孢菌的选择性分离

小双孢菌（*Microbispora*）的基内菌丝不产生孢子，而气生菌丝上可形成成对的孢子。大多数小双孢菌需要 B 族维生素，特别是维生素 B_1 才能生长。

小双孢菌的孢子耐干燥，耐高温，100℃干热处理 15 min 不死亡，对苯酚和葡糖酸氯己啶的耐受性也比细菌强，可根据这些特性来选择性地分离小双孢菌。基本步骤同小单孢菌的选择性分离方法，流程如下：

土样自然风干 → 100℃干热处理 15 min → 制备土壤悬浮液（10^{-1}）→ 1.5% 苯酚和 0.03% 葡糖酸氯己啶 30℃处理 15 min（10^{-2}）→ 再一次稀释，吸取 10^{-3} 稀释液 0.2 mL 涂布 HVA 平板（HVA+ 萘啶酸 20 mg/L+ 放线酮 50 mg/L）→ 30℃恒温箱中倒置培养，5 d 后逐日观察。

3. 链孢囊菌的选择性分离

链孢囊菌（*Streptosporangium*）的基内菌丝多分枝，横隔稀少，气生菌丝发育良好，丛生或散生，呈白色或有些粉红色。孢子丝盘卷后可形成大小不一的球形孢囊，孢囊孢子成熟后由圆锥形的小孔喷出，孢子无鞭毛，不能运动。该属放线菌革兰氏染色阳性，不抗酸。有氧气时生长发育良好，菌落外貌似链霉菌属。有的种类需要添加维生素才能生长。链孢囊菌产生的抗生素种类在放线菌中居第 4 位，且不少抗生素具有很高的生物活性。此外，链孢囊菌还可以产生溶菌酶、葡萄糖异构酶、溶纤维蛋白酶、天冬酰胺酶等多种生物活性物质，是发酵工业上极具开发潜力的微生物资源。

链孢囊菌的选择性分离的基本步骤同小单孢菌的分离方法，简要表述如下：

土样自然风干 → 120℃干热处理 60 min → 制备土壤悬浮液（10^{-1}）→ 0.01% 苄索氯铵 30℃处理 30 min（10^{-2}）→ 再一次稀释后，吸取 10^{-3} 稀释液 0.2 mL 涂布 HVA 平板（HVA+ 萘啶酸 20 mg/L+ 吉他霉素 1 mg/L）→ 30℃培养，5 d 后逐日观察。

4. 指孢囊菌的选择性分离

指孢囊菌属（*Dactylosporangium*）的菌株无真正的气生菌丝，基内菌丝多分枝，可长出丛生或单生的指状（棒状）孢囊。该属广泛分布于土壤与湖泊沉积物中，可产生氨基糖苷类、核苷类、多烯类等多种抗生素，如 pyridomycin（吡啶霉素）、dactimicin（指孢囊霉素）、tiacumicin（台勾霉素）等。选择性分离指孢囊菌的程序基本同上，简要表述如下：

土样自然风干→100℃干热预处理15 min→制备土壤悬浮液（10^{-1}）→0.03%苄索氯铵30℃处理30 min（10^{-2}）→再一次稀释后，吸取10^{-3}稀释液0.2 mL涂布平板（HVA+萘啶酸20 mg/L+衣霉素10 mg/L）→30℃培养，5 d后逐日观察。

5. 小四孢菌的选择性分离

小四孢菌（*Microtetraspora*）基内菌丝和气生菌丝均发育良好。在气生菌丝上产生短孢子链，相当一部分内有4个孢子，但有的仅为2～3个，也有的超过10个。小四孢菌的一些种类需要添加维生素才能生长。小四孢菌的分离常用LSV-SE琼脂培养基，该培养基以木质素为主要碳源，以豆饼粉为氮源，其他微量成分与HVA培养基基本相同。培养基中的木质素能有效促进小四孢菌孢子的萌发及生长。卡那霉素、萘啶酸可抑制细菌和非目的放线菌的生长，放线酮或制霉菌素可抑制真菌的生长，再加上预先用110℃干热及0.05%苄索氯铵处理的土样，可大大降低其他微生物的生长。

小四孢菌的选择分离的基本步骤同上，简要表述如下：

土样自然风干→110℃干热处理60 min→制备土壤悬浮液（10^{-1}）→0.05%苄索氯铵30℃处理30 min（10^{-2}）→再一次稀释后，吸取10^{-3}稀释液0.2 mL涂布LSV-SE琼脂平板（LSV-SE琼脂+卡那霉素20 mg/L+诺氟沙星20 mg/L+萘啶酸10 mg/L+放线酮或制霉菌素100 mg/L）→30℃培养，5 d后逐日观察。

6. 游动放线菌的选择性分离

游动放线菌（*Actinoplanes*）无气生菌丝，基内菌丝分枝，其上直接生出短小的孢囊柄，柄顶端形成球形或略显不规则的孢囊，大小不等，孢囊内可形成多个孢子，孢子呈直链状、螺旋状或不规则排列，球形或椭圆形，通常会有棱角，直径1～1.5 μm，成熟后具有鞭毛，可用来游动，因此称为游动放线菌。游动放线菌分布广泛，我国发现的第一个抗生素——创新霉素就是由济南游动放线菌产生的。目前已从该属放线菌中分离到150多种抗生素，此外某些游动放线菌还可用来生产酶和酶抑制剂。

游动放线菌的孢囊能耐受一定的干燥，而当其与水接触时又会释放游动孢子。根据这一特性，可用脱水－再水化法从土样、腐叶及其他天然固态样本中富集分离。具体操作如下：

样品在30℃下干燥1～2周后，称取0.5 g加至装有50 mL无菌水的三角瓶中，30℃培养1 h，前30 min不时摇动，后30 min静置培养。吸取0.1～0.2 mL上清液涂布在含100 mg/L放线酮（或制霉菌素）的土壤浸汁琼脂培养基或淀粉酪素琼脂培养基平板上，28℃培养2～4周后观察。

由于游动放线菌的孢子囊能被Cl⁻和Br⁻吸引，因此还可以用趋化法来分离。分离装置很简单，只需一无菌塑料块，塑料块上有2个小圆窝，通过一毛细通道连接（图1-2）。各取1 g土样放在2个窝内，从边缘加无菌水，30℃培养约1 h后，孢子即可在水中自由移动。用吸管将0.01 mol/L KCl溶液加至中间通道中，再培养1 h，游动放线菌的孢子就会积聚在毛细通道里。吸取毛细通道内的富集液，稀释后涂布在

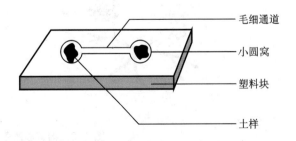

图1-2　趋化法分离游动放线菌示意图

毛细通道
小圆窝
塑料块
土样

淀粉酪素琼脂平板上，28℃培养 1~3 周即可观察。

7. 马杜拉放线菌的选择分离

马杜拉放线菌（*Actinomadura*）的基内菌丝发达，气生菌丝发育中等或稀少，成熟时气生菌丝上形成分生孢子链，或短或长，直形、钩形或不规则螺旋形。可产生马杜拉霉素、洋红霉素等抗生素。分离时可在分离培养基中加入链霉素、柔红霉素、新生霉素等来抑制其他杂菌的生长。

大多数马杜拉放线菌能够耐受一定浓度的利福平，在葡萄糖－酵母浸膏琼脂（GYEA）培养基中添加适量的利福平可以有效地抑制细菌和非目的放线菌的生长，利福平也可用新生霉素（25 mg/L）代替。分离程序为：

土样风干 → 100℃干热处理 15 min → 制备土壤稀释液（10^{-1}，10^{-2}，10^{-3}）→ 吸取 10^{-3} 稀释液 0.2 mL 涂布平板（GYEA+ 放线酮 100 mg/L+ 利福平 5 mg/L）→ 30℃培养，5 d 后逐日观察。

上述各种稀有放线菌的形态见图 1–3。

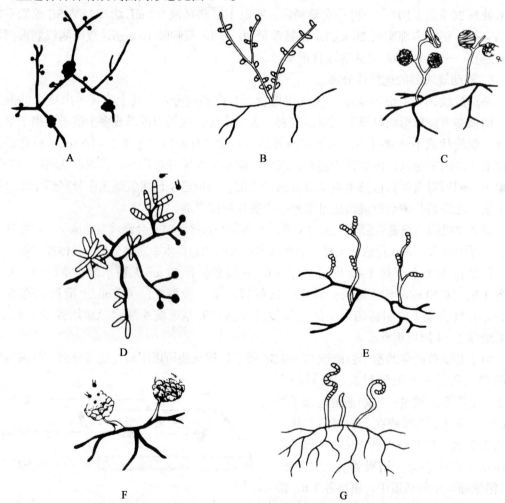

图 1–3 稀有放线菌的形态示意图
A. 小单孢菌 B. 小双孢菌 C. 链孢囊菌 D. 指孢囊菌 E. 小四孢菌 F. 游动放线菌 G. 马杜拉放线菌

五、注意事项

1. 生长抑制物的浓度不能太高，处理时间不能过长，否则稀有放线菌容易死亡。

2. 许多放线菌在干热下100℃处理30 min不会死亡，但在湿热下只能用50～55℃处理30 min。样品如果用湿热处理，温度不能太高，时间不能太长。

3. 稀有放线菌生长缓慢，平板中的培养基不能太少，培养箱中应放一杯水以增加湿度。

六、思考题

1. 阐述实验中每一类稀有放线菌筛选时的选择性。

2. 查找资料，设计一个筛选方案来筛选其他稀有放线菌。

3. 配制 HV 琼脂培养基和 LSV–SE 琼脂培养基时，是否可用土壤浸出液来代替培养基配方中的维生素？

实验1-3 发酵菌株的初筛

一、实验目的

1. 从已分离到的细菌、放线菌和真菌中筛选出能产生生理活性物质的菌株。
2. 学习抗生素产生菌和淀粉酶、蛋白酶产生菌的筛选方法。

二、实验原理

抗生素是生物（特别是微生物）在生命活动过程中产生的一类次生代谢产物或与之相类似的人工合成衍生物质，它们在低浓度时就可抑制其他一些生物（主要是细菌或真菌，也可能是寄生虫，甚至癌细胞）的生命活动。因为抗生素在极低浓度下就能抑制或杀死微生物，因此在抗生素产生菌的筛选中，常以其发酵产物对这些指示微生物产生的抑菌圈大小来衡量抗菌作用的强弱和抗生素的有效浓度。

淀粉酶在酿造、纺织、食品加工、医药等领域具有广泛的用途。淀粉酶是一类淀粉水解酶的统称，它能将淀粉水解成糊精等小分子物质并进一步水解成麦芽糖或葡萄糖。淀粉被水解后，遇碘不再变蓝色，因此可以根据淀粉培养基上透明圈的大小来判断所选菌株的淀粉酶活力。

蛋白酶也是一类重要的工业用酶制剂，它能将蛋白质分解成短肽甚至氨基酸。根据三氯乙酸能将酪蛋白变性从而产生沉淀这一原理，可在平板上直接筛选蛋白酶产生菌株。产酶菌株能将酪蛋白水解成小分子物质，菌落周围不形成沉淀蛋白而出现透明圈，根据透明圈大小还能判断产酶活力。

本实验以抗生素产生菌和淀粉酶或蛋白酶产生菌的筛选为例，介绍发酵菌种的初步筛选方法。

三、实验材料、试剂与仪器

1. 菌株

（1）实验菌株：实验 1-1 和实验 1-2 分离到的微生物菌株。

（2）指示菌株：金黄色葡萄球菌、大肠杆菌、枯草芽孢杆菌、黑曲霉、啤酒酵母等。

2. 培养基

（1）目的菌株培养基同实验 1-1 和实验 1-2 的分离培养基。

（2）指示细菌培养基：蛋白胨 2.5 g/L，酵母提取物 1 g/L，牛肉膏 0.6 g/L，葡萄糖 5 g/L，琼脂 20 g/L，pH 7.0～7.2。

（3）指示霉菌培养基：蛋白胨 5 g/L，酵母提取物 0.1 g/L，$MgSO_4 \cdot 7H_2O$ 0.5 g/L，K_2HPO_4 1 g/L，葡萄糖 10 g/L，琼脂 20 g/L，pH 自然。

（4）指示酵母菌培养基：葡萄糖 20 g/L，酵母提取物 10 g/L，蛋白胨 20 g/L，琼脂 20 g/L，pH 自然。

（5）淀粉酶产生菌筛选培养基：蛋白胨 10 g/L，牛肉膏 3 g/L，NaCl 5 g/L，可溶性淀粉 2 g/L，琼脂 20 g/L，pH 7.2～7.4。

（6）蛋白酶产生菌筛选培养基：葡萄糖 0.5 g/L，NaCl 5 g/L，K_2HPO_4 0.5 g/L，KH_2PO_4 0.5 g/L，酪蛋白 10 g/L，琼脂 20 g/L，pH 7.5。

3. 试剂与仪器

高压蒸汽灭菌锅、恒温干热灭菌箱、超净工作台、天平、电炉、1 mol/L HCl、1 mol/L NaOH、pH 试纸、刻度搪瓷杯、量筒、三角瓶、玻璃珠、试管、培养皿、吸管、移液器、标签、三氯乙酸、卢哥（Lugol）碘液等。

四、实验步骤

（一）抗生素产生菌的初筛

1. 指示菌培养基的配制

配制细菌、霉菌和酵母菌的指示培养基，分装于三角瓶中，0.08 MPa 灭菌 30 min，冷却至 60℃左右倒平板，每皿约 20 mL。

2. 指示菌菌悬液的制备

本实验选取金黄色葡萄球菌、大肠杆菌和枯草芽孢杆菌分别作为革兰阳性球菌、革兰阴性杆菌和含芽孢细菌的指示菌，黑曲霉作为丝状真菌的指示菌，啤酒酵母作为单细胞真菌的指示菌。

以无菌操作法挑取 1 环细菌或酵母指示菌菌苔，或霉菌的孢子至装有 3 mL 无菌水的试管中，制成菌悬液，吸取 0.1 mL 涂布在相应培养基的平板上。

3. 抑菌试验

（1）琼脂块法

① 将分离所得的菌株在合适的培养基上进行平板划线，培养成熟（一般细菌 37℃培养 1～2 d，霉菌 30℃ 3～5 d，放线菌 30℃ 5～7 d）。

② 用无菌打孔器在长满菌苔的培养皿中（无菌操作）垂直钻取连有培养基的菌块，

用灭菌镊子将菌块移至涂有指示菌的平板上（长菌的一面朝上），每个平板放 4 块，作好标记。

③ 将平板正放在指示菌的适宜温度下培养 1 ~ 3 d，观察菌块周围的透明圈（抑菌圈）大小。透明圈越大，表示抑菌能力越强。

（2）滤纸片法

① 挑取筛选得到的纯培养菌苔 1 环，接入装有 5 mL 发酵培养基（同筛选培养基，不加琼脂）的试管中，30℃摇床（180 r/min）培养，细菌培养 1 ~ 2 d，真菌培养 2 ~ 3 d，放线菌培养 3 ~ 5 d。

② 用滤纸片蘸取发酵液少许，贴于指示菌平板上，在指示菌的适宜温度下培养 1 ~ 3 d 后观察菌块周围的抑菌圈大小（图 1-4）。

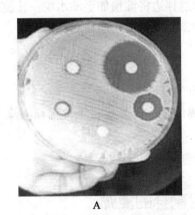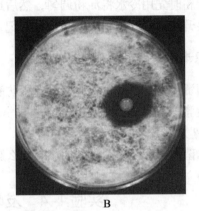

图 1-4 抗生素抑菌圈示意图

A. 滤纸片法　B. 点种法

（二）淀粉酶产生菌的初筛

方法基本同上，用淀粉酶产生菌筛选培养基来分离产生淀粉酶的细菌，高氏一号培养基和马铃薯培养基本身就含淀粉，可直接用于筛选放线菌或霉菌。

分离纯化的菌株可点种于淀粉培养基平板上（每皿点种 5 点），形成菌落后，在平板上滴加卢哥碘液，以铺满平皿为度，如果菌落周围有透明圈出现，说明淀粉被水解，该菌能产淀粉酶，透明圈与菌落直径之比越大，说明产淀粉酶活力越强（图 1-5）。

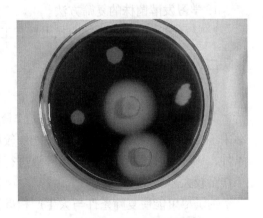

图 1-5 淀粉水解透明圈

如果想直接在分离培养基上检验淀粉酶产生情况，应适当提高涂菌时的稀释倍数，让每皿长 10 个左右菌落，加的碘液应适当稀释，并用无菌操作方式加至培养皿中，尽量缩短菌落与碘液的接触时间（最好加到菌落周围），以免菌体死亡。也可用冷藏的方法，即将长好菌落的培养皿直接放至 4℃冰箱过夜，观察透明圈形成情况。

（三）蛋白酶产生菌的初筛

方法基本同上，所用的是蛋白酶产生菌筛选培养基，培养后在平板上滴加 2.5% 三氯乙酸溶液，以刚铺满平皿为度，菌落周围如有无色透明圈出现，说明该菌产蛋白酶。由于三氯乙酸会杀死微生物，加样前应将菌移到其他平板上作一备份。

五、注意事项

1. 抗生素的指示菌最好用病原微生物，但对普通实验室来说，用致病菌作指示菌很不安全。本实验选用了不同类型的非致病菌作为指示菌，但操作时仍应严格遵循无菌操作规程，防止菌液污染环境。

2. 加淀粉时先用冷水将淀粉调匀，然后边搅拌边将淀粉加至沸水中，让淀粉溶解。

3. 碘会升华，看到透明圈后马上作好记录，时间稍长，透明圈会消失。

六、思考题

1. 查阅资料，设计一个实验来筛选脂肪酶产生菌。

2. 抗生素产生菌筛选时是否可以不经分离纯化，而直接将土壤稀释液涂布在含指示菌的平板上？为什么？

3. 指示菌的浓度对透明圈的大小有什么影响？

实验 1–4　发酵菌株的复筛

一、实验目的

1. 学习发酵菌株的复筛方法。
2. 从已分离到的微生物中找出具有工业应用前景的菌株。

二、实验原理

筛选一般分初筛和复筛，前者以量为主，后者以质为主。初筛可在培养皿或摇瓶中进行，其优点是快速、直观、简便，工作量小，但由于测试条件与工业发酵时有较大差别，结果不一定可靠。复筛是对生产性能作较精确的定量测定，复筛时应尽可能模拟工业生产条件，一般通过摇瓶培养后对培养液进行精确的定量分析，所得的数据比较有说服力，但工作量较大。

为了尽可能使复筛条件与大生产相近，复筛培养基中应加入一些生产性原料，如添加一定比例的山芋粉作为碳源，豆饼粉作为氮源。

三、实验材料、试剂与仪器

1. 菌株

实验 1–3 初筛得到的性能优良的微生物菌株。

2. 培养基

各菌株相应的培养基（见实验 1-1，实验 1-3），并可适当加一些玉米粉、山芋粉或麸皮作碳源，黄豆粉作氮源，如蛋白酶产生菌复筛（摇瓶）培养基可配制如下：豆饼粉 30 g/L，山芋粉 40 g/L，麸皮 40 g/L，Na_2HPO_4 4 g/L，KH_2PO_4 0.3 g/L，用自来水配制，pH 7.2。

3. 器材

高压蒸汽灭菌锅、恒温干热灭菌箱、超净工作台、恒温振荡器（摇床）等。

四、实验步骤

1. 发酵培养基的配制

根据所选菌株的特性，配制相应的液体培养基，分装于 250 mL 三角瓶中，每瓶装量 25 mL，8 层纱布封口后，0.1 MPa 灭菌 30 min。

2. 目的菌株的摇瓶培养

挑取 1 环经活化的斜面菌苔（实验 1-3 初筛所得），悬于 3 mL 无菌生理盐水中，摇匀，吸取 0.5 mL 接种到摇瓶培养基中，30℃，180 r/min 摇瓶培养一定时间（至稳定期）。

3. 发酵液的生理活性测定

取出摇瓶，按实验 1-5、实验 1-6 或实验 1-7 的方法对生理活性物质进行定量测定。

五、注意事项

复筛介于初筛和中试之间，所用培养基的配方也应介于种子培养基和发酵培养基之间。

六、思考题

菌株的选育为什么要分初筛与复筛？

实验 1-5　生长抑制物质活性的测定

一、实验目的

1. 掌握抗生素抑菌性能的测定方法。
2. 从初筛所获的菌株中筛选出抗菌活性高的菌株。

二、实验原理

抗生素抑菌能力的测定方法有稀释法和扩散法两种。

稀释法是将抗生素或发酵产物按一定倍数逐级稀释（常用 10 倍稀释或 2 倍稀释），每级接种一定浓度的指示菌，经过一定时间培养后便可得到抑制指示菌生长的最大稀释倍数，再与标准抗菌物质（如青霉素）作比较，就可推算出发酵产物的相对抑菌强度（效价）。

扩散法是将抗生素或发酵液通过一定的载体置于平板上,由于扩散作用,平板上可形成一个以加样处为中心的浓度梯度圈,离中心越远,浓度越小。只要事先在平板上涂布指示菌,经一定时间培养后,因浓度低的地方指示菌能生长,浓度高的地方指示菌不能生长,就可形成一个抑菌圈。扩散法可分为以下 3 种:

(1)钢圈琼脂平板法(杯碟法):将钢圈置于接种有指示菌的平板上,钢圈中放入抗生素溶液或发酵液,培养后测量抑菌圈大小。

(2)圆滤纸片法:用吸附有一定量抗菌物质的圆滤纸片代替(1)中的钢圈。这种方法精确度较差,但较简便。

(3)双层琼脂法:在细长的试管中,先装入接种有指示菌的琼脂培养基,在其上面加含抗菌物质的琼脂,观察下层琼脂中抑菌带的长度。

本实验以金黄色葡萄球菌为指示菌,用钢圈琼脂法测定抗生素(发酵液)的抑菌能力。

三、实验材料、试剂与仪器

1. 测定用指示菌

金黄色葡萄球菌。

2. 培养基

(1)传代用培养基(用于金黄色葡萄球菌传代与保存):蛋白胨 5 g,酵母抽提物 3 g,牛肉膏 1.5 g,葡萄糖 1 g,K_2HPO_4 3.5 g,KH_2PO_4 1.3 g,NaCl 3.5 g,琼脂 20 g,蒸馏水 1 000 mL,pH 7.0。

(2)生物测定用培养基(上层培养基需另加 0.5% 葡萄糖):蛋白胨 2.4 g,酵母抽提物 1.2 g,牛肉膏 0.6 g,琼脂 20 g,蒸馏水 1 000 mL,pH 7.0。

3. 试剂

(1)1% 磷酸缓冲液(pH 6.0):K_2HPO_4 0.2 g(或 $K_2HPO_4 \cdot 3H_2O$ 0.253 g),KH_2PO_4 0.8 g,用蒸馏水定容至 100 mL。

(2)0.85% NaCl 溶液(生理盐水)100 mL。

(3)标准青霉素:1 667 U/mg(1 U=0.6 μg)。

4. 器材

分光光度计、离心机、培养箱、水浴锅、高压蒸汽灭菌锅、牛津小杯(不锈钢小管,内径 6 ± 0.1 mm,外径 8 ± 0.1 mm,高 10 ± 0.1 mm)、培养皿(直径 9 cm,高 2 cm,要求大小一致,皿底平坦)等。

四、实验步骤

1. 金黄色葡萄球菌悬液的制备

将在传代培养基中活化过的金黄色葡萄球菌斜面用 0.85% 生理盐水洗下,6 000 g 离心 5 min,去上清液,菌体再用生理盐水离洗 1 次,最后将菌液稀释至 2×10^8 个 /mL 左右,或用分光光度计测定,650 nm 下的透光率为 20%。

2. 上层培养基的准备

取已灭菌的生物测定用培养基 100 mL,融化后放入 50℃恒温水浴中,待温度平衡后,加入 50% 葡萄糖溶液 1 mL（预先单独灭菌）和金黄色葡萄球菌悬液 4 mL，充分混匀，备用。

3. 平板的制作

取灭菌培养皿 15 套（应大小一致，皿底平坦），每皿用大口移液管吸入 50℃左右的生物测定用培养基 20 mL，水平放置，待凝固后用大口移液管吸入上层培养基 5 mL，将培养皿来回倾侧（要迅速），使含菌上层培养基均匀分布，凝固后备用。

4. 青霉素标准溶液的配制

精确称取纯苄青霉素钠盐 12 mg，溶解在 10 mL pH 6.0 磷酸缓冲液内，制成 2 000 U/mL 的青霉素溶液，然后进一步稀释成 10 U/mL 的青霉素标准工作液。

5. 青霉素标准曲线的制作

按表 1-1 准备不同浓度的青霉素溶液。

表 1-1　青霉素标准曲线的制作

试管号	青霉素浓度 /（U/mL）	10 U/mL 青霉素溶液 /mL	pH 6.0 磷酸缓冲液 /mL
B	0.4	0.4	9.6
C	0.6	0.6	9.4
D	0.8	0.8	9.2
A	1.0	1.0	9.0
E	1.2	1.2	8.8
F	1.4	1.4	8.6

注：稀释时所用试管、移液管均需灭菌，缓冲溶液也需灭菌，1 U/mL 的青霉素标准溶液用量较大，应适当多配。

待上层培养基完全凝固后，在每个平板上轻轻放置 4 只牛津小杯，小杯之间的距离应相等，然后用无菌滴管（最好用移液枪，以便定量控制）将青霉素标准溶液加至小杯内，液面应与杯面齐平。培养皿内不同浓度的青霉素标准溶液的详细排列见图 1-6，每一浓度作三个重复。加完后，为了防止冷凝水滴下破坏抑菌圈，最好把培养皿盖换成陶瓦盖，换好后小心将培养皿移至 37℃恒温箱中培养 16～18 h，精确测量（最好用游标卡尺）各个样品的抑菌圈直径，将结果填入表 1-2 中。

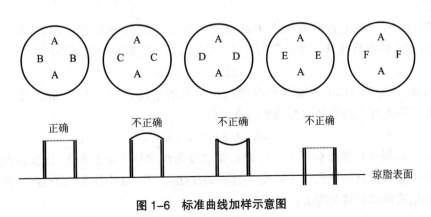

图 1-6　标准曲线加样示意图

表 1-2 　青霉素抑菌测定的标准曲线记录表

皿号	青霉素浓度 / (U/mL)	抑菌圈直径 /mm		平均值 /mm	校准值 /mm	1 U/mL 青霉素的抑菌圈直径 /mm	平均值 / mm	校准值 / mm
1								
2	0.4							
3								
4								
5	0.6							
6								
7								
8	0.8							
9								
10								
11	1.2							
12								
13								
14	1.4							
15								
1 U/mL 青霉素标准溶液抑菌圈的总平均直径 =							mm	

6. 标准曲线的绘制

（1）算出各组 1 U/mL 青霉素标准溶液抑菌圈的平均直径（6 个数据的平均）。

（2）算出其他各剂量青霉素标准溶液的抑菌圈平均直径（6 个数据的平均）。

（3）算出全部 15 套培养皿中 1 U/mL 青霉素标准溶液抑菌圈的总平均直径（30 个数据的平均）。

（4）以（3）中的 1 U/mL 青霉素标准溶液抑菌圈的总平均直径来校准其他各剂量点的平均直径。

假如 30 个 1 U/mL 青霉素标准溶液抑菌圈的总平均直径为 22.6 mm，第一组内 6 个 1 U/mL 青霉素标准溶液抑菌圈的平均直径为 22.4 mm，则第一组的标准值为

$$22.6 - 22.4 = 0.2（mm）$$

如果第一组 0.4 U/mL 青霉素标准溶液抑菌圈的平均直径为 18.6 mm，那么经校准后 0.4 U/mL 青霉素标准溶液抑菌圈的平均直径为

$$18.6 + 0.2 = 18.8（mm）$$

（5）在双周半对数坐标纸上，以青霉素浓度为纵坐标（对数轴），以抑菌圈直径的校准值为横坐标，绘制标准曲线（可先在 Microsoft Office Excel 中作 XY 散点图，然后把 Y 轴的坐标轴格式换成对数刻度）。

7. 抗生素发酵液的抑菌试验

取培养好的发酵液，代替图 1-6 的 B 或 C，进行抑菌试验，与青霉素标准曲线比较，求出发酵液相对于青霉素的效价。

五、注意事项

1. 各步骤注意无菌操作。

2. 配制培养基时，也可先将 20 mL 下层培养基分装到试管中，灭菌后冷却到 50℃左右倒平板。注意倒平板时培养基的温度不能太高，否则皿盖上会形成大量冷凝水，培养时滴下会破坏抑菌圈。

3. 上层培养基不能太烫，以免指示菌被烫死，但温度也不能太低，否则加到下层培养基上时，凝固过快，表面不平整，青霉素溶液就容易漏出来。因此，培养基温度以 50℃为宜。为了防止表面不平整，建议在温度较高的地方操作，最好在 37℃培养室内；若无条件，可在水浴锅上放一玻璃，在玻璃上操作，特别是在冬天，在加上层培养基之前，下层培养基应先放在温度稍高的地方预热。吸取培养基时应用大口移液管（可用头部破损的普通移液管代替），以免凝固堵塞移液管。

4. 四只牛津小杯在培养皿内应均匀布置，以免抑菌圈相互重叠。

5. 牛津小杯中加样结束后，移到培养箱中时应十分小心，以免液体外溢。

六、思考题

1. 指示菌的浓度对结果会产生怎样的影响？为什么上层培养基要控制在 5 mL？

2. 为什么培养皿的皿底应平坦？为什么牛津小杯应大小一致？

实验 1-6　液化型淀粉酶活力的测定

一、实验目的

1. 掌握分光光度法测定液化型淀粉酶活力的基本原理和方法。
2. 从初筛所获的菌株中筛选出淀粉酶活力高的菌株。

二、实验原理

淀粉酶是指能催化分解淀粉分子中糖苷键的一类酶，包括 α- 淀粉酶，淀粉 1,4- 麦芽糖苷酶（β- 淀粉酶），淀粉 1,4- 葡萄糖苷酶（糖化酶）和淀粉 1,6- 葡萄糖苷酶（异淀粉酶）。α- 淀粉酶可从淀粉分子内部切断淀粉的 α-1,4 糖苷键，形成麦芽糖、含有 6 个葡萄糖单位的寡糖和带有支链的寡糖，使淀粉的黏度下降，因此又称为液化型淀粉酶。

淀粉遇碘呈蓝色。这种淀粉 – 碘复合物在 660 nm 处有较大的吸收峰，可用分光光度计测定。随着酶的不断作用，淀粉长链被切断，生成小分子糊精，使其对碘的蓝色反应逐渐消失，因此可以根据一定时间内蓝色消失的程度为指标来测定 α- 淀粉酶的活力。

三、实验材料、试剂与仪器

1. 菌种

实验 1-3 中筛选到的 α- 淀粉酶产生菌株。

2. 培养基

豆饼粉 50 g/L，玉米粉 70 g/L，Na_2HPO_4 8 g/L，$(NH_4)_2SO_4$ 4 g/L，NH_4Cl 1.5 g/L，用自来水配制。250 mL 三角瓶中装培养基 25 mL，8 层纱布封口，0.1 MPa 灭菌 30 min。

3. 试剂

（1）碘原液：称取碘化钾 4.4 g，加 5 mL 蒸馏水溶解，加入碘 2.2 g，溶解后定容至 100 mL，贮于棕色瓶中。

（2）比色用稀碘液：取碘原液 0.4 mL，加碘化钾 4 g，用蒸馏水定容至 100 mL，贮于棕色瓶中。

（3）2% 可溶性淀粉：称取可溶性淀粉（干燥至恒重）2 g，加 10 mL 蒸馏水混合调匀，徐徐倾至约 80 mL 煮沸的蒸馏水中，边加边搅拌，用 10 mL 蒸馏水分 2 次洗下残剩的淀粉，煮沸 2 min 后冷却，加水定容至 100 mL。须当天配制。

（4）磷酸氢二钠 - 柠檬酸缓冲液（pH 6.0）：称取磷酸氢二钠（$Na_2HPO_4 \cdot 12H_2O$）4.523 g，柠檬酸 0.807 g，用水溶解并定容至 100 mL。

（5）0.5 mol/L 乙酸溶液：吸取 2.862 mL 冰乙酸，用蒸馏水稀释至 100 mL。

4. 器材

恒温水浴锅、白瓷板、分光光度计等。

四、实验步骤

1. 摇瓶培养

挑取经活化后的斜面菌苔 3 环，悬于 5 mL 无菌生理盐水中，混匀后吸取 0.5 mL 接入上述培养基中，30℃摇瓶培养（180 r/min）。每隔 8 h 取出一瓶，将发酵液过滤后直接作为粗酶液。

2. 酶液稀释

用 pH 6.0 缓冲液将粗酶液作适当稀释。

3. 标准曲线的制作

（1）将表 1-3 中 1~6 号管的淀粉浓度稀释成 0，0.2%，0.5%，1.0%，1.5% 和 2.0%；

（2）加入磷酸氢二钠 - 柠檬酸缓冲液 1.0 mL，40℃保温 5 min；

（3）加蒸馏水 1 mL，40℃保温 30 min 后加入 0.5 mol/L 乙酸 10 mL，混匀；

（4）吸取反应液 0.2 mL，加稀碘液 2 mL，混匀，以 1 号管为对照，在 660 nm 下测得吸光度 A；

（5）以淀粉溶液的浓度为横坐标，1~6 号管的吸光度为纵坐标，作标准曲线。

4. 淀粉酶活力测定

按表 1-3 的 7、8 号管操作，以 1 号管调零，测得校正管 7 和样品管 8 的吸光度 A_{660}，从标准曲线中查出相应的淀粉浓度，求出被酶消耗的淀粉量。样品管至少作 3 个重复，取平均值。

表 1-3　液化型淀粉酶活力测定

管号	1	2	3	4	5	6	7（校正管）	8（样品管）
2% 淀粉 /mL	0	0.2	0.5	1.0	1.5	2.0	2.0	2.0
水 /mL	2.0	1.8	1.5	1.0	0.5	0	0	0
缓冲液 /mL	1.0	1.0	1.0	1.0	1.0	1.0	0	0
40℃水浴预热 5 min								
粗酶液 /mL	0	0	0	0	0	0	热死酶 1.0[*]	1.0
40℃保温 30 min 后，加入 0.5 mol/L 乙酸 10 mL，混匀后，吸取反应液 0.2 mL								
稀碘液 /mL	2	2	2	2	2	2	2	2
A_{660}	0							

* 100℃热处理 2 min 后的冷却酶液 1.0 mL。

5. 酶活力计算

酶活力以每毫升粗酶液在 40℃、pH 6.0 的条件下每小时所分解的淀粉毫克数来衡量。

$$U_s = (40 - A) \times 2 \times f$$

式中：40 为 2 mL 2% 淀粉溶液中所含的淀粉量（mg）；

A 为由测得的吸光度从标准曲线中查出的残剩淀粉量（mg）；

f 为酶液稀释倍数；由于反应时间只有 30 min，故应乘以 2。

五、注意事项

1. 淀粉一定要用少量冷水调匀后，再倒入沸水中溶解，若直接加到热水中，会溶解不均匀，甚至结块。淀粉液应当天配制，配好的淀粉液应是透明澄清的，不能有颗粒状物质存在。

2. 酶液应进行适当稀释。

3. 碘单质只能溶于高浓度的碘化钾溶液中，所以配制碘原液时应先用少量蒸馏水将碘化钾溶解后再加碘单质。碘单质易升华，配制时不要加热。

4. 如果酶液样品不含色泽，也可不做 7 号管。

六、思考题

1. 是否可直接用蒸馏水作对照？

2. 糊精与碘反应生成的颜色（如红色）是否会对结果产生影响？用糊精溶液做一试验。

3. 测定校正管吸光度时，是否可以 7 号管中不加 2.0% 的淀粉稀释液，而用 2 mL 水来代替？

一、实验目的

1. 掌握蛋白酶活力测定的基本原理和方法。
2. 从初筛所获的菌株中筛选出蛋白酶活力强的菌株。

二、实验原理

蛋白酶能将蛋白质水解成短肽甚至游离的氨基酸。酶活力越高，在一定时间内生成的氨基酸也越多。蛋白质水解产物中的酪氨酸与色氨酸和 Folin- 酚试剂中的磷钨酸、磷钼酸作用后，在碱性条件下生成蓝色的化合物，因此可利用此原理来测定蛋白酶活力。测定时通常以酪蛋白为底物，在一定的 pH 和温度条件下酶解，经一段时间后用三氯乙酸终止酶反应，经离心或过滤除去变性蛋白等沉淀物后取上清液，用 Na_2CO_3 碱化，加入 Folin- 酚试剂显色，蓝色的深浅与滤液中酶解生成的酪氨酸量成正比，可用分光光度计（680 nm）测定，然后根据酪氨酸与 Folin- 酚试剂作用的标准曲线，计算出蛋白酶的活力。

Folin- 酚试剂除了可与酪氨酸反应外，还能与蛋白质中的肽键起反应。因此未被分解的蛋白质必须用三氯乙酸沉淀，并通过过滤或离心去除，某些未被去除的短肽会对反应起一定的干扰作用。

三、实验材料、试剂与仪器

1. 材料

筛选所得的蛋白酶产生菌株、酪蛋白（酪素）等。

2. 粗酶液

实验 1-4 中的摇瓶发酵液经过滤后即可作为粗酶液。

3. 试剂

（1）标准酪氨酸溶液：精确称取在 105 ℃烘箱中烘至恒重的酪氨酸 0.100 0 g，逐步加入 6 mL 1 mol/L 盐酸使其溶解，用 0.2 mol/L 盐酸定容至 100 mL，其浓度为 1 000 mg/L，吸取此液 10 mL，用 0.2 mol/L 盐酸定容至 100 mL，即配成 100 mg/L 的酪氨酸溶液。配制后应及时使用或放入冰箱内保存，以免细菌繁殖而变质。

（2）Folin- 酚试剂：在 2 000 mL 磨口圆底烧瓶内加入钨酸钠（$Na_2WO_4 \cdot 2H_2O$）100 g，钼酸钠（$Na_2MoO_4 \cdot 2H_2O$）25 g，蒸馏水 700 mL，85 % 磷酸 50 mL，浓盐酸 100 mL，充分混匀，使其溶解。接上回流装置，文火回流 10 h（烧瓶内可加入小玻璃珠数颗，以防溶液溅出），然后加入硫酸锂（$Li_2SO_4 \cdot H_2O$）150 g，蒸馏水 50 mL 和溴水数滴，摇匀，去除冷凝器，在通风橱中开口继续煮沸 15 min，以除去多余的溴。冷却后（溶液应呈金黄色）定容至 1 000 mL，过滤，滤液即 Folin- 酚试剂（若试剂呈绿色，则需重配），置于棕色瓶中，可在冰箱长期保存。若贮存时间过长，颜色由黄变绿，可加几滴溴水，煮沸数分钟，恢复原色仍可使用。使用前用 1 mol/L 标准氢氧化钠标定，该试剂的酸度应为 2 mol/L 左右，使用时将其稀释成 1 mol/L。

（3）0.4 mol/L 碳酸钠溶液：称取无水碳酸钠（Na_2CO_3）42.4 g，定容至 1 000 mL。

（4）0.4 mol/L 三氯乙酸（TCA）溶液：称取三氯乙酸（CCl_3COOH）65.4 g，定容至 1 000 mL。

（5）0.2 mol/L 磷酸缓冲液（pH 7.2）：称取磷酸二氢钠（$NaH_2PO_4 \cdot 2H_2O$）15.6 g 和磷酸氢二钠（$Na_2HPO_4 \cdot 12H_2O$）35.82 g，分别溶解后混合，定容至 1 000 mL。

（6）0.5% 酪蛋白溶液：准确称取干酪素 0.5 g，加入 0.1 mol/L 氢氧化钠溶液 2.5 mL，在水浴中加热溶解（必要时用小火加热煮沸）后，用 pH 7.2 磷酸盐缓冲液定容至 100 mL。配制后应及时使用或放入冰箱内保存，否则极易长菌。

4. 器材

试管及试管架、移液器、小漏斗及滤纸、烧杯、恒温水浴锅、分光光度计等。

四、实验步骤

1. 酪氨酸标准曲线的制作

取 7 支试管，编号后按表 1-4 加入标准酪氨酸及蒸馏水，配成一系列不同浓度的酪氨酸溶液，加入 5 mL 碳酸钠溶液及 0.5 mL Folin-酚试剂，迅速混匀，于 40℃ 恒温水浴中显色 20 min，取出后用流水冷却，在分光光度计上以 1 号管为对照测定各管的吸光度（A_{680}），以酪氨酸浓度为横坐标，吸光度为纵坐标，绘制出酪氨酸标准曲线。

表 1-4 酪氨酸标准曲线的制作

试剂	管号						
	1	2	3	4	5	6	7
酪氨酸浓度 /（mg/L）	0	10	20	30	40	50	60
100 mg/L 标准酪氨酸 /mL	0	0.1	0.2	0.3	0.4	0.5	0.6
蒸馏水 /mL	1	0.9	0.8	0.7	0.6	0.5	0.4
碳酸钠溶液 /mL	5	5	5	5	5	5	5
Folin- 酚试剂 /mL	0.5	0.5	0.5	0.5	0.5	0.5	0.5
混匀后，置于 40℃恒温水浴显色 20 min							
A_{680}	0						

2. 蛋白酶活力测定

将发酵液过滤或离心以去除培养基残存物及菌体，滤液直接作为粗酶液，用磷酸缓冲液作适当稀释（100 倍左右，应先进行预备试验，以确定最佳稀释倍数）。

取 3 支试管，编号，各加稀释酶液 1 mL，1 号对照管在加入酶液后立即加入三氯乙酸溶液 2 mL，使酶失活。另两支样品管在加入酶液后再加入 2 mL 0.5% 酪蛋白溶液（试剂最好在 40℃水浴锅中预热），混匀后立即放入 40℃恒温水浴锅中，准确保温 10 min 后迅速向两支样品管中加入 0.4 mol/L 三氯乙酸溶液 2 mL 以终止酶反应。同时向 1 号管中加入 2 mL 底物（0.5% 酪蛋白溶液），摇匀。为了使蛋白质沉淀完全，3 支试管再放入 40℃水浴内保温 10 min，取出后立即过滤或离心以除去变性的酪蛋白及酶蛋白。

取滤液（上清液）1 mL 分别移入另 3 支干净的试管中，加入碳酸钠溶液 5 mL 和 Folin– 酚试剂 0.5 mL，迅速混匀，40℃水浴显色 20 min，取出冷却后测定各管的吸光度 A_{680}。具体操作顺序可按表 1–5 进行（样品管最好做 3 个重复）。

表 1–5　蛋白水解酶活力的测定

试剂	管号		
	1	2	3（重复管）
酶稀释液 /mL	1	1	1
三氯乙酸溶液 /mL	2	0	0
0.5% 酪蛋白溶液 /mL	0	2	2
混匀，40℃恒温水浴保温 10 min			
三氯乙酸溶液 /mL	0	2	2
0.5% 酪蛋白溶液 /mL	2	0	0
混匀，40℃恒温水浴保温 10 min，过滤或离心			
酶解滤液 /mL	1	1	1
碳酸钠溶液 /mL	5	5	5
Folin– 酚试剂 /mL	0.5	0.5	0.5
混匀，40℃恒温水浴显色 20 min			
A_{680}	0		

3. 计算

蛋白酶活力：40℃、pH 7.0 条件下以酪蛋白为底物，每分钟水解产生 1 μg 酪氨酸的酶量为一个活力单位，取平均值。

$$U_p = （A/10）\times 5 \times f$$

式中：U_p 表示蛋白酶活力；

　　　A 表示由测得的吸光度值从酪氨酸标准曲线上查出的相当酪氨酸量（μg）；

　　　f 表示酶液的稀释倍数。

由于测定时取酶解滤液 1 mL，仅为酶促反应总体积的 1/5，故应乘以 5；由于酶促反应时间为 10 min，而计算酶活力单位时，是以每分钟催化水解底物生成 1 μg 酪氨酸的酶量定义为 1 个酶活力单位，故应除以 10。

五、注意事项

1. 温度与酶的反应速度密切相关，如果温度相差 1℃，就可使结果产生明显的偏差，此外酶反应的 10 min 时间也应严格控制。

2. 酶的稀释倍数对酶活力也有一定的影响。一般将稀释度控制在酶反应后的 A_{680} 为 0.2～0.4，吸光度偏高或偏低都可能带来测定上的误差。

3. 根据酶作用的最适 pH，可将微生物蛋白酶分为酸性、中性和碱性三大类。本实验测定的为中性蛋白酶，若要测定其他类型的蛋白酶，则应利用该酶反应的最适 pH 的缓冲液来稀释发酵液（酶液）和配制底物溶液，否则不能获得最大的酶活力值。酪蛋白溶液用酸性缓冲液配制时，须先加数滴浓乳酸，使之湿润以加速溶解。

4. Folin–酚试剂只有在碱性条件下才能与酪氨酸发生呈色反应。因此，加入 Folin–酚试剂前滤液应先与碳酸钠溶液充分混匀。如果先加 Folin–酚试剂，再加碳酸钠溶液，则不显蓝色。

附：缓冲液的配制方法

（1）pH 7.5 磷酸盐缓冲液（0.02 mol/L）：称取磷酸氢二钠（$Na_2HPO_4 \cdot 12H_2O$）6.02 g 和磷酸二氢钠（$NaH_2PO_4 \cdot 2H_2O$）0.5 g，以蒸馏水溶解并定容至 1 000 mL。

（2）pH 2.5 乳酸–乳酸钠缓冲液（0.05 mol/L）

A 液：称取 85% 乳酸 10.6 g，加蒸馏水稀释并定容至 1 000 mL；

B 液：称取 70% 乳酸钠 16 g，加蒸馏水稀释并定容至 1 000 mL；

取 A 液 16 mL 与 B 液 1 mL 混合，稀释一倍即成。

（3）pH 3.0 乳酸–乳酸钠缓冲液（0.05 mol/L）：取上述 A 液 8 mL 与 B 液 1 mL 混合，稀释一倍即成。

（4）pH 10.0 硼砂–氢氧化钠缓冲液

A 液：称取硼砂 19.08 g，用蒸馏水溶解并定容至 1 000 mL（0.05 mol/L）；

B 液：称取氢氧化钠 8 g，用蒸馏水溶解并定容至 1 000 mL（0.2 mol/L）；

取 A 液 250 mL 与 B 液 215 mL 混合，用蒸馏水稀释并定容至 1 000 mL 即成。

（5）pH 11.0 硼砂–氢氧化钠缓冲液

A 液：称取硼砂 19.08 g，用蒸馏水溶解并定容至 1 000 mL（0.05 mol/L）；

B 液：称取氢氧化钠 4 g，用蒸馏水溶解并定容至 1 000 mL（0.1 mol/L）；

取 A 液与 B 液等量混合即成。

六、思考题

1. 测定酶活力时，在具体操作上应注意哪些问题？

2. 为什么测定酶活力的试剂要在 40℃水浴锅中预热？

实验 1-8　发酵菌种的诱变选育

一、实验目的

1. 了解诱变育种的基本原理。

2. 学习诱变筛选高产菌种的方法。

二、实验原理

自然界中分离所得的野生菌株其发酵活力一般很低，必须经过人工选育得到突变株，或通过细胞或基因工程操作成为工程菌株后才能用于工业化生产。

突变可自发产生，也可诱发产生。自发突变的频率往往很低，而诱发突变可大大提高突变频率。所谓诱变就是用物理或化学诱变剂处理均匀分散的细胞群，促使其突变频率大幅度提高，然后采用简便、快速和高效的筛选方法从中挑选少数符合育种目的突变株的技术。诱变可由化学或物理因素引起，其中紫外线是一种最简单、最常用的物理诱变剂，它能使 DNA 链中两个相邻的嘧啶核苷酸形成二聚体而影响 DNA 的正常复制，从而造成基因突变；硫酸二乙酯是一种常用的化学诱变剂（烷化剂），它可直接与核酸碱基发生化学反应，从而引起 DNA 复制时碱基对的错配。诱变育种时应遵循以下几个原则：

（1）选择简便有效的诱变剂；

（2）挑选优良的出发菌株，如生产中选育过的自然变异菌株或是有利性状多的菌株；

（3）处理单孢子或单细胞悬液，以使诱变剂接触均匀，避免长出不纯菌落；

（4）选用合适生理状态的细胞，细菌一般以对数期为好，孢子以稍加萌发后为好；

（5）选用合适的诱变剂量，凡在高诱变率的基础上既能扩大变异幅度，又能促使变异移向正变范围的剂量就是最适剂量。对质量性状的诱变拟采用高致死剂量（95%～99% 的致死率）；而对产量性状，一般认为正变常出现在偏低剂量（75%～80% 的致死率）中；

（6）利用复合处理的协同效应，两种或多种诱变剂先后或同时使用，或同一种诱变剂重复使用；

（7）设计和采用高效筛选方案；

（8）创造和利用形态、生理与产量间的相关指标，以提高筛选效率。

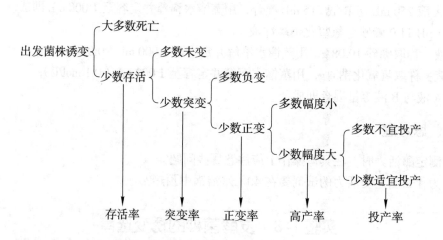

三、实验材料、试剂与仪器

1. 菌种

实验 1-4 复筛得到的发酵（细菌或放线菌）菌株。

2. 培养基

同实验 1-1，选择诱变菌株的合适培养基。

3. 试剂

生理盐水、0.1 mol/L 的磷酸缓冲液（pH 7.0）、硫酸二乙酯、25% 硫代硫酸钠。

4. 器材

恒温摇床、磁力搅拌器、离心机、显微镜、血球计数板、紫外灯（15 W，260 nm）、诱变箱、超净工作台等。

四、实验步骤

（一）紫外诱变

1. 菌体或孢子悬液的制备

将待诱变的菌株（细菌）摇瓶培养至对数生长期，取 1 mL 菌液，用无菌生理盐水离心洗涤 2 次，重悬于生理盐水中制成菌悬液；若是放线菌，固体培养基上培养至孢子形成，挑取孢子 4~5 环，接入 1 mL 生理盐水中，在合适条件下培养 2 h 使孢子稍加萌发，制成孢子悬液。用显微镜直接计数法计数悬液中的细胞数，并通过稀释将悬液调整至大约 10^7 个细胞 /mL。

2. 致死曲线的测定

取 6 cm 无菌培养皿 8 只，加入制备好的菌悬液 5 mL 和磁力搅拌棒（预先灭菌）一根，放于磁力搅拌器上。打开皿盖，在距紫外灯（先预热 20 min）30 cm 处照射，分别照射 15 s、30 s、45 s、60 s、75 s、90 s、105 s 和 120 s，各吸取菌液 0.1 mL，稀释后涂平板，三个重复。在合适的条件下培养后计数，以未经过照射的悬液为对照，将结果填入表 1-6 中，以照射时间为横坐标，以死亡率为纵坐标，画出致死曲线。

表 1-6 紫外线对微生物死亡率的影响

照射时间 /s	稀释倍数	菌落数 / (个 /0.1 mL)			平均值 / (个 /mL)	死亡率 /%
		（1）	（2）	（3）		
0						
15						
30						
45						
60						
75						
90						
105						
120						

3. 诱变

选取 80% 致死率的诱变剂量进行诱变，菌液经适当稀释后涂平板（为了便于选取单菌落，稀释倍数以直径 9 cm 培养皿中长出 10 ~ 50 个菌落为好）。

4. 初筛

对长出的单菌落进一步纯化后按实验 1-3 的琼脂块法进行抗生素效价的初步测定，挑选抑菌圈大的菌株进行复筛；如果知道该菌株产生的抗生素类型（假如为卡那霉素类），也可直接将诱变后的菌液涂布在含该抗生素的梯度平板上，培养后挑选能在高浓度抗生素区域良好生长的菌落进行复筛。

梯度平板的制作：配制培养基，分装成两瓶，灭菌后在 50℃ 水浴中保温；在第一瓶中加入抗生素（卡那霉素 1 500 μg/mL），摇匀后倒平板，每皿约 10 mL，倾斜放置，冷却后使成一斜面；然后在其上再倒 10 mL 左右未加抗生素的培养基，水平放置，冷却后成一梯度平板（图 1-7）。

上层培养基（不含抗生素） —— 下层培养基（含抗生素）

图 1-7　梯度平板示意图

5. 复筛

初筛所得的优良菌株进行摇瓶发酵，按实验 1-5 进行抗生素效价的测定，选择效价高的菌株进行发酵条件的优化和中型（50 ~ 100 L）发酵试验。

（二）化学诱变

基本方法同上，细胞（孢子）经离心洗涤后悬浮于 0.1 mol/L pH 7.0 的磷酸缓冲液中，稀释至约 10^7 个细胞 /mL，取 10 mL 菌悬液至 50 mL 三角瓶中，加入硫酸二乙酯（或其他化学诱变剂）0.1 mL，30℃ 恒温摇床 180 rpm 振荡处理，每隔 10 min 取出（共 60 min）0.1 mL，用 25% 硫代硫酸钠终止反应后，以 10 倍稀释法作一系列稀释，涂平板。

五、注意事项

1. 紫外辐射的剂量由紫外灯功率、照射距离和照射时间协同决定。紫外辐射具有累积效应，所以也可以只准备一皿菌悬液，每隔 15 s 关掉紫外灯取 0.1 mL 菌液稀释涂平板，取样后继续打开紫外灯，总的诱变时间可累加确定。

2. 诱变后的稀释倍数应根据照射剂量而定，低剂量稀释 1 000 ~ 10 000 倍，高剂量稀释 100 ~ 1 000 倍，以每皿长几十个菌落为宜。

3. 紫外诱变后的细胞存在光复活现象，因此菌液的稀释、平板的涂布等工作应在红灯（也可在普通白炽灯上包一块红布）下进行，涂布好的平板也应用黑纸（布）包好后在恒温箱中培养。化学诱变后也应在红灯下操作。

4. 诱变剂对人体有一定的伤害作用，紫外线穿透力弱，诱变可在无菌箱中进行，用玻璃或黑布防护；硫酸二乙酯处理时应戴好手套，不要接触到皮肤，若有不慎，应马上用 25% 硫代硫酸钠处理，实验结束后，也应用 25% 硫代硫酸钠处理多余的诱变剂。

1. 硫酸二乙酯处理时，菌悬液为什么要用磷酸缓冲液配制？
2. 诱变时应注意哪些要素？

实验 1–9　发酵菌株的原生质体融合育种

一、实验目的

1. 了解原生质体融合育种的基本原理。
2. 学习用原生质体融合育种筛选高产菌株的方法。

二、实验原理

菌种是发酵工业的灵魂，发酵工厂所用的菌株最初都是从自然环境中分离出来的。但是，这些分离株的发酵效价往往很低，不能满足现代工业的需求，必须经过改造后才能用于生产。菌种的改造除了传统的诱变育种、杂交育种外，原生质体融合也是一种常用的手段。

原生质体融合（protoplast fusion）是指用人工方法将遗传性状不同的两菌株的原生质体融合在一起，使融合子兼有双亲优良性状的一种育种新技术。我们知道同种微生物的不同交配型（如啤酒酵母的 a 型与 α 型菌株）在自然条件下能进行杂交，但不同种、不同属或同一种的同一交配型之间却不能杂交。如果将微生物的细胞壁去除，制成原生质体，然后用物理、化学或生物的手段使两者紧密接触，就有可能融合成一个新细胞。

在诱变育种过程中，由于突变的随机性，要筛选到各方面性状都比较优良的菌株难度很大，在实践中筛选到的常常是某一性状有缺陷的菌株，如产量高的菌株生长速度可能较慢，生长速度快的菌株产量又不太高，若将这样两个菌株进行原生质体融合，就有可能筛选到产量高并且生长速度快的菌株。

目前原生质体融合技术已应用到几乎所有具有细胞结构的微生物中，其主要过程包括双亲选择与标记、原生质体的制备、原生质体的融合和再生以及融合子的检出等过程（图 1–8）。

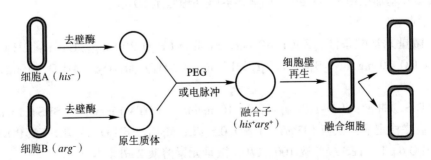

图 1–8　原生质体融合示意图

为了便于筛选融合子，一般要对两亲株进行标记，如通过诱变进行营养缺陷型标记、抗生素抗性标记等。但是在工业生产菌株的融合育种中，标记有可能导致亲株优良性状的退化，最好选用原有的特定性状。此外，灭活原生质体也是一种可供选择的方法。

原生质体的制备是去除微生物细胞细胞壁的过程。对革兰阳性菌，仅用溶菌酶处理就可得到所需的原生质体，如果在培养过程中加入少许青霉素或甘氨酸，制备效果会更好；对革兰阴性菌，除加溶菌酶外，还应在处理液中加 EDTA 和巯基乙醇，以完全去除外壁层；对酵母菌和霉菌，可用蜗牛酶处理。原生质体都呈球状，因此可用显微镜来检查原生质体的形成情况。由于原生质体对渗透压敏感，制备应在高渗缓冲液中进行。若将制备后的细胞放到低渗溶液中，原生质体就会破裂，根据这一特点可计算出原生质体的形成率。

融合是指将两亲本原生质体通过生物、化学或物理手段融为一体的过程。化学融合常以 PEG（聚乙二醇）介导，在 Ca^{2+} 和 Mg^{2+} 存在下使两个原生质体融合；电融合是先让原生质体在低电场中极化成偶极子，并沿电力线方向排列成串，加高压直流脉冲后，相邻两个原生质体的膜被瞬时击穿，从而导致融合的发生。原生质体因为失去了细胞壁，不能繁殖。再生就是使原生质体重新长出细胞壁，回复到完整细胞形态的过程。再生也应在高渗培养基上进行，再生率一般为 3% ~ 20%。

融合子的检出是从融合后的反应系统中检出那些经过遗传交换并发生重组的融合子的过程。一般根据亲株的遗传标记，在选择培养基上直接筛选。为了提高再生率，也可先在高渗完全培养基上再生，再在选择性培养基上检出重组子；若用电融合，也可在显微镜下用显微操作仪直接挑取融合子。

三、实验材料、试剂与仪器

1. 菌株

诱变选育获得的两株具有优良互补性状的抗生素产生菌（链霉菌）菌株。

2. 培养基

（1）基本培养基：天冬酰胺 0.5 g/L，葡萄糖 20 g/L，K_2HPO_4 0.5 g/L，$CaCl_2 \cdot 2H_2O$ 4 g/L，$MgCl_2 \cdot 6H_2O$ 10 g/L，pH 7.2；

（2）完全培养基：葡萄糖 20 g/L，牛肉膏 2 g/L，酵母膏 4 g/L，$MgSO_4 \cdot 7H_2O$ 0.5 g/L，K_2HPO_4 2 g/L，KH_2PO_4 0.5 g/L，NaCl 0.5 g/L，$FeSO_4$ 0.01 g/L；

高渗培养基加蔗糖至 100 g/L，固体培养基加琼脂至 20 g/L。

3. 试剂

（1）微量元素贮备液：$ZnCl_2$ 40 mg，$FeCl_3 \cdot 6H_2O$ 200 mg，$CaCl_2 \cdot 2H_2O$ 10 mg，$MnCl_2 \cdot 4H_2O$ 10 mg，$Na_2B_4O_7 \cdot 10H_2O$ 10 mg，$(NH_4)_6Mo_7O_{24} \cdot 4H_2O$ 10 mg，蒸馏水 1 000 mL；

（2）TES 缓冲液：Tris-HCl（pH 8.0）10 mmol/L，EDTA 1 mmol/L，SDS 0.1 mmol/L；

（3）高渗稳定液：蔗糖 103 g/L，K_2SO_4 0.5 g/L，$MgCl_2 \cdot 6H_2O$ 0.3 g/L，KH_2PO_4 0.05 g/L，$CaCl_2 \cdot 2H_2O$ 6 g/L，TES 缓冲液 100 mL/L，微量元素溶液 2 g/L。

四、实验步骤

1. 双亲选择与标记

（1）选择双亲菌株，将它们涂布在基本培养基上，观察是否为营养缺陷型；

（2）将双亲菌株分别涂布在含不同抗生素的完全培养基上，观察它们是否有抗药性；

（3）如果没有上述选择性标记，可采用双亲原生质体灭活手段，或用实验1-8的诱变方法筛选出具有营养缺陷型或抗药性标记的突变株。

2. 原生质体的制备

（1）取双亲斜面孢子2环，分别接至25 mL液体完全培养基中，30℃ 180 r/min摇床培养48 h后，各吸取2 mL接入另一瓶装有25 mL液体完全培养基（加0.4%甘氨酸可提高原生质体形成率）的250 mL三角瓶中，30℃摇床培养24 h；

（2）各取5 mL菌液，3 000 g离心5 min收集菌体，用10%蔗糖溶液离洗2次，悬于5 mL高渗稳定液中，加入30 mg溶菌酶，30℃摇床缓慢振摇（60 r/min）1~2 h，50 min后每隔10 min取样，在显微镜下检查原生质体的形成情况（原生质体为球形），如果菌体大部分成为球状可停止溶菌；

（3）低速（1 000 g）离心2 min或用5 μm微孔滤膜过滤，以除去未被消化的丝状体，将原生质体悬液转入另一离心管，3 000 g离心10 min收集原生质体，用高渗稳定液离心洗涤1次后重悬于高渗稳定液中，计数并稀释至10^7个原生质体/mL。

3. 原生质体灭活（如果具有选择标记，就不用灭活）

取亲株原生质体1 mL，在65℃水浴中处理60 min或在15 W紫外灯30 cm处照射5 min，使原生质体灭活，涂布在高渗完全培养基上检查灭活效果。

4. 原生质体融合

两（灭活）亲本原生质体各0.5 mL，合并后离心去上清液，在沉淀上加高渗稳定液5 mL，轻轻打散菌体，加1 mL 42% PEG 4000溶液（溶解在高渗稳定液中），用无菌吸管（或移液器）轻吹以悬浮原生质体，30℃融合2~3 min（注意观察凝聚现象）后，离心去上清液，沉淀悬于1 mL高渗稳定液中。

5. 融合子的检出

吸取上述悬浮液0.1 mL，直接涂布在高渗完全培养基平板上，30℃培养5~7 d，长出的菌落可能就是融合子（也可能是异核体）。挑取这些菌落，在基本培养基上连续传代，检出稳定的融合子。通过发酵试验来检验亲株的优良性状是否得到互补。

如果双亲具有营养缺陷标记，可通过影印培养将高渗完全培养基上长出的菌落转接到基本培养基上（因细胞壁已再生，用不着高渗培养基），凡是能在基本培养基上生长的，有可能就是融合子。

五、注意事项

1. 不同的菌株，其最适培养条件或培养基配比不同，原生质体制备、灭活和融合的条件也不一样，最好通过预备实验确认。

2. 聚乙二醇（PEG）对细胞的毒性较强，作用时间不能太长。

3. 用紫外线灭活有可能使亲株的优良性状丧失，热灭活的诱变效应较弱。

六、思考题

1. 查阅资料，设计一个酵母原生质体融合的实验。
2. 比较亲株标记后融合和原生质体灭活后融合两种方法的优缺点。

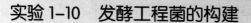

实验 1-10 发酵工程菌的构建

一、实验目的

1. 了解基因工程育种的基本原理。
2. 学习 α- 乙酰乳酸脱羧酶基因工程菌的构建方法。

二、实验原理

基因工程，又称重组 DNA 技术，是指用人工方法从基因层面上对遗传物质进行切割、拼接和重组的技术。外源基因经过改造后，插入载体中，然后导入受体细胞内，通过发酵，使外源基因得到扩增和表达，从而获得大量外源基因产物。其基本操作包括目的基因的获得、重组质粒的构建、受体菌转化和转化子筛选等过程（图 1-9）。

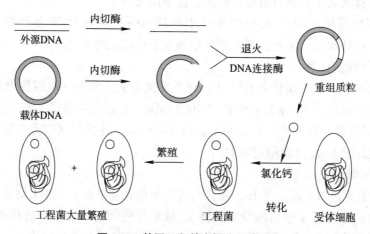

图 1-9 基因工程基本操作示意图

α- 乙酰乳酸是缬氨酸和异亮氨酸生物合成过程的中间产物，能被啤酒酵母分泌到细胞外，经氧化后生成双乙酰。当双乙酰含量超过 0.15 mg/L 时，会给啤酒带来不愉快的"馊饭味"。若在啤酒生产中（主发酵后期）添加适量的 α- 乙酰乳酸脱羧酶（ALDC），让酵母分泌的 α- 乙酰乳酸脱羧形成乙偶姻（3- 羟基 -2- 丁酮）和二氧化碳，可大大减少双乙酰的生成。本实验尝试将产气肠杆菌的 α- 乙酰乳酸脱羧酶基因（大小约 0.8 kb）克隆到大肠杆菌中，构建能大量表达 α- 乙酰乳酸脱羧酶的工程菌株。

三、实验材料、试剂与仪器

1. 菌种和质粒

产气肠杆菌（*Enterobacter aerogenes*），大肠杆菌 BL21（DE3）菌株，质粒 pET-28 等。

2. 培养基

LB 培养基：蛋白胨 10 g/L，酵母膏 5 g/L，NaCl 10 g/L，pH 7.2 ~ 7.4；固体培养基添加琼脂至 15 g/L，0.1 MPa 高压蒸汽灭菌。使用前根据需要加入卡那霉素（终质量浓度 30 μg/mL）。

5 × 缓冲液	10 μL
dNTP（10 μmol/L）	2 μL
上游引物 P1（10 μmol/L）	2 μL
下游引物 P2（10 μmol/L）	2 μL
产气肠杆菌的总 DNA	0.5 μL
Taq 酶（5 U/μL）	0.5 μL
双蒸水	33 μL
	①

3. 试剂

限制性内切酶（*Eco*R I、*Bam*H I）、T4-DNA 连接酶、*Taq* 酶、质粒提取试剂盒、PCR 割胶回收试剂盒、异丙基硫代 -β-D- 半乳糖苷（IPTG）、卡那霉素等。

4. 器材

恒温水浴锅、分光光度计、离心机、PCR 仪、电泳仪、凝胶成像仪、DNA 浓度测定仪、摇床等。

四、实验步骤

1. 产气肠杆菌 α- 乙酰乳酸脱羧酶基因的获得

根据产气肠杆菌 α- 乙酰乳酸脱羧酶的基因序列，设计引物，在上游引物引入 *Bam*H I 酶切位点，在下游引物引入 *Hind* Ⅲ 酶切位点，具体序列如下：

上游引物 P1：5'-gcggatccatgatgcactcatctgcctgcgac-3'

下游引物 P2：5'-gcaagcttgcccactgacgtgactgtttc-3'

将产气肠杆菌在平板上划线，37℃培养过夜，挑取 1 环菌苔，接入 1 mL 经灭菌的双蒸水中，100℃热处理 5 min，冷却后，10 000 g 离心 2 min，上清液作为产气肠杆菌的总 DNA 抽提液。以该总 DNA 为模板，按框①加样后进行 PCR 扩增，条件为：先在 95℃热变性 3 min；然后按 95℃ 30 s、52℃ 1 min、72℃ 1 min 的条件进行 30 个循环；最后在 72℃再保温 10 min。PCR 产物经琼脂糖凝胶电泳检测，割胶回收 0.8 kb 的条带，纯化后制得 30 μL 纯化产物，测定其浓度，调整至 50 ng/μL。

2. 表达质粒的构建

用试剂盒提取 pET-28 空载质粒，测定其浓度，调整至 50 ng/μL。

用 *Bam*H Ⅰ 和 *Eco*R Ⅰ 双酶切 pET-28 空载质粒和上述纯化的 PCR 产物，如框②所示。在 PCR 仪上 37℃酶切 5 ~ 7 h，电泳后割胶回收，试剂盒纯化，各收得 30 μL 纯化产物，测定浓度，加双蒸水调整至 40 ng/μL。

双酶切体系（50×3）	
10× 缓冲液	15 μL
pET-28（或 PCR 产物）	60 μL
双蒸水	70 μL
*Bam*H I（10 U/μL）	3 μL
Hind III（10 U/μL）	3 μL
混匀后分装 3 个 PCR 管，每管 50 μL	
②	

连接反应（20 μL）	
10× 缓冲液	2 μL
pET-28 酶切产物	2 μL
ALDC 酶切产物	4 μL
双蒸水	11 μL
T4-DNA 连接酶	1 μL
混匀后，4℃保温过夜（10 h）	
③	

在 PCR 管中按框③加样后，4℃连接过夜。

3. 表达质粒转化大肠杆菌

连接产物 20 μL 与 200 μL 感受态大肠杆菌 BL-21（DE3）混合，冰上预冷 30 min 后，42℃热击 90 s，再放于冰上冷却 2 min，加 800 μL 液体 LB 培养基，37℃保温 45 min 后，涂布在含有卡那霉素的 LB 平板上，37℃培养 16 h，挑取单菌落进行 PCR 验证，观察是否有 0.8 kb 的 α- 乙酰乳酸脱羧酶基因条带。

4. 工程菌株的鉴定

将阳性克隆接种于 5 mL LB 液体培养基（含卡那霉素）中，培养过夜，吸取 1 mL 培养液接入 50 mL（含卡那霉素）LB 液体培养基中，37℃、200 r/min 培养至 OD 0.6 左右，加入 IPTG 至终浓度为 0.1 mmol/L，28℃诱导 4～5 h 后取样 1 mL（诱导前的样品为对照），3 500 g 离心 5 min，去上清液，在沉淀中加入 30 μL 水和 30 μL SDS 上样缓冲液，100℃煮沸 5 min，迅速置于冰浴中，12 000 g 离心 1 min，取 10 μL 上清液进行 SDS-PAGE 检测，考马斯亮蓝染色后，观察是否有 α- 乙酰乳酸脱羧酶的条带（相对分子质量约为 2.9×10^4）。

5. 工程菌株稳定性检测

在 LB（不含抗生素）斜面培养中划线接种上述工程菌，37℃培养过夜作为第一代，连续进行 5 代移植，挑取 1 环接入 5 mL LB 液体培养基中，37℃、200 r/min 培养 5 h，稀释后分别涂布 LB⁻（不加抗生素）和 LB⁺（加抗生素）平板，比较菌落数，计算质粒丢失频率。

五、注意事项

1. 仔细检查所选产气肠杆菌菌株的 α- 乙酰乳酸脱羧酶基因序列中是否有 *EcoR* I 和 *Bam*H I 的识别位点，必要时可将 PCR 产物进行测序确认。

2. 作为受体菌的大肠杆菌必须处于感受态，否则转化很难成功。

六、思考题

1. 是否可将产气肠杆菌菌株的 α- 乙酰乳酸脱羧酶基因克隆到啤酒酵母中来构建低双乙酰产量的啤酒酵母菌株？查阅资料，设计相关实验。

2. 发酵工程菌构建时应注意哪些问题？

实验 1-11　发酵菌种的复壮和保藏

一、实验目的

1. 了解菌种衰退的原理。
2. 熟悉发酵菌种的复壮和保藏方法。

二、实验原理

菌种在传代过程中，原有的生产性状会逐渐下降，这就是菌种的衰退。衰退是由菌株的自发突变引起的，一旦发现衰退，就必须立即进行复壮。所谓复壮就是通过纯种分离和性能测定等方法从衰退的群体中找出未衰退的个体，以达到恢复该菌种原有性状的一种措施。要防止衰退，关键是做好菌种的保藏工作，即创造一定的物理或化学条件，如低温、干燥、缺氧气或缺养料等，来降低微生物细胞内酶的活性，使微生物代谢作用减缓，甚至处于休眠状态。常用的保藏方法有斜面低温保藏法、石蜡油封藏法、沙土管保藏法、硅胶保藏法、冷冻干燥法、液氮超低温冷冻法等。不同菌种应视具体情况采用不同保藏法。酵母菌和细菌一般采用斜面低温保藏法，每隔几个月移植一次，也可采用石蜡油封保藏法、甘油管冷冻保藏法、液氮超低温冻结法等。产孢子的放线菌和霉菌及产芽孢的细菌以沙土管保藏法为好。

三、实验材料、试剂与仪器

斜面培养基、石蜡油、河沙、黄土或红土、盐酸、脱脂牛奶、瓷杯、筛、干燥器、安瓿管、冰箱、电炉、真空泵、喷灯等。

四、实验步骤

1. 斜面低温保藏法

将菌种接在新鲜斜面培养基上，在适温下培养，待长出丰满菌苔后（普通细菌和酵母菌培养至稳定期，芽孢细菌培养至芽孢形成，放线菌和霉菌培养至孢子成熟）贴上标签，用保鲜袋包扎后放入 4℃ 冰箱中保藏。一般每隔半年至一年用新鲜培养基移植 1 次。该法快捷简便，但是菌株易退化。

2. 隔绝空气保藏法

（1）液体石蜡（又称石蜡油）放于三角瓶中，8 层纱布包扎后，0.1 MPa 湿热灭菌 30 min，40℃ 温箱中放置 1~2 d 使冷凝水蒸发；

（2）在已长好的斜面菌种上以无菌操作方式加入液体石蜡至高出斜面顶端 1 cm，适当包扎后直立放入冰箱保藏。霉菌、放线菌和芽孢菌可保藏 2 年以上，细菌和酵母菌可保存 1~2 年。

3. 沙土管保藏法

（1）沙土管的制备：取河沙若干，晾干后 40 目过筛以除去颗粒杂质，盛放于瓷杯或玻璃杯中，加10% HCl浸没沙粒，小火加热煮沸30 min以除去有机质（注意不能烧干）；倒去酸水，用自来水冲洗至中性，烘干备用。另取非耕作层（地面0.3 m以下）的瘦黄土若干，晒干磨细，过100目筛。按土∶沙＝1∶4的比例均匀混合，装入10 mm×100 mm的小试管中，以1 cm高为宜，塞上棉塞，160℃干热灭菌2 h（或湿热灭菌后烘干）。

（2）菌悬液制备：选择培养成熟（已形成孢子或芽孢）的优良菌种，加入2~3 mL无菌水，用接种环将孢子或芽孢刮下制成菌（孢子）悬液。

（3）分装：用无菌移液器吸取0.2~0.3 mL的菌（孢子）悬液放入沙土管中，用接种环拌匀，并贴上标签，注明菌名。

（4）干燥与保藏：将沙土管放于干燥缸内，立即抽真空使水分蒸发（应该在12 h内抽干），放干燥器内室温或冰箱保藏，每半年检查一次菌体活力和染菌情况。

此法常用于细菌芽孢和霉菌、放线菌孢子的保藏，可保存5~10年。

4. 真空冷冻干燥保藏法

（1）脱脂牛奶的准备：将牛奶加热到80℃左右，冷却并除去表层脂肪。重复2~3次后用脱脂棉过滤，滤液在3 000 g下离心15 min，除去上层脂肪。将脱脂牛奶装入三角瓶中，包扎后于0.05 MPa灭菌30 min，另将安瓿管灭菌。

（2）菌悬液的制备：吸取无菌脱脂牛奶2~3 mL，加至培养好的斜面试管中，用接种环将斜面菌苔或孢子洗下，制成牛奶菌种悬液，用无菌移液器吸取0.2 mL悬液至安瓿管中（装量不超过其容积的1/3），塞好棉花塞防止杂菌污染。

（3）预冻：将分装好的安瓿管先在4℃冰箱中冷却，然后转至−30℃干冰酒精中冰冻，约10 min后即可抽气进行真空干燥。

（4）真空干燥：预冻后将安瓿管与真空干燥瓶相连，开启真空泵抽气干燥，在真空度26.7 Pa下抽气6~8 h，直到安瓿管的内容物干燥为止。

（5）封口：干燥后将安瓿管连接在真空多歧管上，开启真空泵，当真空度达到13.3 Pa后用火焰熔封（图1–10）。

（6）将安瓿管放入冰箱中保藏。

此法常用于非芽孢类细菌的菌种保藏。

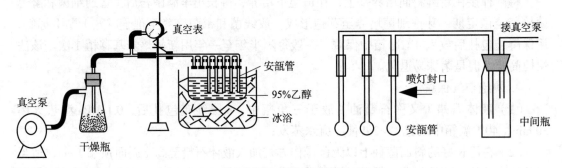

图1–10　真空冷冻干燥保藏示意图

5. 甘油管冷冻保藏法

（1）配制20%甘油，灭菌备用；甘油管灭菌后烘干。

（2）用无菌操作法吸取 2 mL 甘油至甘油管中。

（3）挑取已成熟的斜面菌苔 2 环至甘油管中，混匀。

（4）将甘油管置于 −80℃冰箱中保藏。

此法常用于细菌、酵母菌的保藏，可保存 5 年。

五、注意事项

1. 用盐酸去沙中杂质时，火力不能过猛，以免盐酸溅出伤人。

2. 真空冷冻干燥时最好将安瓿管放于冰浴中，不能让脱脂牛奶溶化。

3. 除脱脂牛奶外，还可以用血清作为菌种的保护剂。

六、思考题

1. 查阅资料，说明半固体穿刺保藏菌种的适用范围及其优缺点。

2. 说明上述 5 种保藏方法的基本原理。

3. 甘油管冷冻保藏时是否可将培养至对数后期的液体菌种与 40% 甘油等量混合再放入低温冰箱？

实验 1–12　生产菌株发酵条件的优化

一、实验目的

1. 了解发酵条件对产物形成的影响，用单因子试验找出筛选所得菌株的最佳发酵条件。

2. 掌握发酵培养基的配制原则，熟悉用正交试验优化发酵培养基的方法。

二、实验原理

发酵条件对产物的形成有着非常重要的影响，其中培养基 pH、培养温度和通气状况是三类最主要的发酵条件。培养基 pH 一般指灭菌前的 pH，可通过酸碱调节来控制，由于发酵过程中 pH 会不断改变，所以最好用缓冲溶液来调节；通气状况可用培养基装量和摇床转速来衡量。另外，瓶口布的厚薄也会影响到氧气的传递，为了防止杂菌污染，瓶口布以 8 层纱布为好。

发酵培养基是指大生产时所用的培养基，由于发酵产物中一般含有较高比例的碳元素，因此培养基中的碳源含量也应该比种子培养基中高，如果产物的含氮量高，还应增加培养基中的氮源比例。但必须注意培养基的渗透压，如果渗透压太高，又会反过来抑制微生物的生长，在这种情况下可考虑用流加的方法逐步加入碳氮源。

培养基组分对发酵起着关键性的影响。工业发酵培养基与菌种筛选时所用的培养基不同，一般以经济节约为主要原则，因此常用廉价的农副产品为原料。选择碳源时常用山芋粉、麸皮、玉米粉等代替淀粉，而用豆饼粉、黄豆粉等作为氮源；此外，还应考虑所选原料不至于影响下游的分离提取工作。由于这些天然原料的组分复杂，不同批次的原料成分各不相同，在进行发酵前必须进行培养基的优化试验。

发酵培养基中的原料多是大分子物质，微生物一般不能直接吸收，必须通过胞外酶的作用才能被利用，所以是一些"迟效性"营养物质。而微生物分泌的胞外酶有不少是诱导酶，为了使发酵起始阶段微生物能快速繁殖，可适当在培养基中添加一些速效营养物。

三、实验材料、试剂与仪器

1. 菌种

筛选得到的放线菌（抗生素产生菌）。

2. 培养基

（1）种子培养基：同实验 1-1 或实验 1-2 的筛选培养基；

（2）发酵培养基：由可溶性淀粉作为碳源，黄豆饼粉、蛋白胨和酵母膏作为复合营养源，它们的配比根据正交试验确定。另加 5 g/L K_2HPO_4、0.5 g/L NaCl 和 0.5 g/L $MgSO_4 \cdot 7H_2O$ 作为无机矿质元素，调节 pH 至 7.2。

四、实验步骤

1. 培养基初始 pH 对抗生素积累的影响

将种子培养基配好后，用 1 mol/L NaOH 或 1 mol/L HCl 分别调节培养基 pH 至 5.0、6.0、7.0、8.0 和 9.0，分装至 250 mL 三角瓶中，每瓶 25 mL，0.1 MPa 灭菌 30 min。冷却后接种，在 30℃恒温摇床上以 180 r/min 转速培养 5～7 d，测定发酵液的抑菌圈大小，确定产生抗生素的最佳培养基 pH。

2. 培养温度对抗生素积累的影响

方法基本同上。将培养基的初始 pH 调至 7.0，接种后的三角瓶在 25℃、30℃、35℃、40℃和 45℃下摇床（180 r/min）培养 5～7 d，测定发酵液的抑菌圈大小，找出最佳发酵温度。

3. 培养基装量对抗生素积累的影响

方法基本同上。在 250 mL 三角瓶中分装培养基（初始 pH 7.0），装量分别为 20 mL、25 mL、30 mL、35 mL 和 40 mL，以 8 层纱布作为瓶口布，0.1 MPa 灭菌 30 min，接种后30℃摇床培养（180 r/min）5～7 d，测定发酵液的抑菌圈大小，确定最适培养基装量。

4. 摇床转速对抗生素积累的影响

方法基本同上。在 250 mL 三角瓶中分装 25 mL 培养基，接种后在 150 r/min、180 r/min、210 r/min 和 240 r/min 的摇床中摇瓶培养（30℃）5～7 d，测定发酵液的抑菌圈大小，找出最适摇床转速。

5. 最适培养基配方的正交试验

（1）将可溶性淀粉、黄豆饼粉、蛋白胨和酵母膏作为培养基的主要影响因素，每一因素设定 3 个水平，按表 1-7 配制 9 组培养基。另加入 0.5 g/L NaCl、5 g/L K_2HPO_4 和 0.5 g/L $MgSO_4$，根据步骤 1 的结果调节 pH，分装于 250 mL 三角瓶中，根据步骤 3 的结果确定培养基装量，用 8 层纱布包扎后于 0.1 MPa 灭菌 30 min。

表 1-7　抗生素产生菌发酵培养基优化正交试验表（4 因素 3 水平）

组别	因素 A 淀粉		因素 B 黄豆饼粉		因素 C 蛋白胨		因素 D 酵母膏		抑菌圈大小 /cm
	水平	（g/L）	水平	（g/L）	水平	（g/L）	水平	（g/L）	
1	1	50	1	30	1	2	1	4	
2	1	50	2	50	2	4	2	6	
3	1	50	3	70	3	6	3	8	
4	2	70	1	30	2	4	3	8	
5	2	70	2	50	3	6	1	4	
6	2	70	3	70	1	2	2	6	
7	3	90	1	30	3	6	2	6	
8	3	90	2	50	1	2	3	8	
9	3	90	3	70	2	4	1	4	

（2）接种：挑取斜面孢子 5 环接入 5 mL 无菌水中，摇匀后用无菌移液器吸取 0.5 mL 孢子悬液，接到每一组培养基中（接种量要完全一样）。

（3）发酵：将三角瓶放于摇床上，30℃、180 r/min 摇床培养 5～7 d（根据步骤 2 和 4 的结果作适当调整）。

（4）取下摇瓶，立即进行抑菌活力测定（实验 1-5），比较各组培养基配方的抑菌活力，确定最佳培养基配方。

五、注意事项

1. 进行单因子试验时，其他试验条件应尽可能一致。

2. 培养温度、摇床转速等对结果影响很大，因此确定最适培养基配方的正交试验最好在同一摇床中进行。

六、思考题

1. 如果不用正交试验，4 因素 3 水平的试验总共需要做几组？

2. 如果用合适的缓冲液来调节 pH，进行培养基 pH 对淀粉酶产生的影响试验，是否使结果更可靠？

3. 设计一个接种量对抗生素产量影响的试验。

附

若要优化淀粉酶产生细菌（或抗生素产生细菌）的发酵条件，基本条件可设定在 pH 7.0，培养基装量 10%（25 mL/250 mL 三角瓶），37℃，180 r/min 摇床培养 48 h；培养基配比可设定为因素 A 玉米粉，50 g/L、70 g/L、90 g/L 3 个水平；因素 B 豆饼粉，30 g/L、50 g/L、70 g/L 3 个水平；因素 C 磷酸氢二钠，6 g/L、8 g/L、10 g/L 3 个水平；因素 D 硫酸铵，4 g/L、6 g/L、8 g/L 3 个水平，具体操作方法同上。

一、实验目的

1. 了解分批培养时微生物的生长规律及各时期的主要特点。
2. 学习微生物生长曲线和产物形成曲线的测定方法。

二、实验原理

将少量微生物接种到一定体积的新鲜培养基中，在适宜的条件下培养，定时测定培养液中微生物的生长量（吸光度或活菌数的对数），以生长量为纵坐标，培养时间为横坐标绘制的曲线就是生长曲线。它反映了微生物在一定环境条件下的群体生长规律。依据生长速率的不同，一般可把生长曲线分为延滞期、对数期、稳定期和衰亡期四个阶段。这四个时期的长短因菌种的遗传特性、接种量和培养条件而异。因此，通过微生物生长曲线的测定，了解微生物的生长规律，对于科研和生产实践都具有重要的指导意义。

延滞期是微生物对发酵条件的适应过程。延滞期的存在会使发酵周期延长，不利于劳动生产率的提高。工业发酵中常采用增大接种量，用对数期种子接种等措施来缩短延滞期。对数期是微生物快速繁殖的时期，此期的细胞代谢活性最强，代时稳定，是发酵生产的良好种子，也是科研工作的良好材料。稳定期是代谢产物积累的时期，也是细胞数量最高的时期。如果为了获得大量菌体，应在稳定期的前期收获；若要获得代谢产物，一般在稳定期的中后期结束发酵。衰亡期是菌体逐渐死亡的阶段，发酵应在衰亡期到来前结束。若在发酵工业中检测到衰亡期，很可能是受到杂菌（包括噬菌体）的污染。

测定微生物的数量有多种方法，如血球计数法、平板活菌计数法、称重法、比浊法等，本实验采用比浊法来测定。由于菌悬液的浓度与吸光度 A 成正比，只要用分光光度计测得菌液的 A 后与其对应的培养时间作图，即可绘出该菌株的生长曲线，此法快捷、简便。如果所用的分光光度计能直接利用试管（OD管）读出 A，则只需接种一支试管，便可做出该菌株的生长曲线。

产物形成曲线就是产物产量对培养时间的曲线。工业发酵的目的是为了收获产物，因此必须搞清产物积累最高时所需的发酵时间。如果提前终止发酵，营养物质还没有完全被利用，发酵液中的产物量偏低；如果发酵时间过长，一方面产物可能会分解，另一方面也降低了设备利用率。因此，学会生长曲线和产物形成曲线的测定对工业发酵具有非常重要的指导意义。

三、实验材料、试剂与仪器

1. 菌种

筛选得到的抗生素产生菌（或淀粉酶产生菌）菌株。

2. 培养基

按实验1-11确定的最佳培养基配方。配制、灭菌等措施同上一实验。

3. 器材

高压蒸汽灭菌锅、超净工作台、分光光度计、摇床等。

四、实验步骤

1. 生长曲线的测定

（1）按上一实验确定的最佳培养基配方配制发酵培养基，0.1 MPa 灭菌 20 min，备用；

（2）将受试菌种在斜面培养基上活化，培养成熟；

（3）从成熟斜面上挑取 5 环菌苔或孢子接入 7 mL 无菌水中，摇匀，吸取 0.5 mL 菌悬液接入发酵培养基中，一共接 13 瓶；

（4）将三角瓶放入摇床上，在实验 1-12 确认的合适条件下培养；

（5）如果目的菌株是放线菌，则每隔 12 h 拿出一瓶（包括 0 h），以不接种的培养基作对照，在 560 nm 处测吸光度，填入表 1-8 中；如果目的菌株是细菌，则每隔 4 h 拿出一瓶，在 560 nm 处测吸光度；

（6）以培养时间为横坐标，吸光度为纵坐标，作生长曲线。

2. 产物形成曲线的测定

同上方法。如果目的菌株是放线菌，48 h 后，每隔 12 h 取出一瓶，在进行生长量测定的同时，进行产物形成量（抑菌活力或淀粉酶活力）的测定，以培养时间为横坐标，产物形成量为纵坐标，作出产物形成曲线；如果目的菌株是细菌，则在 12 h 后，每隔 4 h 取出一瓶，进行产物形成曲线的测定。

表 1-8　培养时间对菌体生长量和产物形成量的影响

培养时间 /h	0	12	24	36	48	60	72	84	96	108	120	132	144
A_{560}													
抑菌圈直径 /mm（淀粉酶活力）													

五、注意事项

1. 各瓶的接种量、培养条件应一致。

2. 若吸光度太高，可适当稀释后再测定。但要注意所有样品（包括对照）应稀释相同倍数。

3. 因培养液中含有较多的颗粒性物质（包括菌体），测吸光度时应马上读数，否则颗粒沉淀，影响测定结果。稀释 10 倍后测定是可行的办法。若要精确测定，可用活菌计数法，在营养琼脂培养基上观察生长的菌落数，但应掌握好稀释倍数。

六、思考题

1. 如果每次从同一摇瓶中取出 1 mL 进行测定，会对结果产生怎样的影响？

2. 比较生长曲线与产物形成曲线，从中可以得出哪些结论？

3. 测定生长曲线时，除了本实验所用的分光光度计比浊法外，还有哪些方法？它们各有哪些优缺点？

4. 用比浊法测定生长曲线时，怎样判断稳定期和衰亡期（死菌体仍有吸光度）？

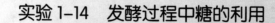

实验 1-14　发酵过程中糖的利用

一、实验目的

1. 了解发酵过程中碳源的利用规律。
2. 掌握用邻甲基苯胺法测定糖含量的方法。

二、实验原理

糖类是微生物生命活动中主要的碳源和能源物质。一方面微生物的生长需要糖类，另一方面糖也构成了代谢产物中碳架的主体。所以在发酵过程中，糖的消耗是一项重要的生理指标，是判断发酵进程的主要依据。

糖的定量测定方法很多，如斐林试剂法、碘量法、蒽酮比色法、3,5- 二硝基水杨酸法等，它们各有优缺点。本实验采用邻甲基苯胺（简称 O-TB 试剂）法测定。该法的特点是反应灵敏、操作简便、结果准确、稳定性好。

邻甲基苯胺是一种芳香族伯胺，可与醛基反应生成希夫碱（Schiff-bases）。在酸性溶液中，邻甲基苯胺与葡萄糖的醛基作用，生成葡糖胺和相应希夫碱的混合物。这一混合物呈绿色，颜色稳定，其深浅与葡萄糖的浓度成正比，在一定范围内符合比耳 – 朗伯特（Beer–Lambert）定律，因此可用于测定还原糖的含量。

三、实验材料、试剂与仪器

1. 发酵液

实验 1-13 中制备好的摇瓶发酵液。

2. 试剂

（1）标准葡萄糖溶液：取分析纯葡萄糖置于 105℃烘箱干燥 2 h，精确称取 20 mg，溶解后置于 100 mL 容量瓶内，用蒸馏水定容至刻度，配成 0.2 mg/mL 的标准葡萄糖溶液；

（2）邻甲基苯胺试剂：称取硼酸 0.65 g，溶于温热的 210 mL 冰乙酸中，再加入 1.25 g 硫脲，充分溶解后加入邻甲基苯胺 37.5 mL，用冰乙酸定容至 250 mL，贮于棕色瓶内；

（3）2 mol/L HCl 和 2 mol/L NaOH。

3. 器材

分光光度计、移液器、容量瓶、试管等。

四、实验步骤

1. 葡萄糖标准曲线的制作

（1）取干净试管 6 支，按表 1-9 加入各溶液；

（2）将各试管内溶液摇匀，套上试管帽，置于沸水浴中加热 10 min；

（3）取出，用流水冷却至室温；

（4）用分光光度计在波长 635 nm 下比色，读取吸光度，将结果填入表 1-9 中；

（5）以吸光度为纵坐标，糖的毫克数为横坐标，绘制标准曲线。

表 1-9　葡萄糖标准曲线的制作

试剂	管号					
	1	2	3	4	5	6
葡萄糖 /mg	0.0	0.05	0.1	0.2	0.3	0.4
标准葡萄糖溶液 /mL	0.0	0.25	0.5	1.0	1.5	2.0
蒸馏水 /mL	2.0	1.75	1.5	1.0	0.5	0.0
O-TB 试剂 /mL	4	4	4	4	4	4
A_{635}	0					

2. 发酵液含糖量的测定

（1）酸解：如果发酵培养基内含有双糖或多糖，应先将它们水解成单糖，然后进行测定。测定时发酵液先用滤纸过滤。取实验 1-13 中不同发酵时期（从 0 h 到 144 h）的发酵液滤液 2 mL，置于干净试管中，加入 2 mol/L HCl 2 mL，摇匀，套上试管帽，置于沸水浴内水解 25 min，使双糖或多糖水解为单糖。

（2）稀释：水解液用 2 mol/L NaOH 调至中性，然后全量倒入 100 mL 容量瓶中，用蒸馏水冲洗水解液，合并洗液，并定容至刻度，充分摇匀；若发酵液中含糖量较高，可作进一步稀释。

（3）显色：吸取稀释后的水解液 2 mL，置于干净试管中。加入 O-TB 试剂 4 mL，充分摇匀，套上试管帽，置沸水浴加热 10 min。取出后用流水冷却至室温。

（4）比色：以 2 mL 蒸馏水代替水解液作对照管，在 635 nm 波长下测定吸光度。

（5）计算：根据样品的吸光度值，在标准曲线上查出相应的葡萄糖毫克数，然后按下列公式算出每 100 mL 发酵液中的含糖量，填入表 1-10 中。

$$发酵液含糖量（g/100 mL）= [(A \times N) / (V \times 1\,000)] \times 100$$

式中：A 为由吸光度查标准曲线所得的糖毫克数；

　　　N 为样品稀释倍数；

　　　V 为测定时所取的样品毫升数。

表 1-10　抗生素发酵过程中总糖量的变化记录表

培养时间 /h	0	24	48	72	96	120	144
稀释倍数							
A_{635}							
发酵液含糖量 /（g/mL）							

五、注意事项

1. 葡萄糖必须经过干燥才能配成标准溶液，否则误差较大。
2. 试管必须洗干净，不能留有残糖。
3. 沸水浴只需用电炉将一杯水烧开即可，水浴锅升温慢。

六、思考题

1. 根据实验结果，画出发酵液含糖量变化曲线图，分析抗生素发酵过程中糖的利用情况。
2. 讨论发酵过程中糖的利用与菌体生长、抗生素产量之间的关系。

实验 1-15　抗生素的分离纯化

一、实验目的

1. 学习抗生素分离纯化的基本方法。
2. 从抗生素发酵液中初步纯化抗生素，为抗生素的鉴定作准备。

二、实验原理

在抗生素的筛选过程中，依靠抑菌圈大小只能判断抗生素的抗菌活性强弱，而不能判断该抗生素到底属于哪一类化学物质。要确定抗生素的结构，首先必须把抗生素分离纯化，然后根据该化合物的波谱特性，如红外光谱、紫外光谱、核磁共振谱（包括碳谱、氢谱及其杂合谱）和质谱来推断其结构，并与已知的抗生素进行比较，来确定该抗生素是否属于新型生理活性物质。因此分离纯化是抗生素筛选过程中最基本的工作环节。

发酵液中的抗生素含量一般都很低，因此首先必须对发酵液进行浓缩。由于抗生素都是一些有机化合物，它们在有机溶剂中的溶解度要比在水溶液中大，所以可以采用萃取的方法用有机溶剂把抗生素从发酵液中提取出来。萃取是将某种特定溶剂加到发酵液混合物中，根据发酵液组分在水相和有机相中的溶解度不同，将所需物质分离出来的过程。有机溶剂的沸点一般较低，很容易通过蒸发来浓缩，然后通过层析部分分离，就可把具有抗菌活性的成分分离出来。

三、实验材料、试剂与仪器

1. 试剂
硅胶、乙酸乙酯、氯仿、甲醇等。
2. 器材
层析柱、分液漏斗、减压旋转蒸发仪等。

四、实验步骤

1. 选取实验 1–4 筛选所得的抗生素产生菌，在合适条件下（实验 1–12 确定）进行较大规模的培养，发酵结束后合并发酵液。

2. 将发酵液过滤，滤液加至分液漏斗中，加入 1/3 体积的乙酸乙酯（分 3 次加入），剧烈振摇，静置，待分层后收集有机相。

3. 将收集到的有机相减压蒸发，蒸去乙酸乙酯，称浓缩物质量，然后在蒸发瓶中加少许硅胶，继续旋转蒸发 5 min，让浓缩液都吸附到硅胶上。

4. 称取浓缩物质量 50 ~ 100 倍的硅胶，用 98% 氯仿 /2% 甲醇调匀，装柱。

5. 将样品加至硅胶层析柱上部，注意尽可能平整。

6. 加三倍硅胶体积的流动相（98% 氯仿 /2% 甲醇），开始层析，收集层析液 A。

7. 依次用 95% 氯仿 /5% 甲醇、90% 氯仿 /10% 甲醇、85% 氯仿 /15% 甲醇和 80% 氯仿 /20% 甲醇层析，流动相的体积大致为硅胶体积的三倍，分别收集流出液 B、C、D 和 E。

8. 将各收集液减压蒸发后得到浓缩样品 A、B、C、D、E。

9. 对 A、B、C、D、E 分别进行抑菌试验，选取具有抑菌效果的部分继续进行分部分离（可换一种固定相或流动相），直到分部收集液中只有一种成分为止（可用薄层层析或高效液相色谱检验）。

五、注意事项

1. 硅胶在装柱前应与流动相混匀，装柱时避免气泡的产生。

2. 加样应平整，在样品上加流动相时应小心，避免搅起样品。

3. 实验应在通风柜中进行，有机溶剂易燃、易挥发；氯仿和甲醇具有一定毒性，必须注意安全。

六、思考题

怎样判断收集到的样品是纯品？

实验 1–16 淀粉酶的初步纯化

一、实验目的

1. 了解酶制剂的纯化方法。
2. 用硫酸铵沉淀法和层析法初步纯化发酵得到的淀粉酶。

二、实验原理

发酵结束后，发酵液中的淀粉酶含量较低，不利于储藏和运输。因为酶是一类蛋白质，可通过盐析沉淀法初步浓缩，然后用凝胶层析法纯化。但必须注意，酶容易失活，所以各项操作应尽可能温和，最好能在低温下进行。

沉淀法是工业发酵中最常用和最简单的一种提取方法，是利用某些发酵制品能和一些酸、碱或盐类形成不溶性物质从发酵滤液或浓缩液中沉淀下来或结晶析出的一类提炼方法。一般把同类分子或离子以有规律形式析出的过程称为结晶，把以无规则紊乱的形式析出的过程称为沉淀。

在蛋白质的盐析过程中，当加入的中性盐达到一定浓度时，由于中性盐的亲水性要比蛋白质的亲水性大，能与大量水分子结合，从而使溶液的水活度大大减小，同时中性盐解离后中和了蛋白质表面的电荷，破坏了蛋白质表面的水化层，暴露出疏水区域，疏水区域间的相互作用使蛋白质互相聚集而沉淀。蛋白质表面疏水区越多，越易形成沉淀。

目前常用的蛋白质盐析方式有两种：一种是固定溶液的 pH 和温度，改变其离子强度进行的沉淀，称为 K 盐析；另一种是在一定离子强度下，改变 pH 或温度进行的沉淀，称为 β 盐析。K 盐析常用于蛋白质粗品的分组沉淀，而 β 盐析则适用于蛋白质的进一步纯化。

无机盐析剂中最常用的是硫酸铵，其价格便宜、溶解度大，对多数蛋白质而言无破坏作用，但因含有氮会干扰定氮法测蛋白质的结果。

层析是基于大分子物质不易进入凝胶微孔而流动速度快，小分子物质可进入凝胶微孔而流速慢的原理来分离混合物的一种方法。将适当的凝胶颗粒装填到玻璃层析柱中，在柱上部加入欲分离的混合物，然后用适当的流动相层析，由于混合物中各物质的分子大小和形状不同，在层析过程中分子量大的物质因不能进入凝胶网孔而沿颗粒间空隙直接流出，分子量小的物质因能进入凝胶网孔而受阻滞，流速减慢。这是一种简便而高效的分离技术，广泛应用于生化产品的分离，也适用于蛋白质（酶）的进一步纯化。

本实验用硫酸铵沉淀法和凝胶层析法来纯化淀粉酶，实验流程如下：

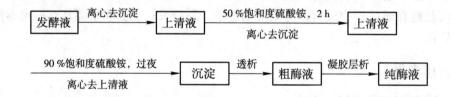

三、实验材料、试剂与仪器

实验 1-12 所得淀粉酶发酵液、硫酸铵、1 mol/L NaOH、Sephadex-200 凝胶、凝胶层析柱（1.6 cm × 60 cm）、透析袋等。

四、实验步骤

1. 淀粉酶发酵液的制备

根据实验 1-12 确定的培养条件和实验 1-13 确定的最佳产酶时间进行较大规模的淀粉酶摇瓶发酵（根据实验室条件，利用尽可能多的摇瓶）。

2. 硫酸铵分级分离

收集摇瓶发酵液，过滤或离心去除沉淀。向上清液中缓缓加入硫酸铵粉末使达 50%

饱和度（25℃时，每100 mL发酵上清液中加硫酸铵31.3 g），边加边搅拌，用1 mol/L NaOH调pH至7.0，静置2 h后，10 000 g离心15 min，使杂蛋白充分沉淀，收集上清液，继续缓慢加入硫酸铵粉末使达90%饱和度（25℃时，每100 mL发酵上清液中加硫酸铵35 g），搅拌至硫酸铵粉末完全溶解，调pH至7.0，静置过夜。次日10 000 g离心15 min，收集沉淀，用少量pH 7.0的磷酸缓冲液溶解（悬浮）后，装入透析袋中，用pH 7.0的磷酸缓冲液透析。每隔12 h更换一次透析液，透析至透析外液中无铵离子为止（可用奈氏试剂检查）。收集透析袋里的酶液，冰箱保存备用。

3. 淀粉酶的精制

称取蛋白质量50倍的Sephadex-200凝胶，用pH 7.0的磷酸缓冲液浸泡吸涨后装柱（尽量避免气泡的产生），用磷酸缓冲液平衡过夜，将透析后的样品小心平整地加至凝胶顶端，用pH 7.0的磷酸缓冲液洗脱，流速控制在24～30 mL/h，分部收集洗脱液（4 mL/管），在280 nm下检测紫外吸收以判别是否有酶存在，合并有酶的洗脱液，经真空冷冻干燥后获得提纯的淀粉酶，必要时可跑电泳检测纯度。

五、注意事项

1. 接近饱和度时，硫酸铵溶解较慢，应缓慢加入并不断搅拌。
2. 因酶易失活，各项操作应尽可能小心，最好在4℃下进行。
3. 层析时流速不能过快。
4. 如果实验室摇床有限，也可用500 mL三角瓶装量100 mL，在220 r/min下发酵。
5. 透析所需时间较长，常在低温下进行并加入防腐剂避免微生物污染。透析袋使用前应先置于0.5 mol/L EDTA溶液中煮0.5 h，用蒸馏水洗净后，置于50%甘油中保存备用。
6. 由于淀粉酶的相对分子质量一般较大，用Sephadex-200凝胶分离效果较好；对一些小分子酶蛋白，可选用其他型号的葡聚糖凝胶。

六、思考题

1. 为什么要进行硫酸铵分级沉淀？
2. 如果筛选的是酸性淀粉酶，是否可用pH 7.0的磷酸缓冲液作流动相？为什么？

实验1-17　发酵污染的检测

一、实验目的

1. 了解发酵染菌的危害。
2. 学习检测发酵污染的基本方法。

二、实验原理

微生物工业自从采用纯种发酵以来，产率有了很大的提高，然而防止杂菌污染的要求也更高了。人们在与杂菌污染的斗争中，积累总结出很多宝贵的经验，包括规范了管理措施，设计了一系列设备（例如密闭式发酵罐、培养基灭菌设备、无菌空气制备设备等）和管道，应用了无菌室甚至无菌车间，建立了无菌操作技术，因而大大降低了发酵染菌率。但是某些发酵工业还遭受着染菌的威胁，染菌后轻者影响产率、产物提取收得率和产品质量，重者造成"倒罐"，不但浪费大量原材料，造成严重经济损失，而且污染环境。

凡是在发酵液或发酵容器中侵入非接种微生物的现象统称为杂菌污染，及早发现杂菌并采取相应措施，对减少由杂菌污染造成的损失至关重要。因此检查方法要求准确、快速。发酵污染可发生在各个时期。种子培养期染菌的危害最大，应严格防止。一旦发现种子染菌，均应灭菌后弃去，并对种子罐及其管道进行彻底灭菌。发酵前期养分丰富，容易染菌，此时养分消耗不多，应将发酵液补足必要养分后迅速灭菌，并重新接种发酵。发酵中期染菌不但严重干扰生产菌株的代谢，而且会影响产物的生成，甚至使已形成的产物分解。由于发酵中期养分已被大量消耗，代谢产物的生成又不是很多，挽救处理比较困难，可考虑加入适量的抗生素或杀菌剂（这些抗生素或杀菌剂应不影响生产菌正常生长代谢）。如果是发酵后期染菌，此时产物积累已较多，糖等养分已接近耗尽，若染菌不严重，可继续进行发酵；若污染严重，可提前放罐。

染菌程度越重，危害越大；染菌少，对发酵的影响就小。若污染菌的代时为 30 min，延滞期为 6 h，则由少量污染（1 个杂菌 /L 发酵液）到大量污染（约 10^6 个杂菌 /mL 发酵液）约需 21 h。所以应根据污染程度和发酵时期区别对待。如发酵中期少量染菌时，若发酵时间短（至发酵结束小于 21 h），可不进行处理，继续发酵至放罐。

三、实验材料、试剂与仪器

1. 培养基

（1）营养琼脂培养基：蛋白胨 10 g/L，牛肉膏 3 g/L，NaCl 5 g/L，琼脂 20 g/L，pH 7.2；

（2）葡萄糖酚红肉汤培养基：牛肉膏 3 g/L，蛋白胨 8 g/L，葡萄糖 5 g/L，氯化钠 5 g/L，1% 酚红溶液 4 g/L，pH 7.2。

2. 仪器

显微镜、高压蒸汽灭菌锅、超净工作台等。

四、实验步骤

1. 显微镜检查

（1）用无菌操作方式取发酵液少许，涂布在载玻片上；

（2）自然风干后，用番红或草酸铵结晶紫染色 1 ~ 2 min，水洗；

（3）干燥后在油镜下观察。

如果从视野中发现有与生产菌株不同形态的菌体则可认为是污染了杂菌。

此法简便、快速，能及时检查出杂菌。但存在以下问题：①对固形物多的发酵液检查较困难；②对含杂菌少的样品不易得出正确结论，应多检查几个视野；③由于菌体较小，本身又处于非同步状态，应注意不同生理状态下的生产菌与杂菌之间的区别，必要时可用革兰氏染色、芽孢染色等辅助方法鉴别。

2. 平板检查

（1）配制营养琼脂培养基，灭菌，倒平板。

（2）取少量待检发酵液经稀释后涂布在营养琼脂平板上，在适宜条件下培养（具体方法参见实验1-1）。

（3）观察菌落形态。若出现与生产菌株形态不一的菌落，就表明可能被杂菌污染；若要进一步确证，可配合显微镜形态观察，若个体形态与菌落形态都与生产菌相异，则可确认污染了杂菌。

此法适于固形物多的发酵液，而且形象直观，肉眼菌落可辨，不需仪器。但需严格执行无菌操作技术，所需时间较长，至少也需8 h，而且无法区分形态与生产菌相似的杂菌。在污染初期，生产菌占绝大部分，污染菌数量很少，所以要做比较多的平行试验才能检出污染菌。

3. 肉汤培养检查法

（1）配制葡萄糖酚红肉汤培养基；

（2）将上述培养基装在吸气瓶中，灭菌后，置37℃下培养24 h，若培养液未变浑浊，表明吸气瓶中的培养液是无菌的，可用于杂菌检查；

（3）把过滤后的空气引入吸气瓶的培养液中，经培养后，若培养液变浑，表明空气中有细菌，应检查整个过滤系统；若培养液未变浑，说明空气无菌。

此法主要用于空气过滤系统的无菌检查。还可用于检查培养基灭菌是否彻底，只需取少量培养基接入肉汤中，培养后观察肉汤的浑浊情况即可。

4. 发酵参数判断法

（1）根据溶解氧的异常变化来判断：在发酵过程中，以发酵时间为横坐标，以溶解氧（DO）含量为纵坐标作耗氧曲线。

每一个生产菌株都有其特定的耗氧曲线，如果发酵液中的溶解氧在较短时间内快速下降，甚至接近零，且长时间不能回升，则很可能是污染了好氧菌；如果发酵液中的溶解氧反而升高，则很可能是由厌氧菌或噬菌体的污染而使生产菌的代谢受抑制而引起的。

（2）根据排气中CO_2含量的异常变化来判断：在发酵过程中，以发酵时间为横坐标，以排气中CO_2含量为纵坐标作曲线。

对特定的发酵而言，排气中CO_2含量的变化也是有规律的。在染菌后，糖消耗发生变化，从而引起排气中CO_2含量的异常变化。一般说来污染杂菌后，糖耗加快，CO_2产生量增加；污染噬菌体后，糖耗减慢，CO_2产生量减少。

（3）根据pH变化及菌体酶活力的变化来判断：在发酵过程中，以发酵时间为横坐标，以发酵液的pH为纵坐标作pH变化曲线；或定时测定酶活力，以酶活为纵坐标，作酶活力变化曲线。

特定的发酵具有特定的pH变化曲线和酶活力变化曲线。若在工艺不变的情况下这些特征性曲线发生变化，很可能是污染了杂菌。

五、注意事项

1. 在污染初期，生产菌占绝大部分，污染菌数量很少，所以无论是显微镜直接检查法还是平板间接检查法，必须要做比较多的平行实验才能检出污染菌；而用发酵参数判断法很难检查出早期的污染菌。

2. 肉汤培养检查法只能用于空气过滤系统及液体培养基的无菌检查，不适用于发酵液的检查。

3. 显微镜检查时注意区分固形物和菌体，一般经单染色后菌体着色均匀，且有一定形状（球状、杆状或螺旋状）；固形物无特定形状，着色浅或不着色。

六、思考题

1. 是否可用营养肉汤代替葡萄糖酚红肉汤培养基进行空气过滤系统及培养基的无菌检查？为什么？

2. 除了以上介绍的方法外，是否还有其他方法来判断染菌情况？

3. 查阅资料，设计一个用分子生物学技术（如聚合酶链反应、随机扩增长度多态性、限制性片段长度多态性等）来检查是否感染杂菌的新方法。

实验 1–18　噬菌体的检测

一、实验目的

1. 了解噬菌体在发酵工业中的危害。
2. 熟悉噬菌体检测的原理和效价测定方法。

二、实验原理

噬菌体（bacteriophage）是发酵工业的头号杀手。在氨基酸、丙酮 – 丁醇和抗生素等产品的发酵中，如果遇到以下情况，则有可能是噬菌体污染：①发酵液光密度上升缓慢，甚至下降，肉眼可见发酵液逐渐变清；②耗糖速度缓慢或停止，产物生成量少或不增加，发酵液中残糖高；③产生大量泡沫，发酵液呈黏稠状；④菌体不规则，甚至出现畸形等。噬菌体污染具有潜伏期短、爆发烈度大、危害程度严重等特点。侵染后往往造成倒罐，甚至被迫停产。因此，快速、准确地评估噬菌体的污染状况对发酵生产具有非常重要的现实意义。

所谓噬菌体的效价，就是 1 mL 发酵液中含有活噬菌体的数目。因为噬菌体是一类寄生于细菌的病毒，可对宿主细胞进行裂解，在涂有敏感菌株的平板上能形成肉眼可见的噬菌斑，因此可利用敏感菌株来检测。如果将噬菌体作高倍稀释，再把它定量涂布到含有敏感菌的平板上，则一个噬菌体就会形成一个噬菌斑。根据培养后出现的噬菌斑数，可计算出噬菌体的效价，借以评估噬菌体的污染程度。

双层琼脂平板法既可作定性测定，也可作定量测定（噬菌体的效价），而液体培养检查法和斑点试验法只能定性判断噬菌体的有无。玻片快速法能在较短时间内（4~5 h）判断是否有噬菌体污染，因此在生产实践中有重要意义。

三、实验材料、试剂与仪器

1. 菌株

生产菌株：谷氨酸棒状杆菌。

2. 培养基

（1）底层培养基：葡萄糖 1 g/L，蛋白胨 10 g/L，牛肉膏 10 g/L，氯化钠 5 g/L，琼脂 20 g/L，pH 7.0；每组配制 100 mL，装于 250 mL 三角瓶中，0.08 MPa 灭菌 30 min；

（2）上层培养基：成分同上，琼脂 10 g/L，配好后分装于小试管中，每管 5 mL，灭菌备用。

3. 蛋白胨水（稀释噬菌体用）

蛋白胨 10 g/L，pH 7.2，分装于试管中，每管 4.5 mL，灭菌备用。

4. 试剂与仪器

发酵液、空培养皿、试管、培养箱等。

四、实验步骤

1. 双层琼脂平板法

（1）配制底层培养基和上层培养基，0.08 MPa 灭菌 30 min。

（2）在培养皿中倒入 7~8 mL 底层琼脂培养基，冷却凝固。

（3）上层培养基在 45℃水浴中保温，用无菌操作方法加入 0.2 mL 敏感菌（谷氨酸棒状杆菌）悬液和 0.1 mL 待检发酵液，混匀。

（4）将上层培养基加至底层琼脂平板上，并迅速摇动平皿使其分布均匀。

（5）冷却凝固后在敏感菌的适宜温度下培养，谷氨酸棒状杆菌培养 16~20 h 即可。

（6）检查有无噬菌斑产生。如要检测无菌空气中有无噬菌体，可将上述平皿（不加待检发酵液）暴露在排气口 30 min。若要定量计数，可根据样品的稀释度（液体样品）或空气流量及暴露时间（气体样）计算污染的噬菌体浓度：

$$噬菌体效价（个/mL）= \frac{噬菌斑数量 \times 稀释倍数}{样品毫升数}$$

2. 液体培养检查法

方法基本同上。用液体培养基，灭菌并冷却后加入发酵菌种及待检发酵液，三者混合后培养，观察培养液是否变清。若变清，说明有噬菌体存在。

3. 斑点试验法

方法基本同双层琼脂平板法。先制备好混有发酵菌种的平板，再用接种环或无菌吸管取少许发酵液在平板上点种，培养后，观察是否有噬菌斑出现。

4. 玻片快速法

将发酵菌种、发酵液和少量琼脂培养基（含 8 g/L 琼脂）混匀后涂布于无菌载玻片上，经短期（4~5 h）培养后，在低倍镜下观察是否有噬菌斑出现。

五、注意事项

1. 上层培养基切勿太烫，以免将噬菌体或发酵菌株烫死。
2. 要测定噬菌体的效价，必须把发酵液进行适当稀释，最好做几个梯度。

六、思考题

1. 测定噬菌体效价的原理是什么？要提高测定的准确性应注意哪些问题？
2. 能否用基本培养基培养噬菌体？

实验 1–19　甜酒酿发酵

一、实验目的

1. 了解米饭在糖化菌和酵母菌作用下制成甜酒酿的过程。
2. 熟悉甜酒酿的制作方法。

二、实验原理

甜酒酿是以糯米为主要原料，通过微生物发酵酿制而成的含酒精食品。参与甜酒酿发酵的微生物主要有两类：霉菌和酵母菌。酵母菌可将单、双糖等可发酵性糖在缺氧环境下发酵为酒精，但酵母菌不能直接利用淀粉，因此在甜酒酿发酵时必须先用糖化菌如根霉、毛霉等把淀粉分解成单糖或双糖。由于糖化菌是好氧微生物，酵母菌是兼性厌氧微生物，所以在发酵初期必须提供充分的氧气，供糖化菌和酵母菌生长。随着微生物的生长，氧气被逐渐消耗，酵母菌开始在厌氧环境中发酵生成酒精。

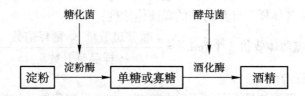

甜酒酿的发酵过程大致经历三个阶段：微生物生长、淀粉分解和酒精产生。

三、实验材料、试剂与仪器

1. 培养基

马铃薯培养基（见实验 1–1）。

2. 材料与仪器

电饭锅、淘米箩、高压灭菌锅、显微镜、恒温培养箱、市售甜酒药、糯米、一次性塑料碗、保鲜膜、乳酚油等。

四、实验步骤

（一）甜酒酿发酵

甜酒酿发酵的工艺流程如下：

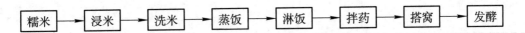

1. 浸米

将糯米在清水中浸泡 12~24 h（冬天长些，夏天短些），以使淀粉吸水膨胀，有利于蒸煮糊化。

2. 洗米

将浸好的米用自来水冲洗干净，并沥干。

3. 蒸饭

将沥干水的米在电饭锅的蒸架（衬干净纱布）上蒸，圆汽后再蒸 30 min；要求达到熟而不糊，透而不烂，外硬内软，疏松易散，均匀一致。

4. 淋饭

用冷开水淋洗糯米饭，以达到降温增水的目的，并使熟饭表面光滑，易于拌入酒药；淋饭时，要边拌边淋，使米饭快速降温至 35℃左右，避免因缓慢冷却导致微生物污染。

5. 拌酒药

将冷却至 35℃左右的米饭，按量拌入酒药，不同组可用不同的接种量（0.05%~0.3%不等）进行对比试验。

6. 搭窝

将拌好酒药的米饭装入一次性塑料碗中，搭成喇叭形凹窝（中间低，周边高），加少许冷开水让米饭充分吸胀，并在凹窝底部渗出积水，表面再洒上少许酒药，盖上碗盖（若塑料碗小，装量较满，为了保证足够的氧气，可将塑料碗放入保鲜袋中，扎紧袋口）。

7. 保温培养

25℃恒温室中保温培养 36~40 h，喇叭形凹窝内有许多液体渗出，即可食用，此时酒酿酸甜可口，酒味淡泊。若要品尝酒香浓郁的酒酿，可适当延长发酵时间。

（二）发酵微生物的分离

1. 称取酒药 0.5 g，放入 4.5 mL 无菌水中，摇匀，制成 10^{-1} 稀释液。

2. 进一步稀释制成 10^{-2}、10^{-3}、10^{-4} 稀释液。

3. 吸取 10^{-3}、10^{-4} 稀释液 0.2 mL，涂布至马铃薯培养基（加有一定量的链霉素）平板上。

4. 30℃恒温培养 2~3 d，观察平板上的菌落形成情况，及时挑出单菌落进行形态观察和菌种保藏。

（三）发酵微生物的形态观察

1. 仔细辨认霉菌和酵母菌菌落，从菌落形状、大小、干湿度、疏密度、折光性、均一性等方面加以区分，填入表 1–11 中。

表 1–11　发酵微生物的菌落形态

菌落	形状	大小	干湿度	疏密度	折光性	均一性	其他
A							
B							
C							
D							

2. 取一干净载玻片，滴一小滴乳酚油，用镊子从霉菌菌落边缘拔取菌丝少许，放于悬滴中，用解剖针分开，盖上盖玻片，在显微镜下观察，仔细辨别菌丝有无分隔、孢子囊的形状和着生方式等，绘图表示。

3. 挑取酵母菌少许，用水浸片法进行细胞形态观察，并绘图。

五、注意事项

1. 尽可能无菌操作。

2. 酿制甜酒酿时糯米饭一定要蒸熟，不能太硬或夹生；米饭一定要凉透至 35℃ 以下才能拌酒曲，否则会影响正常发酵。

3. 要控制好发酵过程中氧气的供给量。若氧气不足，微生物不能很好生长，淀粉就不能糖化；若氧气过多，霉菌大量生长，表面长毛，影响感官体验。为此，应保证米饭吸足水分，待有氧呼吸消耗葡萄糖产生二氧化碳和水后，最好能把米饭淹没，以抑制霉菌的好氧生长。

4. 分离发酵微生物时平板培养时间不能太长，要每天观察，及时移接长好的菌落，否则像毛霉、根霉之类的微生物能蔓延生长，覆盖整个平皿。

六、思考题

1. 制作甜酒酿的关键是什么？为什么糯米饭要降至 35℃ 以下拌酒曲发酵才能正常进行？

2. 糯米饭一开始发酵时要搭成喇叭形凹窝，这有什么作用？

3. 如果发现酒酿上有白花花的毛状物，是否意味着污染杂菌？

实验 1–20　酸乳的发酵

一、实验目的

1. 了解乳酸菌的生长特性和酸乳发酵的基本原理。

2. 学习酸乳的制作方法。

二、实验原理

酸乳是牛奶经过均质、消毒、发酵等过程加工而成的，由于其营养丰富、易于吸收、物美价廉，深得人们喜爱。酸乳中含有活的益生菌，有助于维持人体肠道中的菌群平衡，因而是一种微生态制剂类保健饮料。酸乳的品种很多，根据发酵工艺的不同，可分为凝固型酸乳和搅拌型酸乳两大类。凝固型酸乳在接种发酵菌株后，立即进行包装，并在包装容器内发酵、后熟；搅拌型酸乳先在发酵罐中接种、发酵，发酵结束后再进行无菌罐装并后熟。其生产的基本流程图如下：

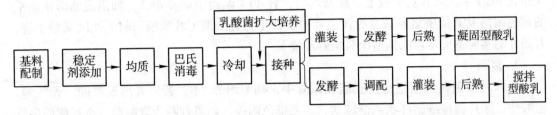

嗜热乳酸链球菌（*Streptococcus thermophilus*）和保加利亚乳杆菌（*Lactobacillus bulgaricus*）是两类最常用的酸乳发酵菌种，乳酸菌种可以从市售的各类酸乳中分离得到。

近年来，人们又将双歧杆菌引入酸乳制造，使传统的单株发酵变为双株或三株共生发酵。双歧杆菌菌体尖端呈分枝状（如"Y"型或"V"型），是一种无芽孢革兰氏阳性厌氧菌，最适生长温度为 $37 \sim 41\,℃$，最适生长 pH 为 $6.5 \sim 7.0$，能分解糖产酸，不产 CO_2。双歧杆菌产生的双歧杆菌抑菌素对肠道中的致病微生物具有明显的杀灭效果，双歧杆菌还能分解积存于肠胃中的致癌物 N-亚硝基胺，防止肠道癌变，并能促进免疫球蛋白的产生，提高人体免疫力，使酸乳在原有的助消化、促进肠胃功能的基础上，又具备了防癌和抗癌的保健效用。

三、实验材料、试剂与仪器

1. 原料

市售酸乳或其他乳酸菌活菌制品、脱脂乳粉、全脂乳粉或鲜牛乳、蔗糖等。

2. 培养基

（1）BCG 牛乳培养基

A 溶液：脱脂乳粉 100 g 溶于 500 mL 水中，加 1.6% 溴甲酚绿（BCG）乙醇溶液 1 mL，80℃ 消毒 20 min；

B 溶液：酵母抽提物 10 g，琼脂 20 g，水 500 mL，pH 6.8，115℃ 灭菌 30 min；

将 A、B 溶液 60℃ 保温后以无菌操作等量混合，倒平板。

（2）乳酸菌传代培养基：牛肉膏 5 g，酵母抽提物 5 g，蛋白胨 10 g，葡萄糖 10 g，乳糖 5 g，NaCl 5 g，琼脂 20 g，水 1 000 mL，pH 6.8，115℃ 灭菌 30 min 后倒平板。

（3）脱脂牛乳液体培养基：脱脂乳粉 10 g，蒸馏水 100 mL，调 pH 至 6.8，分装试管，每管 5 mL，0.07 MPa 灭菌 30 min，备用。若有新鲜牛乳，可按实验 1-10 的方法脱脂后，直接分装灭菌。

3. 器材

恒温水浴锅、酸度计、均质机、高压蒸汽灭菌锅、超净工作台、培养箱、酸奶瓶或一次性塑料杯、培养皿、试管、三角瓶等。

四、实验步骤

（一）乳酸菌的分离纯化与鉴别

1. 分离

取市售新鲜酸乳，用无菌生理盐水逐级稀释，取其中的 10^{-4}、10^{-5} 稀释液各 0.1 mL，涂布在 BCG 牛乳培养基平板上，涂布均匀，置 40℃温箱中培养 48 h，如出现圆形稍扁平的黄色菌落及其周围培养基变为黄色者初步认定为乳酸菌（乳酸菌为耐氧性厌氧微生物，有条件的实验室应尽可能创造厌氧培养环境）。

2. 鉴别

选取乳酸菌典型菌落转至脱脂乳试管中，40℃培养 8 h，若牛乳出现凝固，无气泡，呈酸性，涂片镜检细胞杆状或链球状，革兰染色阳性，则可判断为乳酸菌。选择能使牛乳管在 3~6 h 内凝固的菌株，将其在乳酸菌传代培养基中传代后保藏待用。

（二）酸乳及酸乳饮料的制作

1. 菌种扩大

将分离到的嗜热乳酸链球菌、保加利亚乳酸杆菌用脱脂牛乳液体培养基进行扩大培养。

2. 基料配制

将全脂乳粉、蔗糖和水以 10：5：70 的比例混匀，作为制作饮料的基料。如果以鲜牛乳为原料，由于牛乳中的乳脂率和干物质含量相对较低，特别是酪蛋白和乳清蛋白含量偏低，制成的酸乳凝乳的硬度不高，可能会有较多乳清析出。为了增加干物质含量，可用以下 3 种方法进行处理：

（1）将牛乳中水分蒸发 10%~20%，相当于干物质增加 1.5%~3%；

（2）添加浓汁牛乳（如炼乳、牦牛乳或水牛乳等）；

（3）按质量的 0.5%~2.5% 添加脱脂乳粉。

3. 添加稳定剂

在基料中添加 0.1%~0.5% 的明胶、果胶或琼脂作稳定剂，可提高酸乳的稠度和黏度，并可防止酸乳中乳清的析出。根据口味和营养需要，适当添加甜味剂及维生素。

4. 均质

为了提高酸乳的稳定性，并防止脂肪上浮，可用均质机在 55~70℃和 20 MPa 下将基料均质。

5. 巴氏消毒

通常在 60~65℃下保持 30 min。较低的温度可防止乳清蛋白变性，还可增加酸乳的稳定性，但也有加热到 80℃维持 15 min 进行消毒的工艺。

6. 牛乳冷却

牛乳经巴氏消毒后用水冷却，至 40~45℃时接种。

7. 接种

将培养好的嗜热乳酸链球菌、保加利亚乳杆菌及其等量混合菌液以 5% 的接种量分别接入上述培养基料中，摇匀。

接种量、发酵时间和温度对酸乳质量影响很大，应严格控制。保加利亚乳杆菌生长较快，经常会占优势；若酸度过高，会产生过多的乙醛，导致酸乳产生辛辣味。

8. 罐装和发酵

若要生产凝固型酸乳，接种后应立即分装到已灭菌的酸乳瓶（或一次性塑料杯）中，以保鲜膜封口；将接种后的酸乳置于40℃恒温箱中培养至凝乳块出现（3~4 h），然后转入4℃冰箱中后熟（24 h以上），使酸度适中（pH 4~4.5），凝块均匀细腻，无乳清析出，色泽均匀，无气泡，获得较好的口感和特有风味。若要生产搅拌型酸乳，可直接在发酵罐中接种，接种后继续搅拌3 min，使发酵菌种与含乳基料混合均匀，然后置于发酵室，每隔一定时间测定发酵液的pH（或滴定酸度），当pH达到4.5~4.7时，即可停止发酵，进行冷却，冷却后启动搅拌，添加糖浆、浓缩果汁或果粒、香料等进行调配，配方可按个人口味而定。本实验采用如下配方：

酸乳	1 000 mL
50°糖浆	100 mL
浓缩菠萝汁（32°Be′，即波美度）	50 mL
乳化发酵牛奶香精	0.6 mL
乳化菠萝香精	1.0 mL

将调配好的酸乳放入冰箱中后酵24 h，即可饮用。

若要制作酸乳饮料，可用经过后酵的酸乳来调配，本实验采用如下配方：

酸乳（经后酵）	300 mL
50°糖浆	220 mL
食用柠檬酸	1.5 g
耐酸型食用CMC	1.5 g
乳化发酵牛奶香精	0.8 mL
乳化草莓香精	1.0 mL
饮用水	加至1 000 mL

调配后用均质机在55~70℃、20 MPa下均质，灌装、封口后，85℃、30 min水浴消毒，冷却后，4℃下可保存6个月。

9. 品尝

发酵结束后，品尝比较乳酸链球菌和乳酸杆菌的等量混合物发酵制成的酸乳与单菌株发酵的酸乳在香味和口感上的异同，将结果填入表1–12中。若出现异味，表明酸乳污染了杂菌，应坚决弃去。

表1–12　乳酸菌单菌及混合菌种发酵的酸乳品评结果

| 乳酸菌类 | 品评项目 | | | | | 结论 |
	凝乳情况	口感	香味	异味	pH	
球菌						
杆菌						
球杆菌混合（1:1）						

五、注意事项

1. 采用 BCG 牛乳培养基平板筛选乳酸菌时，注意挑取有典型特征的黄色菌落，结合镜检观察，来高效分离乳酸菌。

2. 制作酸乳饮料时应选用优良的乳酸菌菌株，采用乳酸链球菌与乳酸杆菌等量混合发酵（亦可以市售酸乳为发酵剂），使其具有独特风味和良好口感。

3. 牛乳的消毒应掌握适宜的温度和时间，防止长时间或采用过高温度消毒而破坏酸乳风味。

4. 作为卫生标准还应进行大肠菌群的检测（见实验 3-21）。

5. 经品尝和检验合格的酸乳在 4℃ 下冷藏可保存 6~7 d，酸乳饮料可保存 6 个月。

六、思考题

1. 酸乳发酵过程中为什么会引起凝乳？

2. 为什么采用乳酸菌混合发酵的酸乳比单菌发酵的酸乳口感和风味更佳？

3. BCG 牛乳琼脂平板中乳酸菌为什么会形成黄色的菌落？

4. 酸乳生产企业中常将牛乳在 60~80℃ 下的处理称为杀菌，你认为他们的称谓是否科学？为什么？

实验 1-21　泡菜的发酵及其观察

一、实验目的

1. 了解日常生活中利用乳酸菌发酵腌制泡菜的原理及方法。
2. 对乳酸发酵的条件、产物及发酵微生物作进一步了解。

二、实验原理

在厌氧条件下，微生物发酵己糖并产生乳酸的过程称为乳酸发酵。能够进行乳酸发酵的微生物很多，乳酸链球菌和乳酸杆菌等菌株能将一分子己糖发酵为两分子乳酸，称为同型乳酸发酵；而肠膜明串珠菌和两歧双歧杆菌等菌株能将一分子己糖发酵为一分子乳酸和一分子乙醇，称为异型乳酸发酵。乳酸生成后，可以抑制一些腐败细菌的生长，从而有利于泡菜的保存。乳酸菌是一类厌氧微生物，保持厌氧状态是发酵成功的必要条件。

$$C_6H_{12}O_6 + 2ADP + 2Pi \xrightarrow{\text{同型乳酸发酵}} 2C_3H_6O_3 + 2ATP$$

$$C_6H_{12}O_6 + ADP + Pi \xrightarrow{\text{异型乳酸发酵}} C_3H_6O_3 + C_2H_5OH + CO_2 + ATP$$

泡菜在发酵期间，乳酸不断累积，根据微生物的活动情况和乳酸的积累情况，将泡菜发酵过程分为三个阶段：

（1）发酵初期：蔬菜刚入坛时，原料表面带入的微生物中，以不抗酸的大肠杆菌和酵母菌较为活跃，它们进行异型乳酸发酵和微弱的酒精发酵，产物为乳酸、乙醇、乙酸和二氧化碳等。由于这一时期产生较多的二氧化碳，会间歇性地放出气泡，使坛内逐渐呈厌氧状态。此时泡菜液的含酸量为 0.3% ~ 0.4%，是泡菜的初熟阶段，咸而不酸、有生味。

（2）发酵中期：初期发酵使乳酸不断积累，pH 下降，厌氧状态逐步形成，乳酸杆菌开始活跃地进行同型乳酸发酵。此期乳酸的积累量可达 0.6% ~ 0.8%，pH 为 3.5 ~ 3.8。酸度的升高抑制了大肠杆菌、酵母菌和霉菌的活动。这一期间为泡菜的成熟阶段，泡菜酸而清香。

（3）发酵后期：此期继续进行同型乳酸发酵，乳酸含量不断增加，当乳酸含量达到 1.2% 以上时，乳酸杆菌的活性受到抑制，发酵速度变缓甚至停止。此阶段泡菜酸度过高、风味不协调。

乳酸的产生可用定性和定量的方法来检验：

（1）定性检验：在乳酸中加入 H_2SO_4 和 $KMnO_4$ 等氧化剂后，乳酸被氧化成乙醛，乙醛能将银离子还原而析出沉淀。

$$2KMnO_4 + 3H_2SO_4 \longrightarrow K_2SO_4 + 2MnSO_4 + 3H_2O + 5 [O]$$
$$CH_3CHOHCOOH + [O] \longrightarrow CH_3CHO + CO_2 + H_2O$$
$$CH_3CHO + 2 Ag(NH_3)_2OH \longrightarrow CH_3COONH_4 + 2 Ag\downarrow + H_2O + 3NH_3$$

（2）定量检验：乳酸在碱性溶液中被乳酸脱氢酶氧化成丙酮酸，同时使 NAD 还原成 NADH。后者在 340 nm 处有最大吸收峰。吸光度的增加与乳酸含量成正比，因此可根据 NADH 的生成多少来检测乳酸量。

（3）定量测定：乳酸被浓硫酸作用后生成的乙醛，能在铜离子催化下与对羟基联苯反应生成紫色产物，该产物在 560 nm 有最大吸收峰。乳酸含量在 3 ~ 15 μg 范围内，颜色反应与乳酸含量成正比，可通过比色测定。

三、实验材料、试剂与仪器

1. 材料

萝卜（或包心菜、大白菜等）

2. 试剂

（1）含氨的硝酸银溶液：称取 2 g 硝酸银溶解在 100 mL 蒸馏水中。取出 10 mL 备用，向其余 90 mL 硝酸银中加入浓氨水，使之成浓厚的悬浮液，再继续滴加氨水，直到沉淀溶解、溶液变清为止。再将备用的 10 mL 硝酸银缓慢滴入，则出现薄雾，但轻轻摇动后，薄雾状沉淀又消失，再滴入硝酸银溶液，直到摇动后仍呈现轻微而稳定的薄雾状沉淀为止。此溶液可在冰箱保存 10 d，如雾重，氢氧化银析出，则不宜使用。

（2）甘氨酸 – 氢氧化钠缓冲液（pH 9.0）：甘氨酸 11.4 g，NaOH 0.48 g，溶解后用蒸馏水定容至 300 mL。

（3）NAD 溶液：600 mg NAD（烟酰胺腺嘌呤二核苷酸）溶于 20 mL 蒸馏水中。

（4）L（+）LDH：5 mg L（+）LDH（乳酸脱氢酶）溶于 1 mL 蒸馏水中。

（5）D（−）LDH：2 mg D（−）LDH 溶于 1 mL 蒸馏水中。

（6）对羟基联苯试剂：1.5 g 对羟基联苯溶于 0.5% 氢氧化钠溶液中，定容至 100 mL。

（7）10 μg/mL 乳酸溶液：10 mg 乳酸溶解在 1 000 mL 蒸馏水中。由于纯品乳酸价格高，可用乳酸盐代替，称量时以其中的乳酸量计算。

（8）4% 硫酸铜溶液：4 g 硫酸铜溶于蒸馏水中，定容至 100 mL。

3. 器材

带发酵栓的三角瓶、显微镜、恒温培养箱、分光光度计等。

四、实验步骤

（一）酸萝卜发酵

1. 7% 盐水的配制

自来水 100 mL，食盐 7 g，放于烧杯中加热至沸腾，冷却待用。

2. 蔬菜准备

将萝卜洗去泥土，切成小块（注意不要把皮去掉），然后放入灭菌的三角瓶内，约占瓶容积的 1/2。

3. 腌制

将冷却的食盐水注入三角瓶中淹没萝卜块，约至瓶高的 2/3，在发酵栓内加水至玻管口，将三角瓶塞好，以隔绝空气（图 1-11）。

4. 发酵

放入 30℃ 温箱中发酵，一周后检查实验结果。

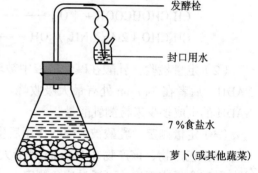

图 1-11　泡菜发酵示意图

（二）乳酸的定性检验

1. 打开发酵栓，闻瓶中有无臭味。

2. 测定发酵液 pH。

3. 吸取发酵液 10 mL 至试管中，加入 10% H_2SO_4 1 mL 和 2% $KMnO_4$ 1 mL，使乳酸转化为乙醛。

4. 取滤纸 1 条，在含氨的硝酸银溶液中浸湿，横搭在试管口。

5. 将试管徐徐加热至沸腾，使乙醛挥发，如管口滤纸变黑，证明有乳酸存在。

（三）乳酸的定量测定（脱氢酶法）

1. 取稀释 10 倍的发酵液 0.2 mL，加至 3 mL pH 9.0 的甘氨酸 - 氢氧化钠缓冲液中，加入 NAD 溶液 0.2 mL，混匀，在 340 nm 下测吸光度值 A_1，然后加入 L（＋）LDH 和 D（－）LDH 各 0.02 mL，25℃ 保温 1 h 后测定吸光度值 A_2，同时用蒸馏水代替乳酸发酵液作对照，在同样的条件下测出吸光度 B_1 和 B_2。

2. 计算

每 100 mL 发酵液中的乳酸含量（g/100 mL）＝$(V \times M \times \Delta\varepsilon \times D) \div (1\,000 \times \varepsilon \times l \times V_s)$

式中：V 为比色液最终体积（3.44 mL）；

　　　M 为乳酸的摩尔质量（90 g/mol）；

　　　$\Delta\varepsilon$ 为（$A_2 - A_1$）－（$B_2 - B_1$）；

D 为稀释倍数（10）；

ε 为 NADH 在 340 nm 的吸光系数（6.3×10^3 L/mol·cm）；

l 为比色皿的厚度（1 cm）；

V_s 为取样体积（0.2 mL）。

（四）乳酸的定量测定（对羟基联苯法）

1. 在具塞试管（离心管）中按表 1–13 加样作标准曲线（1～6 号管）。

表 1–13　发酵液中乳酸的定量测定

管　号	1	2	3	4	5	6	7	8
乳酸 /mL	0	0.2	0.4	0.6	0.8	1.0	0	0
发酵液 /mL	0	0	0	0	0	0	1.0	0.1
蒸馏水 /mL	1.0	0.8	0.6	0.4	0.2	0	0	0.9
硫酸铜 /mL	0.1	0.1	0.1	0.1	0.1	0.1	0.1	0.1
浓硫酸 /mL	6.0	6.0	6.0	6.0	6.0	6.0	6.0	6.0
盖上塞子，沸水浴 5 min 后，自来水冷却								
对羟基联苯试剂 /mL	0.2	0.2	0.2	0.2	0.2	0.2	0.2	0.2
30℃水浴保温 30 min，开盖，沸水浴 2 min 以挥发对羟基联苯，冷却后比色测定								
A_{560}	0							

2. 分别取发酵液 1.0 mL 和 0.1 mL 作为样品代替表中的乳酸进行反应，测定 7、8 号管的 A_{560}。

3. 根据标准曲线，求出发酵液中的乳酸含量。

（五）乳酸细菌的显微观察

1. 取发酵液 1 滴，涂抹在干净的载玻片上，风干后在火焰上微微加热固定，用番红或结晶紫染色 1 min，流水冲洗，干燥。

2. 在显微镜下观察，先用低倍镜、高倍镜，再用油镜观察，注意区分乳酸杆菌和乳酸链球菌。

五、注意事项

1. 本实验为自然发酵实验，利用自然环境中的微生物进行发酵，因此所用萝卜不能去皮，否则会因缺乏功能微生物而使发酵不能正常进行。

2. 为保证厌氧环境，要用发酵栓塞住瓶口，但不能用橡皮塞代替，以防因发酵过程中产生大量 CO_2 而使三角瓶炸裂。

六、思考题

1. 为什么发酵时要用 7% 的食盐水？是否可用蒸馏水代替？

2. 是否有其他方法来检验乳酸的产生？

一、实验目的

1. 了解台式自控发酵罐的基本构造。
2. 学习基因工程菌的发酵控制方法。

二、实验原理

工程菌的发酵与传统发酵不同，从培养工程的角度应考虑诸如营养源浓度的控制、最适生长条件的控制等因素；从生物学的角度应考虑诸如质粒稳定性的控制、质粒拷贝数的控制、转录效率和翻译效率的提高及代谢产物向菌体外的分泌等因素。

工程菌的发酵一般采用高密度菌体培养的方式，而要得到高密度的菌体，必须提供大量的营养物质，但营养源浓度过高，渗透压也就高，反过来又会抑制重组菌的生长。为了保证重组菌能在适宜的营养源浓度下生长，常采用补料分批培养方法。

一般说来，带有质粒的细胞生长较慢，由于质粒的不稳定性，在传代过程中会有一部分细胞丢失质粒，导致产物的产量下降。为了在大生产时使质粒的丢失降低到最低程度，除了构建合适的重组菌外，常采用施加选择压力的方法，只使那些具有一定遗传特性的细胞生长，从而淘汰非重组菌，提高发酵生产率。

克隆产物的高水平表达也会导致工程菌生长缓慢或生长异常。一般说来，质粒越多，产量越高，但增殖速度越慢，质粒脱落的速度越快；外源基因表达水平越高，重组菌往往越不稳定。因此在基因工程菌培养时常采用两阶段培养法：发酵前期为长菌阶段，使重组质粒稳定地遗传；到后期，利用可诱导启动子提高质粒的拷贝数或转录翻译效率，使外源基因高效表达。

另外，有关法规都明确规定工程菌不能扩散到自然环境中，因此应采取各种措施防止菌体的外漏，所有的废液、废料应收集后灭菌处理。

本实验用大肠杆菌 BL21（DE3）工程菌株来表达 α- 乙酰乳酸脱羧酶。α- 乙酰乳酸脱羧酶把底物 α- 乙酰乳酸脱羧生成乙偶姻（3- 羟基 -2- 丁酮），乙偶姻在碱性条件下与萘酚和肌酸反应生成的产物在 522 nm 下有最大吸收峰。通过吸光度的测定，经与乙偶姻标准曲线比较，可计算出 α- 乙酰乳酸脱羧酶的酶活力。

三、实验材料、试剂与仪器

1. 菌株

实验 1-10 构建的能表达 α- 乙酰乳酸脱羧酶的大肠杆菌 BL21（DE3）工程菌株。

2. 培养基

（1）种子培养基：葡萄糖 1 g，蛋白胨 1 g，酵母抽提物 0.5 g，牛肉膏 0.5 g，NaCl 0.5 g，蒸馏水 100 mL，pH 7.2 ~ 7.4。

（2）发酵培养基：葡萄糖 20 g，蛋白胨 20 g，酵母抽提物 10 g，牛肉膏 10 g，$MgSO_4 \cdot 7H_2O$

1 g，KH$_2$PO$_4$ 1 g，K$_2$HPO$_4$ 1 g，NaCl 10 g，蒸馏水 2 000 mL，pH 7.2 ~ 7.4。

（3）补料液：蛋白胨 40 g，酵母抽提物 20 g，甘油 20 g，NaCl 20 g，蒸馏水 300 mL，pH 7.2 ~ 7.4。

上述培养基和补料液分装于三角瓶后，0.1 MPa 灭菌 20 min。

3. 试剂

（1）0.2 mol/L 磷酸缓冲液（pH 6.0）：0.2 mol/L Na$_2$HPO$_4$ 12.3 mL 和 0.2 mol/L NaH$_2$PO$_4$ 87.7 mL 混合即得。

（2）α–乙酰乳酸溶液：吸取 200 μL α–乙酰乳酸用 pH 6.0 磷酸缓冲液稀释并定容至 100 mL。

（3）萘酚–肌酸显色剂：称取 α–萘酚 1.0 g，肌酸 0.1 g，用 1 mol/L NaOH 溶液溶解并定容至 100 mL。该溶液使用前配制。避光保存。

（4）乙偶姻标准液：称取 100 mg 乙偶姻，用 pH 6.0 磷酸缓冲液溶解并定容至 1 000 mL。

（5）其他试剂：IPTG、卡那霉素等。

4. 仪器

台式自控发酵罐（3.7 L）、空压机、蠕动泵、恒温水浴锅、分光光度计、离心机、电泳仪、凝胶成像仪、摇床等。

四、实验步骤

1. 台式自控发酵罐的熟悉

台式自控发酵罐是供实验室使用的小型发酵罐，主要由三个部分组成（图 1-12）。

（1）罐体：大多为圆柱形玻璃钢结构，能承受一定的压力，有的发酵罐在罐体外附有夹套，用于冷却或保温；还有些发酵罐只有保护夹套，加热和冷却由罐内的加热棒或冷却管控制。罐身上有一些接口，可装各种传感器及附件（如补料口）。

（2）搅拌系统：由驱动马达、搅拌轴和搅拌叶片组成。有的马达在罐体上方，有的在罐体下方，也有些较小的发酵罐用磁力搅拌。

（3）参数检测与控制系统：包括测定温度、溶氧、pH 等参数的传感器及其自动控制设备。温度控制由向夹套中通冷水或热水来完成，许多小型发酵罐没有配套的蒸汽发生器，培养基的灭菌靠装在罐内的加热棒完成，也有些需在高压蒸汽灭菌锅中进行离位灭菌。溶氧控制系统主要由空气压缩机、油水分离器、空气过滤器及空气分布管路等部件组成，结合搅拌装置为发酵提供充足的溶解氧。pH 控制由 pH 电极及提供酸或碱的蠕动泵完成，通常与补料操作同步进行。

2. 培养基的配制与灭菌

（1）配制种子培养基，0.1 MPa 高压蒸汽灭菌，冷却后加卡那霉素至终浓度 30 μg/mL，接入转 α–乙酰乳酸脱羧酶的大肠杆菌 BL21（DE3）工程菌株，37 ℃、200 r/min 摇瓶培养 12 h。

（2）空发酵罐及附属管道的灭菌：打开蒸汽发生器的进水龙头，接通电源，制备灭菌用蒸汽。打开发酵罐上的进气开关，将罐上的接种口、排气阀及料路阀门微微打开，使

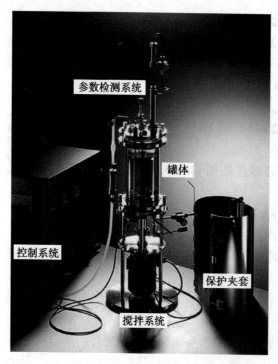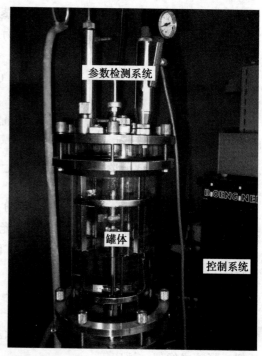

图1-12　自控发酵罐的构造

蒸汽通过这些阀门排出，当罐内压力升至0.13 MPa时，减小进气量，维持该压力。20 min后，关闭进气阀，并将排空阀门打开，防止冷却后罐内产生负压而损坏设备。灭菌结束后，应将罐内冷凝水排掉（没有配套蒸汽发生器的发酵罐可省略该步骤）。

（3）培养基的配制及实罐灭菌：配制2 000 mL发酵培养基，加至发酵罐内。开动搅拌器，使罐内物料均匀混合，转速100 r/min。灭菌前先将各排气阀打开，将蒸汽引入夹套进行预热（注意打开夹套排水口），待罐温升至90℃，将排气阀逐渐关小，关闭夹套进汽阀，将蒸汽从进气口、排料口、取样口直接通入罐中，使罐温上升到121℃，并保持30 min。保温结束后，依次关闭各进汽阀门，待罐内压力降至0.02 MPa时，向罐内通入无菌空气（排气阀微开），并保持罐压为0.05 MPa，在夹套中通冷却水降温，使培养基的温度降到所需的温度（如果没有配套蒸汽发生器，培养基加至发酵罐后，将罐体放入高压蒸汽灭菌锅中灭菌。注意将通气管路和加料管路的入口用8层纱布包扎，从灭菌锅移出后迅速连接好各管路。对于用加热棒加热灭菌的发酵罐，因不用考虑蒸汽灭菌带来的冷凝水，培养基装量可适当增加至发酵罐容积的60%）。

3. 接种

接种前，设置好发酵的各项参数（温度37℃、pH 7.2、空气流量2.5 L/min、搅拌转速300 r/min），并使发酵罐处在自动控制状态。接种时，先关小进气阀，缓慢将罐压降到0.02 MPa，接种口绕上酒精棉并点燃，用钳子打开罐顶接种口，将菌种在火焰封口下倒入发酵罐内，盖上接种阀，旋紧。

4. 发酵控制

工程菌发酵为典型的二级发酵，发酵周期大约12~13 h，前期为长菌期，4~5小时后，菌体快速生长，消耗大量营养，可根据需要流加补料液，并提高搅拌转速至 800 r/min，调节罐压至 0.05 MPa，增大空气流量至 3.5 L/min，以提高发酵液中的溶解氧。发酵 7~8 h 后转入诱导期，流加 IPTG 至终浓度为 0.1 mmol/L，并调节温度至 28℃。

5. 发酵过程分析

发酵过程中，每小时取样测定细菌生长量（A_{600}），加 IPTG 诱导后每隔 1 h 取样，按表 1-14 测定 α- 乙酰乳酸脱羧酶活力。

表 1-14　α- 乙酰乳酸脱羧酶活力的测定

试剂	管号					对照	样品 1	样品 2
	1	2	3	4	5			
磷酸缓冲液	3.0	2.9	2.8	2.7	2.6	2.4	2.4	2.4
乙偶姻标准液	0	0.1	0.2	0.3	0.4	0	0	0
α- 乙酰乳酸溶液	0	0	0	0	0	0.4	0.4	0.4
酶液	0	0	0	0	0	0.2	0.2	0.2
30℃水浴 20 min								
显色剂	2	2	2	2	2	2	2	2
混匀，室温反应 40 min								
A_{522}	0							

酶液制备：取 1 mL 发酵液样品（诱导前的样品为对照），5 000 g 离心 5 min，去上清液，沉淀用 pH 6.0 磷酸缓冲液洗涤后，悬浮于 1 mL 冰冷的缓冲液中，超声破碎细胞（220 V，工作 3 s，间隔 4 s，20 个循环），4℃下 10 000 g 离心 5 min 后，上清液直接作为粗酶液。

根据乙偶姻的标准曲线求得酶活力。以 30℃、pH 6.0 的条件下，1 mL 酶样品与底物 α- 乙酰乳酸反应，每分钟生成 1 μmol 乙偶姻（3- 羟基 -2- 丁酮）为 1 个酶活力单位，以 U/mL 表示。

6. 发酵结束后，将所有接触过工程菌的设备、器皿及废液废料进行灭菌处理。

五、注意事项

1. 实罐灭菌时，各路进气要畅通，防止短路逆流；各路排汽也要畅通，但排气量不宜过大。在保温阶段，开口在培养基液面以下的各管道都应进气，开口在液面之上的各管道均应排气。无论与罐连通的管路如何配置，在实消时均应遵循"不进则出"的原则，这样才能保证灭菌彻底，不留死角。

2. 灭菌时夹套内的水应排空，实消后夹套通水冷却时，罐压会急剧下降，当罐内压力降至 0.02 MPa 时，微微开启排气阀和进气阀，让无菌空气进入罐体内，维持罐压 0.05 MPa，并打开搅拌以加速冷却。

3. 高密度培养过程中如果供氧不足，大肠杆菌会发酵产生乙酸，使 pH 下降，影响菌体代谢，可在补料时加适当碱。

4. 培养基中葡萄糖的含量不能太高，否则会影响 IPTG 的诱导效果。

六、思考题

1. 工程菌发酵时为什么要采用高密度发酵方式？

2. 为什么说溶氧供应是工程菌发酵的关键？

3. 实验 2-6 谷氨酸含量测定时要用到谷氨酸脱羧酶。查阅资料，设计一个构建谷氨酸脱羧酶基因工程菌的实验。

第二部分

液体通气搅拌发酵——谷氨酸发酵系列实验

I. 系列实验目的

谷氨酸（glutamic acid）是制备味精（谷氨酸钠）的主要原料。近代研究发现，谷氨酸除了制作调味料外，还具有辅助治疗肝性昏迷、改善儿童智力发育等功效，在食品和医疗领域具有广泛的用途。

谷氨酸最早由德国科学家于 1866 年从植物蛋白中提取，1919 年日本科学家成功从海带中大规模提取出谷氨酸并将其开发成商品"味の素"。我国的第一家味精厂——上海天厨味精厂成立于 1923 年，主要从植物蛋白中提取谷氨酸并将其转化成谷氨酸钠。20 世纪 50 年代，发酵法生产谷氨酸在日本率先取得成功，由于原料丰富易得、成本低廉，很快取代萃取法成为谷氨酸生产的主要方法。我国的发酵法生产谷氨酸技术直到 1965 年才开发成功，但发展很快，1986 年就超过日本成为世界第一大味精生产国。但这一成就主要靠低水平的重复建设而取得，生产厂家多、规模小、污染重，科技水平不高。随着改革开放的深入，谷氨酸发酵厂逐步向大型化、自动化方向发展，科技水平有了质的飞跃。至 2018 年，我国的味精产量占世界总产量的 75%，其中 90% 由三家大型集团公司酿制。虽然我国的味精生产已经实现了规模化和自动化，但在清洁生产和循环经济方面的创新能力还亟待加强。

抗生素发酵、氨基酸发酵和有机酸发酵是三大有氧发酵产业，所需的设备和发酵工艺大同小异。由于抗生素大多用放线菌或真菌作为生产菌株，有机酸也多用真菌作为生产菌株，发酵周期长，所需设备要求高（丝状菌丝容易堵塞管道），在实验室进行中试规模的发酵有一定难度；而氨基酸发酵多用细菌作为生产菌株，发酵周期较短，污染概率小，适于开展学生实验。谷氨酸是第一个利用发酵法生产的氨基酸，谷氨酸发酵是典型的代谢控制发酵，其代谢途径已经研究得比较清楚。因此，通过谷氨酸实验室发酵，不但有利于学生掌握有氧发酵工艺，熟悉通用机械搅拌发酵罐的结构，还有利于理解谷氨酸发酵机制，加深对生物化学、微生物学知识的理解。

II. 谷氨酸发酵概述

一、谷氨酸发酵机制

谷氨酸发酵包括了谷氨酸产生菌的生长和产物的积累两个阶段。

1. EMP 和 HMP

在谷氨酸发酵时，糖可通过 EMP（embden-meyerhof pathway）及 HMP（hexose monophosphate pathway）两个途径进行酵解。生物素充足时 HMP 所占比例是 38%，控制生物素亚适量，可使发酵产酸期 HMP 只占 26%。生成的丙酮酸，一部分经氧化脱羧生成乙酰 CoA，一部分通过羧化固定 CO_2 生成草酰乙酸或苹果酸，草酰乙酸与乙酰 CoA 在柠檬酸合酶催化下，缩合成柠檬酸，再经 TCA 循环中的部分步骤生成 α- 酮戊二酸，并经转氨反应生成谷氨酸。由葡萄糖生物合成谷氨酸的代谢途径见图 2-1。

2. TCA 循环

由图 2-1 可见，对谷氨酸发酵来说，三羧酸（TCA）循环中的某些酶如柠檬酸合酶、乌头酸酶和异柠檬酸脱氢酶是必需的，但 α- 酮戊二酸脱氢酶应该丧失，即 α- 酮戊二酸氧化能力缺失或氧化能力极弱，这样才能最大限度地富集谷氨酸的前体物 α- 酮戊二酸。但是由于柠檬酸合酶、乌头酸酶和异柠檬酸脱氢酶催化的反应是可逆反应，α- 酮戊二酸浓度高时，逆反应就会加快，正反应会由于反馈抑制而减弱。

$$\text{草酰乙酸} + \text{乙酰 CoA} + H_2O \xrightarrow{\text{柠檬酸合酶}} \text{柠檬酸}$$

在黄色短杆菌中，谷氨酸和 α- 酮戊二酸对柠檬酸合酶没有抑制作用，但顺乌头酸和 ATP 对该酶具有抑制作用。pH 7.0 时，5 mmol/L 顺乌头酸可抑制 90% 酶活，5 mmol/L ATP 可抑制酶活 50%。好在顺乌头酸的抑制作用可被草酰乙酸部分抵消（不能被乙酰 CoA 抵

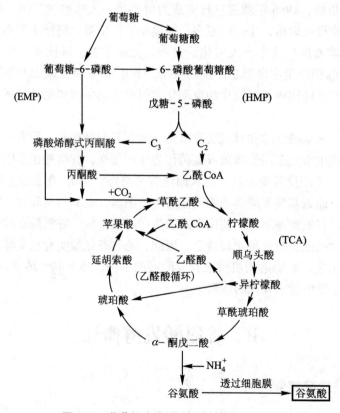

图 2-1　葡萄糖生物合成谷氨酸的代谢途径

消），而乙酰 CoA 对 ATP 的抑制有拮抗作用（草酰乙酸无此拮抗）。

$$异柠檬酸 \xrightarrow{\text{异柠檬酸脱氢酶}} \alpha- 酮戊二酸 + CO_2$$

乙醛酸和草酰乙酸对异柠檬酸脱氢酶有弱的抑制作用，但当乙醛酸和草酰乙酸同时存在时，抑制作用就大大增强。

因此在谷氨酸发酵中应尽可能提高草酰乙酸和乙酰 CoA 的浓度，尽量减少 ATP 的产生。

3. DCA 循环

在许多微生物中还存在乙醛酸（DCA）循环，特别是当以乙酸和乙醇为发酵原料（石油代粮发酵）时，DCA 循环是提供四碳二羧酸的唯一来源。但若以糖质原料发酵生产谷氨酸时仍以 DCA 循环来提供四碳二羧酸，则谷氨酸对糖的转化率大为减少。所以在葡萄糖为原料生产谷氨酸时，最好在菌体生长期适当开放 DCA 途径，以获得能量并产生合成反应所需的中间产物；而在进入谷氨酸生成期后，最好没有异柠檬酸裂解酶反应，封闭乙醛酸循环。也就是说在谷氨酸发酵中，菌体生长期的最适条件和谷氨酸生成积累期的最适条件是不一样的。

好在目前的谷氨酸生产菌株中，异柠檬酸裂解酶的作用得不到充分发挥。因为此酶受草酸、草酰乙酸、$\alpha-$ 酮戊二酸的累积抑制，也受琥珀酸的混合抑制。而且异柠檬酸脱氢酶的米氏常数（$K_m = 0.01$ mmol/L）比异柠檬酸裂解酶的米氏常数（$K_m = 0.8$ mmol/L）低得多，也就是说异柠檬酸脱氢酶对异柠檬酸的亲和力要比异柠檬酸裂解酶大得多，因此当菌体内异柠檬酸浓度很低时，异柠檬酸主要进入 TCA 循环，而很难进入 DCA 循环。

4. CO_2 的固定

草酰乙酸既可以通过丙酮酸羧化（由丙酮酸羧化酶催化）获得，也可以通过磷酸烯醇式丙酮酸（PEP）的羧化获得。但大部分丙酮酸用以生成乙酰 CoA，所以为了获得谷氨酸的高转化力，应通过 PEP 的羧化来获得草酰乙酸。PEP 羧化酶受乙酰 CoA 和二磷酸果糖激活，受天冬氨酸和四碳二羧酸的抑制。在普通的微生物菌株中，PEP 羧化酶对 PEP 的亲和力仅是丙酮酸激酶（催化 PEP 生成丙酮酸）的 1/10，因此应选育 PEP 羧化酶活力相对较强的菌株用于工业生产。

5. 氨的导入

谷氨酸合成过程中，需要大量氨，生产中一般用液氨、氨水或尿素来提供，其中以液氨最为常用。当用液氨或氨水流加时，发酵液的 pH 变化快，滞后反应小。用尿素流加时，尿素先由菌体脲酶分解后，才能被同化，因此发酵液的 pH 与菌种脲酶活性密切相关，滞后反应明显，在发酵控制时应引起注意。

氨的导入可有三种方式：

① $\alpha-$ 酮戊二酸 + NH_4^+ $\xrightarrow{\text{谷氨酸脱氢酶}}$ 谷氨酸

② $\alpha-$ 酮戊二酸 + 天冬氨酸（或丙氨酸） $\xrightarrow{\text{转氨酶}}$ 谷氨酸

③ $\alpha-$ 酮戊二酸 + 谷氨酰胺 $\xrightarrow{\text{谷氨酸合酶}}$ 谷氨酸

在这三种方式中，途径②因酶活力低显得不重要。途径①是主要的方式。在黄色短杆菌中，低浓度的 α− 酮戊二酸和谷氨酸对谷氨酸脱氢酶有显著的激活作用，但高浓度的谷氨酸能抑制正反应。当谷氨酸浓度在 100 mmol/L 时，抑制 65% 酶活；浓度达 400 mmol/L 时，抑制 90% 酶活，所以应设法将谷氨酸从菌体细胞中游离出来。

谷氨酸脱氢酶对 NH_4^+ 的亲和力较差，NH_4^+ 浓度低时，积累有机酸。20 世纪 70 年代初，发现了途径③，此途径虽然要多消耗 1 分子 ATP，但谷氨酸合酶对 NH_4^+ 的亲和力比谷氨酸脱氢酶要高 10 倍。所以当环境中 NH_4^+ 浓度低时，可由该途径合成谷氨酸。

谷氨酸浓度高时，对脱氢酶有反馈抑制作用，对合酶无抑制作用。

6. 细胞膜通透性的改变

由于存在反馈抑制作用，谷氨酸在细胞内的含量不可能积累得很高。若能将谷氨酸分泌到胞外，不仅可提高谷氨酸的产率，而且将大大方便谷氨酸的提取。目前所用的谷氨酸产生菌几乎都是生物素（V_H）缺陷型菌株。因 V_H 是乙酰 CoA 羧化酶的辅酶，参与脂肪酸的合成，而脂肪酸是合成细胞膜的基质，因此在 V_H 相对贫乏的培养基中，细胞膜合成不完整，谷氨酸可轻易地排出菌体外。但是 V_H 又是细胞新陈代谢不可缺少的元素，因此需要将培养基中的 V_H 控制在亚适量，从而使细胞膜保持对谷氨酸的通透性，解除反馈抑制，在培养液中积累大量谷氨酸。此外，还可通过添加表面活性剂、限制油酸添加量（抑制磷脂合成）或添加适量青霉素（抑制细胞壁合成）等方法促进谷氨酸的分泌。

二、谷氨酸发酵工艺简介

谷氨酸大多以淀粉质原料为碳源，以液氨或尿素为氮源，并辅以维生素（尤其是亚适量的生物素）和无机矿质元素（尤其是适量的铁和锰），通过谷氨酸棒杆菌（或其他菌株）发酵而成。由于谷氨酸棒杆菌不产淀粉酶，不能直接利用淀粉，发酵之前必须先通过水解将培养基中的淀粉水解成葡萄糖等还原糖。在发酵工艺上，传统的发酵多采用中糖一次性发酵，初糖浓度为 11%～13%，糖酸转化率可达 55%～60%；现代发酵多采用高糖流加发酵，初糖浓度控制在 4%～5%，发酵过程中连续流加糖浆，使培养基中的糖浓度维持在 4%～5%，直到谷氨酸棒杆菌活力下降时停止流加糖浆，残糖浓度下降到 0.5%～1% 时终止发酵，进行谷氨酸的等电回收和谷氨酸钠的精制。谷氨酸发酵的工艺流程见图 2-2。

三、淀粉水解糖的制备

淀粉的水解可分为液化和糖化两个阶段。第一阶段为液化，是将淀粉降解成糊精和低聚糖、使料液黏度降低的过程。液化的程度可用碘液反应来判断，如果水解液与碘液反应后不再显蓝色，表示液化完全。第二阶段为糖化，是将糊精和低聚糖进一步降解成葡萄糖的过程。糖化后水解液中的还原糖浓度可用斐林试剂来滴定。过去一度用酸法（HCl）在高温高压下进行淀粉水解反应，现代工厂多用酶法（耐高温淀粉酶）来制备水解糖。

四、无菌空气的制备

谷氨酸发酵为有氧发酵，发酵过程中必须通入大量无菌空气。无菌空气的制备一般有两道工序：热空气杀菌和过滤除菌。典型的热杀菌工艺见图 2-3。如果空气的进口温度为

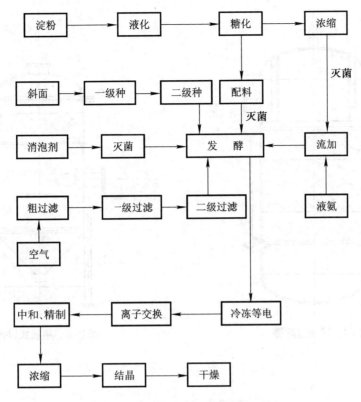

图 2-2 谷氨酸发酵的工艺流程示意图

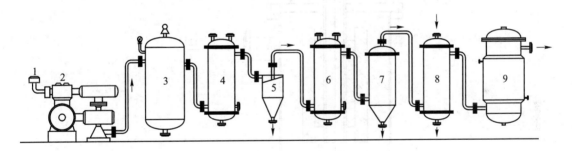

图 2-3 两级冷却、加热杀菌流程图

1. 空压机过滤器 2. 压缩机 3. 贮气罐 4、6. 冷却器 5. 旋风分离器
7. 丝网分离器 8. 加热器 9. 粗过滤器

21℃，经空压机 7 大气压（0.7 MPa）的压缩，出口温度可达 187～198℃。为了维持高温持续时间，从空压机出口到空气贮罐的一段管道需进行保温，并在贮罐内加装导流筒，以避免空气在贮罐内走短路。压缩空气在使用前需冷却，将空气中的水蒸汽分离掉，以避免管道或设备的角落积聚冷凝水。为此，压缩空气在进入过滤器之前，需用油水分离器将油和水分离干净。空气的过滤除菌系统一般由粗过滤器、一级过滤器、二级过滤器和精过滤器（终端过滤器）串联而成。过滤器的型式有深层式（图 2-4）、平板式（图 2-5）和管式（图 2-6）等多种；内部填充的介质材料也多种多样，如中空纤维、陶瓷、金属、超滤膜等。

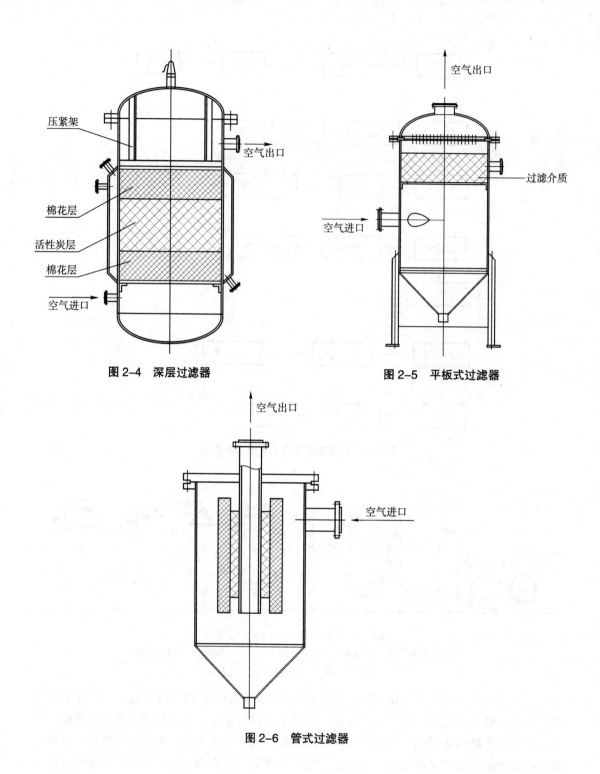

图 2-4　深层过滤器

图 2-5　平板式过滤器

图 2-6　管式过滤器

　　随着膜技术的发展，膜过滤器的应用越来越普遍。膜过滤的优点是过滤孔径可控，效果可靠。对于细菌发酵而言，用过滤精度 0.01 μm 的膜滤芯就足够了，其过滤效率达 99.999 9%；对于发酵期超过 3 d 的发酵或无菌要求极高的发酵，可用过滤精度为 0.003 μm 的滤芯，其过滤效率可达 99.999 99%。膜过滤器的强度不如纤维或陶瓷过滤器，尤其是被水湿润后，因此使用前必须把空气中的水分除干净。另外，为了防止膜破裂，还应控制过滤的压力降小于 0.005 MPa。无菌空气制备流程见图 2-7。

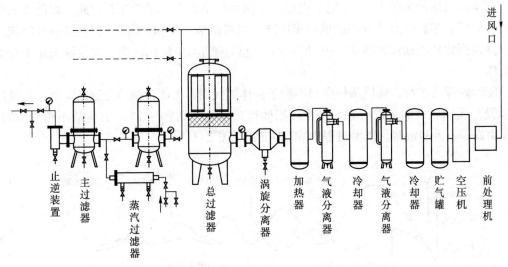

图 2-7　无菌空气的制备

五、菌种扩大培养

菌种是发酵工业的灵魂。20 世纪 70 年代，我国发酵厂所用的谷氨酸棒杆菌菌株产酸率只有 5% ~ 6%，即最终发酵液中谷氨酸含量只有 5 ~ 6 g/100 mL。近 40 年来，通过菌株的引进，再加上不断进行诱变育种和原生质体融合育种，当前我国发酵厂使用的温度敏感型菌株产酸率可达 20% 左右，最高曾达到 22%，处于世界先进水平。

现代谷氨酸生产企业用的都是大容量发酵罐，接种量至少为发酵培养基体积的 1%（V/V），多的达到 10%，因此需要大量种子。菌种扩大培养的目的就是制备大量高活性的种子，以满足大规模发酵的需要。发酵菌种需逐级扩大，从斜面种接到一级种，一级种接到二级种，扩大倍数一般为 10 ~ 100 倍（接种量为培养基量的 1% ~ 10%）。由于谷氨酸发酵中糖酸转化率已接近理论值，菌株的自发突变以负变为主，因此必须做好菌种保藏，并经常性地进行菌株的纯化和复壮。

六、发酵规律

1. 长菌阶段

谷氨酸发酵的前 12 h 为菌体生长阶段，几乎不产谷氨酸。其中前 2 ~ 4 h 为适应期，发酵参数变化不大，但菌体内代谢活跃，以适应新的培养环境。2 ~ 4 h 后进入对数生长期，菌体数量以指数方式增加，菌体分裂旺盛，显微镜下观察可见菌体呈八字形分裂状态，培养物的光密度迅速上升，耗糖加快，溶解氧含量快速下降。由于尿素被脲酶分解放出氨，培养液的 pH 上升，当氨被菌体吸收利用后，又会使 pH 下降。当 pH 下降到 7.0 时，必须及时流加尿素，给菌体生长提供氮源。对数生长期代谢旺盛，呼吸作用强烈，会放出大量热量，使发酵罐内温度上升，泡沫增加，应适时开启冷却水。

2. 产酸阶段

12 h 后，菌体生长进入稳定期，发酵逐渐进入产酸阶段。此时发酵液的光密度不再上升（菌体量已达最大值），显微镜下观察可见菌体单个存在，略微变长。此阶段菌体的代谢依然活跃，尿素分解释放出的氨被菌体同化成谷氨酸，使 pH 下降，因此必须及时流加尿素，以提供代谢所需的氮源，并调节 pH。此阶段糖的消耗比较快，大量糖被用于合成谷氨酸。

随着发酵的进行，环境条件变得不利于菌体的代谢，菌体内酶活力逐渐降低，耗糖速度减慢，流加尿素的量也应相应减少。当残糖含量降至 0.5% ~ 1%，谷氨酸不再形成时，可结束发酵，及时放罐。发酵过程中 pH 的变化见图 2-8。

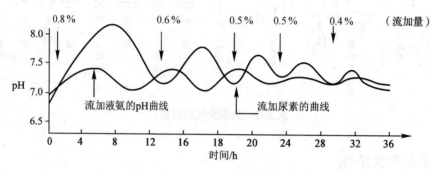

图 2-8　发酵过程中 pH 的变化曲线

七、谷氨酸发酵过程控制

谷氨酸棒杆菌之所以能积累大量谷氨酸，应归因于菌体的代谢调节异常化，这种代谢异常化的菌种对环境的变化很敏感。在适宜条件下，菌体能将 60% 以上的糖转化成谷氨酸，只产生极少量的代谢副产物。如果培养条件不适宜，谷氨酸产量就很低，而积累大量乳酸、琥珀酸、α-酮戊二酸、丙氨酸、谷氨酰胺、乙酰谷氨酰胺等副产物。生产上常通过对养分、温度、pH、通风和搅拌、泡沫等的调控来提高谷氨酸的产率。

1. 养分的调控

养分是菌体的营养来源。谷氨酸发酵的长菌阶段和产酸阶段对营养的要求是不同的。对生物素缺陷型菌株来说，长菌阶段要求生物素含量相对充足，以求短时间内得到大量高活性的菌体。而产酸阶段要求生物素消耗殆尽，流加氨的速度与代谢强度相匹配，因为氨除了提供氮源外，还有调控 pH 的功效。

（1）碳源：碳源是菌体和代谢产物谷氨酸的碳架来源及能量来源。谷氨酸产生菌是异养型微生物，只能从有机化合物中取得碳素营养。我国的发酵厂大多用大米或玉米淀粉为碳源，只有少部分厂家用糖蜜作碳源。但谷氨酸产生菌不能直接利用淀粉，必须先用外源酶将淀粉水解成葡萄糖。大米中含有少量蛋白质，会影响水解糖的色泽和黏度，在糖酸转化率、残糖含量等参数上不如玉米淀粉。在一定范围内，初始糖浓度增加，谷氨酸产量随着提高，但初始糖浓度过高，会造成高渗透压环境，影响菌体的生长和代谢。传统发酵的初始糖浓度一般控制在 10% ~ 12%，糖酸转化率在 60% 左右。目前认为，初始糖浓度设定在 4% 左右，匀速流加糖浆使培养液中的糖浓度维持在 4% ~ 5%，更有利于菌体的代谢和谷氨酸的积累，糖酸转化率可达 70%。

（2）氮源：氮源是菌体蛋白和产物谷氨酸中氮素的来源。由于谷氨酸分子中含有氮素，所以谷氨酸发酵比其他发酵需要供给更多的氮源。谷氨酸产生菌能利用的氮源种类较多，但有机氮和硝态氮需要降解或还原后才能被利用，再加上有机氮或硝态氮呈酸性或中性，不利于发酵液 pH 的调节，发酵厂常用液氨或尿素作为氮源。液氨呈碱性，添加后 pH 马上会升高，为了避免 pH 过高影响菌体的生长和代谢，宜采用连续流加的方式。尿素也是一种理想的无机氮源，本身的碱性不强，也不能被菌体直接利用，但尿素经菌体的脲酶分解后可生成氨。因此，添加尿素后 pH 的升高有一个滞后过程，滞后程度受菌种特性、搅拌转速、罐压和风量的影响。一般说来，通风量大、罐压高、供氧充足，菌种的脲酶活性就高，pH 的响应就快。培养基配制过程中添加的玉米浆（粉）和糖蜜虽然也富含氮素，但主要是提供生物素等维生素和无机矿质元素，因此添加量不能太多。

（3）生物素：生物素是合成脂肪酸所必需的辅酶，生物素含量充足时，脂肪酸大量合成，细胞膜的结构比较致密，细菌合成的谷氨酸会较多地滞留在细胞内，引起反馈抑制和反馈阻遏。如果生物素严重不足，细胞膜缺少脂肪酸，菌体的生长就会延滞或停止。因此，在谷氨酸发酵培养基中，必须控制生物素至亚适量，长菌阶段基本满足生物素的需求，长菌结束前，生物素正好消耗完，从而让进入产酸期的菌体细胞膜通透性增加，有利于谷氨酸的外泌。研究表明，菌体摄取生物素的速度很快，而且摄取量远高于菌体繁殖所需的生物素量。因此，培养液中残剩的生物素量很少，而菌体内的生物素随着分裂逐渐由丰富转向贫乏。曾有人用乳糖发酵短杆菌进行实验，发现培养前期的菌体生物素量可达 20 μg/g 干菌体，培养后期，菌体内的生物素量只有 0.5 μg/g 干菌体，此时菌体停止生长，继续培养就会积累谷氨酸。在生物素限量下，大约有 92% 谷氨酸会排出体外，而在生物素丰富的环境下，大约只有 12% 谷氨酸排出细胞外。所以糖蜜并不是谷氨酸发酵的理想碳源，若必须以糖蜜为碳源，则需在培养后期流加一定浓度的青霉素或表面活性剂，以破坏细胞壁结构，让细胞适度膨胀，提高膜的通透性。

2. 温度的调控

发酵从本质上讲是一个放热反应，发酵过程中会有大量发酵热产生，再加上机械搅拌产生的热量，会使温度逐渐升高。发酵初期，菌体量少，产生的热量也少。对数生长期菌体代谢旺盛，呼吸作用强烈，温度上升快，因此必须及时打开冷却水，控制温度。发酵后期菌体已停止生长，主要靠酶系进行发酵，产生的热量不多，温度变化不明显。

温度对发酵的影响是多方面的。从酶反应动力学上看，温度升高，反应速度加快，但若超过最适作用温度，酶易受热失活，使发酵周期延长。温度还通过影响发酵液的物理性质、影响底物和氧气在发酵液中的溶解性等，间接影响发酵。

谷氨酸发酵的长菌阶段应在菌体生长的最适温度下进行，宜将温度控制在 30 ~ 32℃。如果温度过高，菌体就容易衰老，发酵参数上表现为吸光度增长慢、糖耗慢。一旦遇到这种情况，应及时降低温度，同时采取小通风、少量多次添加尿素的方式来促进菌体的生长，必要时可补加菌种，并补充生物素。发酵中后期菌体已停止生长，需将温度提高到

34～36℃，以促进谷氨酸的产生。

3. pH 的调控

pH 对微生物的生长和代谢产物的积累都有重要的影响。pH 不仅影响菌体的活性，还会影响细胞膜的透性，从而影响营养物质的吸收和代谢产物的排出。谷氨酸产生菌的适宜生长 pH 为 6.5～8.0，根据不同的发酵菌株而异。而产酸阶段应在微碱性的条件下进行，因为在 7.0～8.0 时积累的是谷氨酸；若在酸性条件下（pH 5.0～5.8）发酵，积累的则是谷氨酰胺。

谷氨酸发酵过程中培养液的 pH 会不断变化。在以尿素为氮源的发酵中，尿素被脲酶分解后，释放出氨，使 pH 升高。菌种脲酶活性越强，溶解氧浓度越大，pH 上升就越快。一旦 pH 超过 8.5，反过来会抑制菌体活性，使发酵延滞。因此，尿素添加以少量多次为宜。氨的同化利用，特别是后期谷氨酸的生成，又会使 pH 下降。因此需要不断补充尿素（或液氨）来补充氮源，并调节 pH。

4. 通风和搅拌的调控

谷氨酸发酵是有氧发酵，生长和代谢都需要氧气，但不同阶段对氧气的需求并不一样。菌体生长期对氧气的需求相对较低，产酸期需要开放 TCA 循环以合成 α - 酮戊二酸，因此需要大量氧气。发酵罐中的溶解氧水平主要由通风量、搅拌转速和罐压协同决定。

（1）罐压：整个发酵过程中发酵罐都处于带压状态。这不仅可防止杂菌污染，还可增加罐内氧分压，提高氧气利用率。发酵罐的设计压力一般为 0.3 MPa，实际使用压力为 0.1 MPa，学生实验时建议采用 0.05～0.08 MPa。

（2）搅拌：氧气的分布与搅拌器的型式、桨叶直径、搅拌器在发酵罐内的相对位置有关。桨叶直径大、转速快，溶氧系数就高。搅拌可产生剪切力，在丝状菌发酵时应控制好转速，不能太快，否则菌丝易断裂。转速对谷氨酸产生菌菌体的影响不大。

（3）风量：罐压恒定的情况下，提高风量可增加培养基的氧分压。风量通常用发酵液体积与每分钟通入空气体积的比值来衡量。如风量 1：0.5 就表示每分钟每立方米发酵液中通入 0.5 m³ 空气。罐压恒定时，进风量与排风量相当，可用安装在发酵罐尾气排放口的空气流量计来指示风量。

5. 泡沫的控制

泡沫的产生与发酵液的特性，如组分、黏度等相关，也与发酵参数，如罐压、搅拌转速、风量等相关。泡沫过多，会引起发酵液溢出，不仅造成浪费，也会增加污染率；泡沫过多，还会影响氧气的传递。因此，发酵过程中应尽可能避免泡沫的产生。

但泡沫的产生是必然的，特别是在黏度高、蛋白质丰富的发酵液中。发酵工业中常用两种方法来消除产生的泡沫。

（1）机械消泡：是一种借机械力将泡沫打破或借压力变化使泡沫破裂的方法。常用安装在搅拌轴上的耙式消泡装置来实现消泡。其优点是不需要添加化学物质，节省原料，减少污染概率；缺点是不能从根本上消除引起泡沫的内因，消泡效果相对较差，还需要消耗一定动力。

（2）化学消泡：是一种借助化学试剂来消除泡沫的方法。优点是作用迅速，消泡效果好、用量少；缺点是会增加染菌的风险，用量过多还会影响氧气的传递，影响菌体代谢。

生产上常根据发酵液性质来选择不同的消泡剂。最常用的是聚醚类消泡剂，它是一类非离子型表面活性剂，热稳定性高，其分子中的疏水基团和亲水基团能在发泡介质中良好铺展，能有效促进泡沫的破裂。

八、谷氨酸的回收

工业上常用等电点法来回收谷氨酸。该法操作简单，不需要特别的设备。有些厂家还兼用离子交换法、电渗析法来富集洗涤液或母液（谷氨酸结晶后残留的发酵液）中的残剩谷氨酸，以提高收得率。

等电结晶是在放罐后的发酵液中直接滴加盐酸，逐步将 pH 调整到谷氨酸的等电点（pH 3.22），使谷氨酸因过饱和而结晶析出的过程。如果把发酵液中的菌体除去后再调节 pH，效果会更好。等点回收过程中加酸的速度应先快后慢，待晶核形成时应暂停加酸，维持该 pH 一定时间，使晶体慢慢长大，以形成较大的斜方六面体结晶，即 α 晶体（图2-9）。如果加酸过快，形成的晶体小而多，易连接成羽毛状的 β 晶体（图 2-10）。α 晶体颗粒大、纯度高，易与母液分离，因而是一种理想的结晶；β 晶体颗粒小、纯度低、难沉降，不易与母液分离，会造成回收困难。

影响谷氨酸结晶的因素有很多，主要有以下几方面：

1. 发酵液中谷氨酸的含量

发酵液中谷氨酸含量大于 4% 时较易形成结晶，回收率可达 60% 以上；如果发酵液

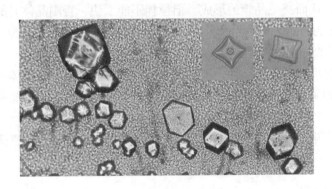

图 2-9　α 晶体（放大 100 倍）

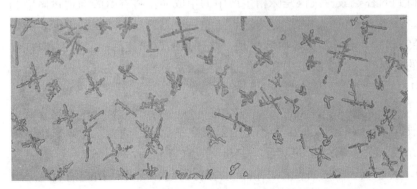

图 2-10　β 晶体（放大 100 倍）

中谷氨酸含量只有 3.5%，需要低温下才能形成结晶。

2. 温度

低温有利于谷氨酸结晶析出。要形成 α 型结晶，温度必须控制在 30℃以下。最好在加酸过程中缓慢降低发酵液的温度，以控制晶核数量，到达等电点后维持 3～5 h。需要注意的是结晶本身是一个放热过程，要防止因放热导致的温度回升而使结晶重溶解。

3. 残糖含量

残糖含量越高，发酵液的密度就越大，就越不利于结晶的沉降。此外，残糖高会倾向于 β 晶体的形成，降低收得率。

4. 加酸速率

缓慢加酸使谷氨酸的溶解度逐渐降低，形成的晶核就不会太多；加酸过快，局部区域会形成过饱和状态，瞬间形成大量晶核。所以等电回收时前期加酸可稍快，中期（晶核形成期）加酸要缓，后期（快到 pH 3.2 时）加酸要慢。

5. 养晶育晶

养晶育晶是谷氨酸不断在晶核上聚集沉积，使微小晶核育成较大晶粒的过程。当 pH 下降到 5.0 后，要经常用载玻片蘸取少量发酵液，在显微镜下观察是否有晶核形成。若已形成晶核，则应停止加酸，在缓慢搅拌下养晶育晶 2 h。

6. 搅拌

适当搅拌可使发酵液的温度和 pH 均匀下降，形成的晶体大小一致；搅拌还可以减少粒子之间的粘连，从而避免晶簇的形成。但搅拌不能太快，否则晶体易磨损溶解。搅拌转速以 23～30 r/min 为宜。

7. 晶种的添加

在晶核形成前投放一定量晶种，则谷氨酸会沉积在晶种上，使晶体不断长大，形成较大的结晶颗粒。如果发酵液中的谷氨酸含量大于 5%，在 pH 4.5 时投晶种较为适宜；如果谷氨酸含量只有 3.5%～4.0%，则在 pH 下降到 4.0 时投晶种较为适宜。

此外，发酵结束时发酵液的 pH、发酵液中谷氨酰胺的含量、水解糖液质量等也会影响晶体的形成。

九、味精的制备

从发酵液中回收得到的谷氨酸，仅仅是味精生产中的半成品。将谷氨酸与适量碱中和后生成的谷氨酸一钠，其溶液经脱色、除杂、浓缩、结晶后得到的晶体才是我们需要的味精（味素）。谷氨酸经中和后，酸味消失，鲜味呈现，是理想的调味佳品；但若中和过度，将生成没有任何鲜味的谷氨酸二钠。所以中和操作是味精制备过程中的关键步骤。味精制备的工艺流程见图 2-11。

1. 中和

谷氨酸的中和一般选择与碳酸钠反应，而不是与氢氧化钠反应。因为工业氢氧化钠中常含有较多的氯化钠杂质，会影响结晶的质量。中和反应宜将 pH 控制在 6.7～7.0，一旦中和液的 pH 超过 7.0，会形成较多的谷氨酸二钠，也容易引起谷氨酸一钠的消旋化反应（由 L 型转变成 D 型）。

图 2-11　味精制备的工艺流程

中和反应宜控制在 60℃下进行。温度低谷氨酸的溶解度就小，需要较多的水才能将谷氨酸溶解，这样就会增加谷氨酸一钠结晶的难度。操作时应将谷氨酸先溶解在热水中，逐步加入碳酸钠，完成中和。如果将谷氨酸逐步加至碳酸钠溶液中，则会生成较多的 DL-谷氨酸，造成鲜味下降。

2. 脱色

如果味精成品中含有铁，色泽就会发黄，影响品质。我国国家标准规定，99% 的味精中铁含量应在 5 mg/kg 以下。现代发酵已用不锈钢发酵罐代替铁质发酵罐，应该不存在铁含量超标的问题。但发酵原料，特别是水解糖中常含有色素等杂质，致使中和液呈淡黄色，如果不加去除，会影响味精成品的色泽和纯度。工业上常用活性炭对中和液进行脱色，脱色温度一般控制在 50~60℃，pH 控制在 7.0 左右。虽然脱色效果在 pH 4.5~5.5 时更好，但在酸性条件下谷氨酸的溶解度较低，溶解谷氨酸需要更多的水，不利于以后的浓缩。脱色时间以 30 min 为宜，脱色过程中适当的搅拌（60 r/min）有利于扩散运动的进行。

3. 浓缩和结晶

谷氨酸钠在水中的溶解度很大，想要析出结晶，必须先除去大量水分，使溶液处于过饱和状态。浓缩就是将低浓度溶液除去一定量溶剂变为高浓度溶液的过程。生产上常用减压蒸发法来浓缩谷氨酸钠溶液，即通过降低气相压力使溶剂的沸点降低，加快溶剂的蒸发。如在 65℃、650 mmHg 的真空度下进行减压浓缩，不但可缩短浓缩时间，还可避免谷氨酸钠脱水环化。浓缩后再缓慢冷却，溶液就由原来的不饱和状态逐渐转变成过饱和状态。

结晶是从液相或气相中析出具有一定形状、一定分子（原子、离子）排列规律的晶体的过程，常常是某种较纯净物质以晶格形式从过饱和溶液中析出的现象。晶体的形成分为两个阶段，起晶（晶核形成）阶段和养晶（晶体成长）阶段。起晶的方式也有两种，第一种是自然起晶，是将溶液蒸发浓缩后使之进入介稳区而自然产生晶体的方式；另一种是刺激起晶，溶液蒸发浓缩至接近过饱和状态时，添加一定数量的晶种，使超过溶解度的那部分溶质不断在晶种表面生长，使晶体不断长大的方式。晶核形成后，需要保持一定条件使晶体不断长大。

4. 回收与干燥

晶体的回收一般采用三足式离心机离心分离，转速控制在 1 000~1 500 g，回收得到的晶体最好用 50℃左右的温水淋洗一次，以溶去表面的细晶和伪晶，增加晶体光泽，用水量约为晶体量的 6%~10%。回收得到的晶体含水量大约 2%，需在 60℃烘干至含水量小于 0.2% 时才可包装上市。

Ⅲ. 实验室谷氨酸发酵

谷氨酸是第一个用发酵法生产的氨基酸。谷氨酸发酵是典型的代谢控制发酵，其发酵周期在 36 h 左右，适合对学生进行技能训练。建议 30 人左右为一个班，分成若干小组，轮流值班。实验室最好能配备 3 套发酵罐，以 50～70 L 为宜，要求罐体及管道阀门系统与生产用罐基本一致，以利于学生对发酵罐管道系统的理解。

实验室谷氨酸发酵所需的主要设备有：发酵罐及其控制系统 3 台套、蒸汽发生器（45 kW）1 台、空压机（500 L/min）1 台、蠕动泵 3 台、水环式真空泵 3 台、超净工作台 3 台、旋转式蒸发器 3 台、恒温摇床 3 台、生化培养箱 1 台。

本实验需连续进行 36 h，学生轮流值班进行发酵分析与过程控制，将分析所得结果填入表 2–1 中

表 2–1　谷氨酸发酵实验记录表

日期：

时间 /h	0	1	2	3	4	5	6	7	8	9	10	11	12	13	14	15	16	17	18
残糖																			
A_{560}																			
尿素																			
流加																			
pH																			
加糖																			
记录人																			

时间 /h	19	20	21	22	23	24	25	26	27	28	29	30	31	32	33	34	35	36
残糖																		
A_{560}																		
尿素																		
流加																		
pH																		
加糖																		
记录人																		

实验 2–1　谷氨酸发酵菌种的制备 ▶

一、实验目的

1. 了解发酵菌种的制备工艺和质量控制方法。

2. 为实验室发酵谷氨酸准备菌种。

二、实验原理

谷氨酸发酵是纯种发酵，接种量一般为培养基体积的 1% 左右。对于工业化生产来说，发酵前必须进行菌种扩大培养，为发酵生产准备足量的种子。菌种扩大应逐级进行，从斜面菌种转接到一级菌种培养基中，培养至对数生长期后，再将一级菌种转接到二级菌种培养基中。

斜面菌种一般由原种（零代菌种）转接而成，待培养成熟后检查菌苔的生长情况，在确保没有杂菌污染的前提下使用。斜面菌种可放于冰箱保存 3 个月。为了避免菌种退化影响产量，生产上使用的斜面菌种一般不超过 3 代（转接不超过 3 次）。

一级菌种的制备目的主要是为了获得大量高活性的菌体，通常由斜面菌种接入液体培养基后摇瓶培养而成。对谷氨酸发酵而言，一般在 1 000 mL 三角瓶中装 200 mL 培养基，接种后 32℃、180 r/min 培养 12 h 即可。

二级菌种的制备目的是为了获得与发酵罐体积和培养条件相称的高活性菌体。生产上一般用种子罐来培养，其制备量为发酵培养基用量的 1% ~ 10%。实验室发酵时也可在三角瓶中进行，接种后 32℃、180 r/min 培养 7 ~ 8 h 即可。要求显微镜下检查无任何污染迹象，菌体大小均匀、呈棒状略有弯曲、单个或"八"字形排列。

三、实验材料、试剂与仪器

1. 培养基

斜面培养基：牛肉膏 1%，蛋白胨 1%，葡萄糖 0.1%，NaCl 0.5%，琼脂 2%，pH7.0。

一级种子培养基：葡萄糖 2.5%，尿素 0.5%，$MgSO_4 \cdot 7H_2O$ 0.04%，K_2HPO_4 0.1%，玉米浆 2.5%，$FeSO_4$ 0.000 2%，$MnSO_4$ 0.000 2%，pH 7.0。

二级种子培养基：葡萄糖 2.5%，尿素 0.34%，$MgSO_4 \cdot 7H_2O$ 0.043%，K_2HPO_4 0.16%，糖蜜 1.16%，$FeSO_4$ 0.000 2%，$MnSO_4$ 0.000 2%，消泡剂 0.008 6%，pH 7.2。

上述培养基制备后，0.08 MPa 灭菌 30 min。

2. 器材

高压蒸汽灭菌锅、恒温摇床、培养箱、显微镜、抽滤瓶、三角烧瓶、试管等。

四、实验步骤

1. 斜面种子的制备

按配方配制斜面培养基，融化后分装试管，装量为试管高度的 1/5，灭菌后冷却制成斜面，斜面高度为试管高度的 1/2。制好的斜面在 37℃ 温箱中空培 24 h，看是否有杂菌生长。在检查无菌的斜面上挑取原种上的菌苔（或冻干粉）少许进行"之"字形划线，32℃培养 24 h，制成斜面菌种。

2. 一级种子的制备

按配方配制一级种子培养基，在 1 000 mL 三角瓶中装培养基 200 mL，8 层纱布封口后灭菌。冷却后接入 1/3 斜面菌苔（一支斜面菌种接 3 瓶），30℃、180 r/min 摇瓶培养

12 h。要求 560 nm 下光密度增加值大于 0.5 OD，残糖 0.5% 以下，pH 6.4 ± 0.1。

3. 二级种子的制备

按配方配制二级种子培养基，装入种子罐中（实验室小规模发酵时可用多个三角瓶来代替，制备方法同一级菌种）。灭菌并冷却后，接入一级菌种，接种量为 10%（200 mL 培养基中接入一级菌种 20 mL），32℃、180 r/min 摇瓶培养 7~8 h。要求无杂菌或噬菌体污染，560 nm 下的光密度增加值大于 0.6 OD（或活菌数大于 1 亿个 /mL），pH 7.2。

4. 并种

如果没有种子罐，可用多个三角瓶来制备二级种子。为了避免接种时发生污染，二级种子在接入发酵罐前最好合并在一个瓶子里。建议在无菌室的超净工作台中将 5 瓶二级种子（共 1 100 mL）并入一个灭过菌的抽滤瓶中。

五、注意事项

1. 硫酸亚铁和硫酸锰的用量少，可先配成 1% 母液，按需要量吸入。
2. 菌种制备过程中应严格遵循无菌操作规程，杜绝杂菌污染或噬菌体污染。
3. 尿素在高温下会有部分分解，有条件的实验室可过滤灭菌后加入。
4. 二级菌种培养过程中 pH 先会上升到 8.0 左右，然后逐步降低，待 pH 降到 7.2 时，可结束培养，进行并种。

六、思考题

1. 为什么一级种子的 pH 在 6.4 左右，而二级种子培养至 pH 7.2 时即可结束？
2. 并种的目的是什么？

实验 2-2　发酵罐的构造及空罐灭菌

一、实验目的

1. 了解发酵罐的罐体构造和管道系统。
2. 掌握发酵罐及其管道系统的灭菌方法。

二、实验原理

谷氨酸发酵是有氧发酵，发酵罐由罐体、蒸汽管道、空气管道、加料出料管道等组成，在实验之前必须先对发酵罐及其管道系统进行灭菌（俗称空消）。

微生物虽然是一个复杂的高分子体系，但受热死亡是由于蛋白质变性所致。在一定温度下微生物热死遵循分子反应速度理论，即微生物的死亡速率与任一瞬间残存的活菌数成正比，这称为对数残留定律。

$$\mathrm{d}N/\mathrm{d}t = -kN$$

式中：$\mathrm{d}N/\mathrm{d}t$ 为微生物瞬间死亡速率（个 /min）；

　　　k 为微生物死亡速率常数（min^{-1}）；

N 为残余的活菌数。

积分得 $$\int \mathrm{d}N/N = \int - k\mathrm{d}t$$

即 $$\ln N_t - \ln N_o = - kt$$

$$t = - (\ln N_t/N_o)/k = - (2.303 \lg N_t/N_o)/k = (2.303 \lg N_o/N_t)/k$$

式中：N_t 为经 t 时间灭菌后残余的菌数；

N_o 为开始灭菌时的原有活菌数。

上面的公式中有两点值得注意：

（1）活菌计数：由于营养菌体不耐热，一般以芽孢菌数或芽孢数作为计算的依据。

（2）灭菌程度：即残留菌数。如果彻底灭菌即 $N_t = 0$，从理论上讲灭菌所需的时间应为无穷大，事实上这是不可能的。一般采用 $N_t = 0.001$，即允许 1 000 次灭菌中有一次失败的机会。若采用 D 来表示 1/10 衰减时间，则 $D = 2.303/k$ 或 $k = 2.303/D$。测出了 D 后就可根据上式求出灭菌速率常数 k。

三、实验材料、试剂与仪器

蒸汽发生器、发酵罐及控制系统、空气压缩机。

四、实验步骤

本实验相关的设备总装图和管路图见图 2-12 和图 2-13，现以 70 L 发酵罐（图 2-13）为例来介绍灭菌过程。

1. 空气过滤器及空气管路系统的灭菌

（1）灭菌前先关闭所有阀门；

（2）打开 R5 和 R6，将夹套连通大气；

（3）接通蒸汽发生器进水管路，打开蒸汽发生器电源，关闭其出汽阀，使蒸汽压力上升到 0.3 MPa；

（4）按顺序打开 F2（微开即可）和蒸汽发生器的出汽阀门，然后打开 F1，排出管道内冷凝水；

（5）按顺序打开 F5 及 F7（两者都微开），打开 F3 及 F4，对一级空气过滤器进行灭菌；

（6）按顺序打开 F20（微开即可）和 F18，对二级空气过滤器进行灭菌；

（7）灭菌时间为 20 min，要求蒸汽发生器上压力表的指示始终大于 0.15 MPa；

（8）灭菌结束后，打开 F6，让无菌空气进入。关闭 F7，微开 F5、F18，维持 20 min，将过滤器吹干（若使用的是金属过滤器，可不用吹干）；

（9）关闭 F5 和 F18，对空气管道进行保压。

2. 发酵罐的灭菌

（1）打开 R2、R5 和 R6，放空夹套内冷却水，使夹套连通大气；

（2）按顺序微开 F10、F8 和 F25；

（3）按顺序打开 F13、F14 和 F9，对取样管道进行灭菌，并使蒸汽进入发酵罐；

（4）按顺序打开 F19 和 F17，对进气管道进行灭菌，并使蒸汽进入发酵罐；

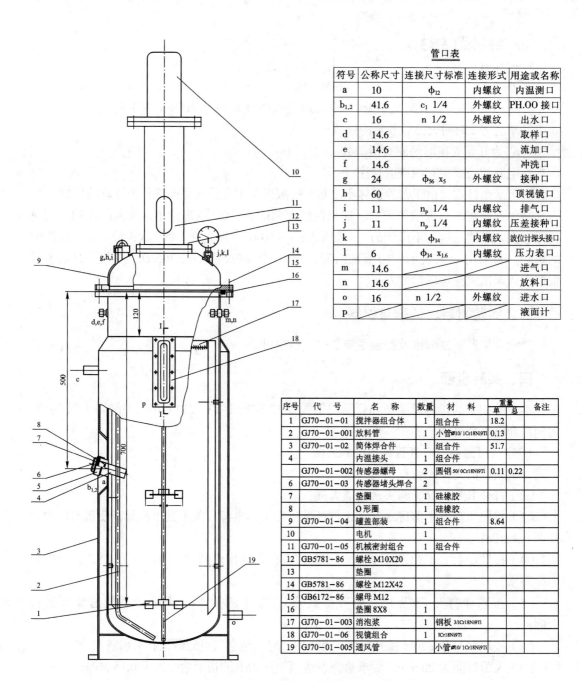

管口表

符号	公称尺寸	连接尺寸标准	连接形式	用途或名称
a	10	ϕ_{12}	内螺纹	内温测口
$b_{1,2}$	41.6	c_1 1/4	外螺纹	PH.OO 接口
c	16	n 1/2	外螺纹	出水口
d	14.6			取样口
e	14.6			流加口
f	14.6			冲洗口
g	24	ϕ_{56} x_5	外螺纹	接种口
h	60			顶视镜口
i	11	n_p 1/4	内螺纹	排气口
j	11	n_p 1/4	内螺纹	压差接种口
k		ϕ_{14}	内螺纹	波位计探头接口
l	6	ϕ_{14} $x_{1.6}$	内螺纹	压力表口
m	14.6			进气口
n	14.6			放料口
o	16	n 1/2	外螺纹	进水口
p				液面计

序号	代 号	名 称	数量	材 料	重量 单	重量 总	备 注
1	GJ70-01-01	搅拌器组合体	1	组合件	18.2		
2	GJ70-01-001	放料管	1	小管 Ø10/ 1Cr18Ni9Ti	0.13		
3	GJ70-01-02	筒体焊合件	1	组合件	51.7		
4		内温接头	1	组合件			
	GJ70-01-002	传感器螺母	2	圆钢 50/ 0Cr18Ni9Ti	0.11	0.22	
6	GJ70-01-03	传感器堵头焊合	2				
7		垫圈	1	硅橡胶			
8		O 形圈	1	硅橡胶			
9	GJ70-01-04	罐盖部装	1	组合件	8.64		
10		电机	1				
11	GJ70-01-05	机械密封组合	1	组合件			
12	GB5781-86	螺栓 M10X20					
13		垫圈					
14	GB5781-86	螺栓 M12X42					
15	GB6172-86	螺母 M12					
16		垫圈 8X8	1				
17	GJ70-01-003	消泡浆	1	钢板 3/1Cr18Ni9Ti			
18	GJ70-01-06	视镜组合	1	1Cr18Ni9Ti			
19	GJ70-01-005	通风管		小管 Ø10/ 1Cr18Ni9Ti			

图 2-12 实验室用 70 L 发酵罐总装图

（5）按顺序打开 F21 和 F23，对流加管道进行灭菌，并使蒸汽进入发酵罐；

（6）按顺序打开 F22 和 F24，对放料管道进行灭菌，并使蒸汽进入发酵罐；

（7）灭菌时间为 20 ~ 30 min，灭菌结束后依次关闭 F9、F23、F24、F14、F17；打开 F8，排尽发酵罐内蒸汽，避免产生负压；

（8）依次关闭 F10、F25、F20、F13、F19、F2、F11、F22、F21 和 F1。

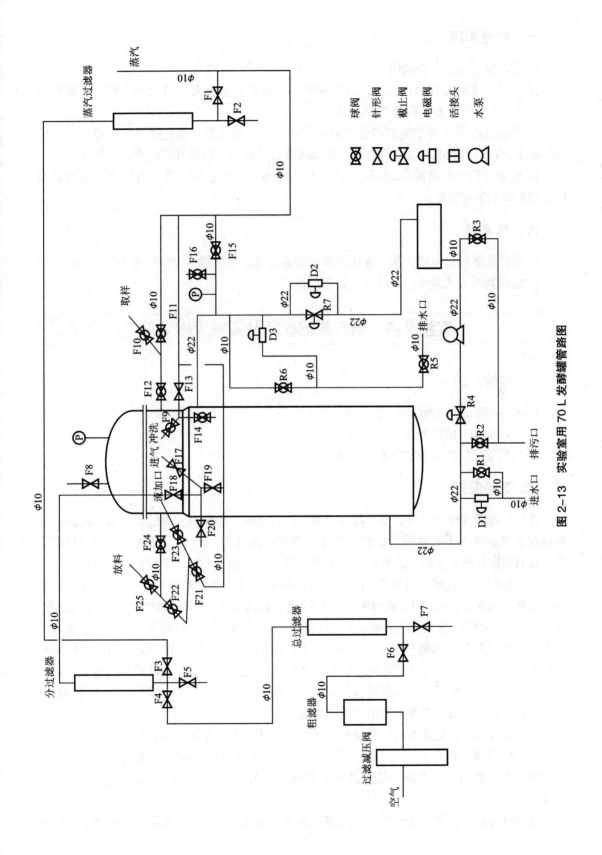

图 2-13 实验室用 70 L 发酵罐管路图

五、注意事项

1. 蒸汽温度高，当心烫伤。

2. 空罐灭菌时允许蒸汽直接进入发酵罐内，但必须将夹套接通大气，防止高温将冷却水气化后产生的压力将夹套挤破。

3. 升温过程中须将控制器的各个开关置于"关"的位置，或直接将控制器置于"停机"状态，否则当温度超过设定值时，冷却水会自动打开，影响升温速度，浪费蒸汽。

4. 灭菌过程中应将罐压控制在 0.11～0.12 MPa，严禁超压。罐压的控制可通过调节 F8、F11 和 F12 来实现。

六、思考题

1. 为什么要进行空罐灭菌？保压过程中若遇停电应怎样进行应急处置？

2. 如何判断灭菌时罐内的冷空气是否已排尽？

实验 2-3　培养基的配制及实罐灭菌 ▶

一、实验目的

1. 进一步熟悉发酵罐的构造。

2. 学习实罐灭菌的方法。

3. 为谷氨酸发酵准备发酵原料（培养基）。

二、实验原理

谷氨酸发酵过程可分为长菌阶段和产酸阶段，这两个阶段对营养的要求是不同的。培养基配制时主要考虑长菌阶段的营养需求，至于产酸阶段的营养，可通过流加补料来满足。谷氨酸棒杆菌生长所需的营养物质主要有碳源、氮源、无机矿质元素和维生素等。

培养基配好后就要进行灭菌。发酵培养基的灭菌受许多因素的影响。pH 中性时微生物最耐热，偏酸或偏碱使 H^+ 或 OH^- 渗入细胞内，促其死亡；高浓度的有机物会在细胞周围形成一层保护膜，影响热量的传入，所以培养基中存在油脂、糖类及蛋白质时应适当提高灭菌温度或延长灭菌时间。对于含固形物多的培养基，灭菌温度应适当提高，特别是颗粒大于 1 mm 时，杂菌包于颗粒内难于被杀死，应提高灭菌温度或将颗粒过滤除去。另外，含大量蛋白质和淀粉的培养基容易起泡沫，泡沫中的空气形成一隔热层，使热量难于穿透，影响灭菌效果，应加少量消泡剂消除泡沫。

在灭菌过程中，培养基的营养成分也会遭到破坏，尤其是氨基酸、维生素、葡萄糖等组分。一般说来，随着温度的上升，菌死亡速率大于养分破坏速率。所以提高灭菌温度可以缩短灭菌时间，并可减少培养基养分的破坏。高温短时间灭菌是培养基灭菌的发展方向。

灭菌时将培养基置于发酵罐内，用蒸汽加热，达到灭菌温度后维持一段时间，再冷却到发酵温度，然后接种进行发酵，这种原料的灭菌和微生物的发酵在同一罐中进行的灭菌方式称为实罐灭菌，俗称实消。其优点是设备简单、操作方便。但加热和冷却的过程较长，无法采用高温短时间灭菌方式，致使发酵罐的利用率较低、生产周期较长。实罐灭菌主要适用于规模较小的发酵罐和起泡性强、黏度大、含固形物多的培养基。

三、实验材料、试剂与仪器

1. 培养基

培养基配方：葡萄糖 130 g/L，硫酸镁 0.6 g/L，磷酸氢二钾 1 g/L，糖蜜 3 g/L，氢氧化钾 0.4 g/L，玉米浆粉 1.25 g/L，消泡剂 0.1 g/L，$MnSO_4$ 和 $FeSO_4$ 各 0.002 g/L，pH 7.0。

2. 仪器

蒸汽发生器、发酵罐（50 L 或 70 L）、空压机、配料桶等。

四、实验步骤

1. 培养基的配制

70 L 发酵罐定容至 50 L，50 L 发酵罐定容至 35 L，实际配料时，定容到预定体积的 80% 左右（即 70 L 发酵罐定容至 40 L），另 20% 体积为冷凝水和种子液预留。

按预定体积的配比称量，各成分溶解后，加水至预定体积的 80%，混匀。打开罐盖上的加料口，将培养基加入发酵罐内。拧紧加料口螺母（注意：不要拧得太紧，否则会损坏密封圈），进行实罐灭菌。

实罐灭菌温度为 121℃，维持时间 5 min。

另配 400 g/L 尿素溶液，装在 1 000 mL 三角瓶中，每一瓶装 800 mL，0.05 MPa 高压蒸汽灭菌 30 min，备用。

2. 实罐灭菌

（1）开启搅拌，调节转速为 250 r/min，匀速搅动培养基，使培养基均匀地升温。

（2）打开进夹套的蒸汽阀和夹套下排水阀，让蒸汽先进夹套加热，以减少发酵罐内冷凝水的产生。当罐内培养基温度升到 90℃时，关闭进夹套蒸汽阀，开启进发酵罐内的蒸汽阀，让蒸汽直接进入发酵罐内，升温到 121℃。

（3）灭菌过程中，应时刻注意罐压，并控制在 0.1 ~ 0.11 MPa。罐压的控制可通过调节进（蒸）汽阀和排气阀来实现（排气阀微开）。

（4）实罐灭菌时间为 5 min。到时间后，关闭进汽阀，夹套通冷却水冷却。

（5）当发酵罐的罐压降至 0.03 MPa 时，开启进气阀，使无菌空气进入发酵罐内，保持罐压在 0.03 ~ 0.05 MPa。

（6）当罐内温度降至 70℃以下时，调节搅拌电机的调速器，慢速搅动培养基（100 r/min）；注意观察罐内压力，通过调节进气（无菌空气）阀和排气阀，维持罐压在 0.03 ~ 0.05 MPa。

（7）培养基冷却至 40℃左右时，通过蠕动泵流加尿素，添加量为培养基体积的 0.6% ~ 1.0%（按菌种的脲酶活性大小和菌体同化能力的大小而定），然后接种。

五、注意事项

1. 蒸汽温度高，当心烫伤。

2. 实罐灭菌时产生的冷凝水与蒸汽压力和环境温度有关，因此培养基配制时应预留出冷凝水的体积，最好作一预备实验确定配料时的实际定容量。

3. 升温过程中不要打开温控仪上的开关，否则会自动接通冷却水，不但影响灭菌速度，浪费蒸汽，还会产生大量冷凝水，改变培养基浓度。

4. 灭菌结束后，培养基冷却时罐内温度会不断下降，接近100℃时必须开启进气阀，让无菌空气进入发酵罐内，否则水蒸汽冷凝后会造成发酵罐内负压，可能引起杂菌污染，甚至损坏发酵罐。

5. 尿素进行高压蒸汽灭菌时会有部分分解，但不影响使用，有条件的实验室可进行过滤灭菌。

六、思考题

1. 实罐灭菌时为什么蒸汽要先通到夹套内，直到温度上升至90℃后才通入发酵罐内？

2. 实罐灭菌过程中是否应将搅拌器打开？为什么？

3. 进气阀和进汽阀有何异同（提示：这里的汽指水蒸气，气指空气）？

实验2-4　谷氨酸发酵及其控制 ▶

一、实验目的

1. 了解补料分批发酵的原理。

2. 掌握谷氨酸的中糖发酵工艺及其控制方法，了解谷氨酸的高糖流加发酵工艺。

二、实验原理

中糖发酵是一种将初始糖浓度控制在 $11\% \sim 13\%$（m/V），所有糖在配制培养基时一次性加入的发酵方法。由于发酵所需的氮源——尿素或液氨呈碱性，如果一次性加入，势必造成 pH 过高，因此氮源的供给以补料流加为好，根据发酵液 pH 的变化适时添加氮源。当以尿素为氮源时，以分批流加为好，将发酵醪的 pH 控制在 $7.1 \sim 8.5$；如果用液氨作氮源，最好采用连续流加方式，将发酵醪的 pH 稳定在 $7.5 \sim 8.0$。

培养基中碳氮源越丰富，发酵产生的谷氨酸就越多。但碳源一次性加入过多，势必造成培养基渗透压偏高，不利于菌体的生长和代谢。为此，科研工作者开发出高糖流加发酵工艺。该工艺的初始糖浓度相对较低，待发酵液中的残糖降到 $4\% \sim 5\%$ 时，分批或连续流加高浓度糖浆（$40 \sim 60$ g 葡萄糖/100 mL），并保持糖的流加量和消耗量基本一致。此法所消耗的总糖可达 20% 左右，产酸量在 12% 以上。

发酵的过程控制对产量的影响很大。在合适条件下谷氨酸棒杆菌能将60%以上的糖转化为谷氨酸；如果发酵条件不适宜，则产酸量很少。因此，发酵过程中要不断调节工艺参数，将发酵控制在产酸的轨道上。

三、实验材料、试剂和器材

发酵罐、空压机、蠕动泵、尿素（或液氨）、糖浆等。

四、实验步骤

1. 接种

可选择以下方式之一接种，将实验 2-1 制备的二级种子接入发酵罐中。

（1）火焰封口法：适用于小型发酵罐。操作步骤为：①关小进气阀和排气阀，将罐压维持在 0.01 MPa；②在灌顶接种口周围缠上酒精棉，点燃；③用钳子旋开接种口的盖子，浸于 75% 酒精中；④将制备好的二级菌种快速倒入发酵罐内；⑤盖上接种口的盖子，旋紧。

（2）压差接种法：是发酵厂常用的接种方法。操作步骤为：①将发酵罐流加口连接到种子罐的侧口管道上（实验室发酵时可用抽滤瓶代替），注意无菌操作；②将发酵罐罐压调整到 0.1 MPa，打开流加阀，使发酵罐与种子罐的压力达成平衡，然后关闭流加阀；③调节发酵罐排气阀，使发酵罐压力下降并维持在 0.01 MPa，使种子罐与发酵罐形成压力差；④打开流加阀，依靠压力差将种子压入发酵罐内；⑤重复以上操作，直到将所有菌种压入发酵罐为止。

（3）流加接种法：操作步骤同流加补料方法。具体为：①实罐灭菌前在流加口套上蠕动泵专用硅胶管（长约 1 m），硅胶管的另一头用 8 层纱布包扎，实罐灭菌时用蒸汽处理；②接种时将 8 层纱布解封，将已灭菌的硅胶管插入菌种瓶中，瓶口盖上纱布，防止污染；③用蠕动泵将菌种压入发酵罐内。

2. 谷氨酸的中糖发酵及其过程控制

在实验 2-3 实罐灭菌后冷却到室温的培养基中接入二级菌种，然后进行发酵过程控制。

（1）温度控制：谷氨酸发酵前期（0～12 h）为长菌期，温度应控制在 30～32 ℃；12 h 后进入产酸期，应将温度控制在 34～36 ℃。产酸期菌体代谢活跃，产发酵热较多，应适时开启冷却水降温，防止温度过高导致发酵迟缓。

（2）pH 控制：谷氨酸的产生会导致发酵醪 pH 下降，氮源的流加又会使 pH 升高。所以控制好 pH 是发酵成功的关键。长菌期的 pH 以不高于 8.2 为宜，产酸期的 pH 应控制在 7.1～8.5，最高不超过 pH 9.0。调控 pH 的手段主要有：①控制尿素（或氨水）流加量；②控制风量。在流加尿素时，以少量多次为宜，特别是在发酵接近尾声时。因为尿素需经脲酶分解产生氨后，pH 才会上升，如果一次添加过多，有可能使 pH 过高。一旦发现发酵醪的 pH 超过 8.5，应迅速减小进风量，通过减小菌体的代谢强度来降低脲酶活力。

待发酵液的残糖降到 0.5% 以下，可结束发酵，及时放罐。如果降糖缓慢，每小时的耗糖速率小于 0.15%，为了提高设备利用率，可在残糖 1% 时提前放罐。

3. 谷氨酸的高糖流加发酵及其控制

（1）流加糖浆的准备：配制 50% 葡萄糖溶液，装入 1 000 mL 三角瓶中，8 层纱布封口后 0.05 MPa 灭菌 30 min，冷却备用。

（2）在上述发酵过程中，待发酵液的残糖含量降到 5% 左右，用蠕动泵流加准备好的糖浆。流加的方式有两种：分批流加或连续流加。分批流加是每次流加约 1 000 mL 糖浆，当残糖浓度再度降至 5% 时，再次流加，如此重复，直到菌体活力降低，糖耗缓慢，pH 下降缓慢时停止流加，发酵至残糖 0.5% ~ 1% 时放罐。连续流加是控制流加速度，使菌体消耗的糖与输入的糖基本相等，发酵液残糖含量维持在 5% 左右。当菌体活力下降，不再适合继续发酵时停止流加，残糖消耗到 0.5% ~ 1% 时放罐。

高糖流加发酵过程中氮源的控制同中糖发酵。

4. 发酵过程分析

发酵过程中按以下频次进行发酵分析，并将结果记录于表 2–1 中。每小时测 1 次 pH、风量、还原糖含量、560 nm 的光密度（OD_{560}）和温度；发酵 12 h 后，每隔 4 h 测 1 次谷氨酸含量。

五、注意事项

1. 压差法接种属于带压作业，若用的是抽滤瓶，必须在瓶外套一个帆布袋，以防意外。

2. 发酵过程中 OD_{560} 会不断增大，超过分光光度计的量程，建议统一稀释 10 倍后测定。若采样后来不及测定，一定要将样品冷藏。

3. 高糖流加发酵时，原初发酵培养基的体积不能过多，要预留糖流加所占的体积。流加糖浆的浓度不宜高于 50%，否则糖易结晶析出，特别是在冬季。

4. 各组交接班过程中要做好衔接，确立测定标准，减少误差。

六、思考题

1. 为什么以尿素为氮源的发酵控制中，增加风量会导致发酵液 pH 的上升？

2. 发酵末期，糖耗速率会越来越慢，请解释其原因。

3. 火焰封口法接种时是否会将菌种烫死？

实验 2–5　发酵过程中还原糖的测定

一、实验目的

1. 学习谷氨酸发酵过程中还原糖的测定方法。
2. 了解发酵过程中糖的消耗规律。

二、实验原理

谷氨酸发酵过程中还原糖的消耗和谷氨酸的生成是衡量发酵是否正常的两个重要参数，还原糖降至 1% 以下，表明谷氨酸发酵接近完成。所以在发酵过程中要定时测定还原糖的含量，一般每小时测一次，并据此作出发酵的糖耗曲线。

斐林试剂由甲、乙液组成，甲液为硫酸铜溶液，乙液为氢氧化钠酒石酸钾钠溶液。甲、乙液混合时，硫酸铜与氢氧化钠反应，生成氢氧化铜沉淀。生成的氢氧化铜沉淀在酒石酸钾钠溶液中因形成络合物而溶解。其中的二价铜是一个氧化剂，能被还原糖还原，而生成红色氧化亚铜沉淀（详见实验 3-10）。在改良的廉 - 爱农法中，在斐林乙液中加入了亚铁氰化钾，使红色氧化亚铜与亚铁氰化钾生成可溶性的复盐，反应终点由蓝色转为浅黄色，更易判别。

三、实验材料、试剂及仪器

1. 斐林试剂

甲液：称取 3.5 g 硫酸铜（$CuSO_4 \cdot 5H_2O$），0.005 g 亚甲基蓝，用蒸馏水溶解并定容至 100 mL。

乙液：称取 11.7 g 酒石酸钾钠，12.64 g 氢氧化钠，0.94 g 亚铁氰化钾，用蒸馏水溶解并定容至 100 mL。

2. 0.1% 标准葡萄糖溶液

精确称取 1.000 0 g 经 105℃烘干至恒重的无水葡萄糖，用蒸馏水溶解后，加浓盐酸 5 mL，并用蒸馏水定容至 1 000 mL。

四、实验步骤

1. 斐林试剂的标定

预滴定：准确吸取斐林甲、乙液各 5 mL，置于 250 mL 三角瓶中，加蒸馏水 10 mL，放于电炉上加热至沸。加入 0.1% 标准葡萄糖溶液 24 mL，在沸腾状态下以每 2 s 1 滴的速度滴入标准葡萄糖溶液，至蓝色刚好消失为止（呈黄色），记下所消耗的标准葡萄糖总体积 V_1。

正式滴定：方法基本同上。斐林甲、乙液沸腾后，加入（V_1-1）mL 的标准葡萄糖溶液，然后在沸腾状态下以每 2 s 1 滴的速度滴入标准葡萄糖溶液，至蓝色刚好消失为止（呈黄色），记下所消耗的标准葡萄糖总体积 V_2。

2. 发酵液中还原糖含量的测定

预滴定：准确吸取斐林甲、乙液各 5 mL，置于 250 mL 三角瓶中，加发酵稀释液 10 mL（含葡萄糖 5 ~ 15 mg），放于电炉上加热至沸。在沸腾状态下以每 2 s 1 滴的速度滴入标准葡萄糖溶液，至蓝色刚好消失为止，记下所消耗的标准葡萄糖体积 V_3。

正式滴定：方法基本同上。斐林甲、乙液沸腾后，加发酵稀释液 10 mL（含葡萄糖 5 ~ 15 mg）和标准葡萄糖溶液（V_3-1）mL，放于电炉上加热至沸。在沸腾状态下以每 2 s 1 滴的速度滴入标准葡萄糖溶液，至蓝色刚好消失为止，记下所消耗的标准葡萄糖总体积 V_4。

3. 计算

发酵液中还原糖含量（以葡萄糖计，g/100 mL）=（V_2-V_4）× C × N × 10

式中：C 为标准葡萄糖溶液的浓度（g/mL），N 为发酵液的稀释倍数。

4. 记录

将计算结果记录于表 2-1 的"残糖"行中。

五、注意事项

1. 测定时要进行预滴定，以使反应体积和蒸发量保持一致。

2. 加斐林试剂后，应先煮沸再加发酵液或葡萄糖，若先加糖再煮沸，可能会产生黑色沉淀。

3. 发酵液的稀释倍数应适宜，最好稀释成糖浓度为 1 mg/mL 左右。若初糖浓度为 10%，即 10 g/100 mL，第一个样品应稀释 100 倍。

六、思考题

1. 滴定为什么要在沸腾状态下进行？

2. 如果边滴定边摇动三角瓶会对结果产生怎样的影响？

实验 2-6　发酵过程中谷氨酸的测定

一、实验目的

1. 了解发酵液中谷氨酸含量的测定方法。
2. 学习华勃氏呼吸仪的使用方法。

二、实验原理

传统上采用呼吸仪法进行发酵液中谷氨酸含量的测定，即利用谷氨酸脱羧酶将谷氨酸上的羧基脱下，然后用华勃氏呼吸仪测定产生的 CO_2 量，来推算谷氨酸含量。该法专一性高、结果可靠，但每次实验都要准备谷氨酸脱羧酶，且操作繁琐，需要的时间较长。如果将谷氨酸脱羧酶固定在一特定的电极上，利用固定化酶组装成一生物传感器，不但可重复利用谷氨酸脱羧酶，还可大大简化步骤，测定后的数据还可通过电子设备直接读出，非常方便，只是这类谷氨酸分析仪价格较贵。除了以上酶法测定外，还可用氨基酸分析仪来测定谷氨酸。该法的原理是利用流动相（缓冲液）推动样品流经阳离子交换色谱柱，样品中的谷氨酸与树脂中的交换基团进行离子交换，然后用不同 pH 的缓冲液洗脱，将谷氨酸与其他杂质分离开来。分离出的谷氨酸通过柱后茚三酮衍生（谷氨酸在可见光和紫外光区段没有吸收峰），生成的紫色化合物在 570 nm 具有最大吸收峰，且谷氨酸浓度与吸光度成正比，因此可计算出谷氨酸的含量。

本实验用传统的华勃氏呼吸仪法来测定谷氨酸含量。

三、实验材料、试剂与仪器

1. 试剂

（1）布氏检压液：称取牛胆酸钠 5 g，氯化钠 25 g，伊文氏（Evan）蓝 0.1 g，用少量水溶解后定容至 500 mL，用精密密度计测定密度，用水或氯化钠溶液调整密度至 1.033。

将此液用微量注射器注入洗净干燥的检压管下端的橡皮管中，约一月更换一次。

（2）2 mol/L 乙酸 – 乙酸钠缓冲液（pH 4.8 ~ 5.0）：称取乙酸钠（$CH_3COONa \cdot 3H_2O$）27.2 g，加水溶解，加乙酸调 pH 至 4.8 ~ 5.0，用蒸馏水定容至 100 mL。

（3）谷氨酸脱羧酶溶液：称取 L– 谷氨酸脱羧酶 2 g，溶解于 100 mL 0.5 mol/L 乙酸 – 乙酸钠缓冲液中（pH 4.8 ~ 5.0）。

（4）0.5 mol/L 乙酸 – 乙酸钠缓冲液：称取乙酸钠 68.04 g，用水溶解并定容至 1 000 mL，用冰乙酸调 pH 至 4.8 ~ 5.0。

2. 器材

华氏勃呼吸仪、1 mL 移液管、检压管、反应瓶等。

四、实验步骤

1. 检压管及反应瓶的准备

将检压管及反应瓶磨砂口上的高真空油脂用毛边纸擦拭干净，再用棉花沾少量二甲苯擦一次，用自来水洗净后用稀洗液浸泡约 3 h，用自来水洗净，蒸馏水淋洗 2 次，去水后低温烘干。

在检压管下端按上一干净的短橡皮管，橡皮管末端用玻璃珠塞住。将检压管固定在金属板上，在橡皮管内注入检压液。

打开三通活塞，旋动螺旋压板，调节检压液刻度，液柱必须连续，不能有气泡，两边高度应一致。

2. 发酵液的稀释

本法要求试样含谷氨酸 0.05% ~ 0.15%，否则反应生成二氧化碳太多，以致超过检压管刻度。如果发酵液含谷氨酸 6% ~ 8%，应稀释 50 倍。

3. 加液

分别吸取发酵稀释液 1 mL，乙酸 – 乙酸钠缓冲液 0.2 mL 和蒸馏水 1.0 mL，置入反应瓶主室，另吸取 0.3 mL 谷氨酸脱羧酶液置于反应瓶侧室，主侧二室瓶口均以活塞脂涂抹，旋紧瓶塞，将反应瓶用小弹簧紧固在检压管上，将检压计装在恒温水浴振荡器上。

4. 预热

接通电源，调节水浴温度为 37℃，打开三通活塞，旋动螺旋压板，调节液面高度至 250 mm 以上，开启振荡（120 r/min），37℃水浴中平衡 10 min。

5. 初读

关闭三通活塞，调节右侧管液面在 150 mm 处，再振荡约 5 min，左侧管液面达到平衡后，记下读数 H_1（mm）。若 H_1 变化较大，则需要重新平衡。

6. 反应

用手指按紧左侧管口，立即取出检压计迅速将酶液倒入主室内（不要倒入中央小杯里），稍加摇动后放回水浴中，放开手指，振荡 20 min 后调节右侧管液面于 150 mm 处，振荡 3 min 开始读数，继续振荡 3 min 后再读数，直至左侧管液柱不再上升为止，记下读数 H_2 mm，计算反应前后读数差值 ΔH。

7. 空白试验

由于测压结果与环境温度、压力有关，故测定时需同时作一个对照。对照瓶不将酶液倒入主室即可，或者在反应瓶内置入 2.5 mL 蒸馏水代替，同样进行初读和终读，其差值即为空白数 Δh。

8. 计算

$$谷氨酸含量（g/100\ mL）=(\Delta H - \Delta h)\times K \times N \times 100 \div 1\ 000$$

式中：K 为反应瓶常数，可用水银标定，也可用 0.25% 的标准谷氨酸溶液标定；

N 为稀释倍数。

9. 实验结果与记录

将结果记录于表 2–1 中。

五、注意事项

1. 反应瓶易碎，使用时应小心。
2. 实验之前应精确测定反应瓶常数。
3. 倒酶液时必须紧按测压管左侧管口，待倒完酶液，反应瓶重新浸入反应槽后才能放开，否则检压液会倒吸入反应瓶。

六、思考题

1. 大肠杆菌谷氨酸脱羧酶的活力对结果是否有影响？
2. 影响华勃氏呼吸仪测定精度的主要因素有哪些？
3. 根据实验 1–10，查阅相关文献，设计一个谷氨酸脱羧酶工程菌株构建的实验。

实验 2–7　发酵液中菌体的去除

一、实验目的

了解用膜材料去除发酵液中菌体的方法，为谷氨酸的等电回收创造良好的条件。

二、实验原理

谷氨酸发酵结束后，发酵液中除了积累有大量谷氨酸外，还悬浮着许多谷氨酸棒杆菌。虽然不经除菌也可得到谷氨酸晶体，但若将菌体除去，则更有利于谷氨酸的回收。

过滤膜是一种具有一定孔径的高分子材料，能有效进行物料的固液分离。工业上常将过滤膜加工成具有一定孔径、一定强度和一定面积的膜组件，以提高膜分离的可靠性和稳定性，并延长膜的使用寿命。

三、实验材料、试剂和仪器

超滤膜组件、隔膜泵、发酵液、烧杯等。

四、实验步骤

1. 按图 2-14 连接好设备,关闭 F3、F5,打开其他阀门。在储罐内加满清水,启动隔膜泵,清洗膜组件。

2. 排空系统内的清水,将 V 体积的发酵液加至储罐中,同步骤 1 操作。调整 F6 大小,使压力表指示为 0.2 MPa。此时从清液出口收集到的是除去菌体后的发酵液,可通过冷冻等电点法回收其中的谷氨酸。

3. 当收集到的清洗液达到 0.8 V 时即可关闭隔膜泵。为了收集管阀系统中残留的发酵液,可在储罐内加入 0.8 V 的清

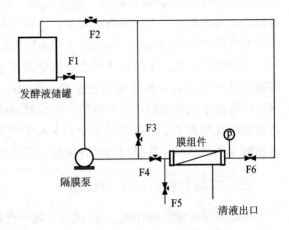

图 2-14 膜组件安装图

水,继续启动隔膜泵,收集得到的清洗液可用离子交换法来回收谷氨酸。

4. 关闭 F2、F4,打开其他阀门,储罐内加入 2 V 清水,对膜组件反冲清洗。

5. 拆解实验装置,将膜组件浸泡并保存在 70% 酒精中。

五、注意事项

1. 膜组件可反复使用,每次使用后都要清洗干净,并保存在消毒液中,否则菌体生长会将膜孔径堵死。

2. 压力表的指示不能太高,否则膜易损坏。

六、思考题

1. 压力表的指示压力对菌体分离效果是否有影响?
2. 是否能用膜组件进行发酵产物的浓缩?

实验 2-8 谷氨酸的回收 ▶

一、实验目的

1. 了解谷氨酸等电回收的原理及回收的影响因素。
2. 熟悉等电点法回收谷氨酸的工艺流程,了解离子交换法回收谷氨酸的操作步骤。

二、实验原理

谷氨酸是一种两性氨基酸,其等电点为 pH 3.22。在等电点附近谷氨酸的溶解度最小,很容易形成过饱和溶液而结晶析出。常温下等电点提取法的收率为 60% ~ 70%,残剩母液中尚有 1.5% ~ 2% 谷氨酸;若在低温下(0 ~ 4℃)进行等电回收,则收率可达

78%～82%，母液中的谷氨酸残留量降到1.2%以下。影响谷氨酸等电回收的因素很多，除了发酵醪中的谷氨酸含量外，温度、pH、残糖含量、菌体浓度、加酸速度、搅拌转速等都会影响回收率。为了提高收得率，也可先除去发酵液中的菌体后再进行提取。若要进一步回收母液中的谷氨酸，可用离子交换法吸附和洗脱后，再用冷冻等电法提取。

离子交换是借助于固体离子交换剂中的离子与稀溶液中的离子进行交换，以达到提取溶液中某些离子的一种分离单元操作。当pH < 3.22时，谷氨酸以阳离子状态存在，因此可以用阳离子交换树脂来吸附提取。但发酵液成分复杂，阳离子种类较多，其对732型苯乙烯强酸性阳离子交换树脂的亲和力大小依次为：金属离子＞碱性氨基酸＞中性氨基酸＞谷氨酸＞天冬氨酸。洗脱时则正好相反，因此可按洗脱峰来分离谷氨酸。

三、实验材料、试剂和仪器

谷氨酸发酵液、搅拌机、pH试纸、离子交换柱、732树脂、HCl、NaOH等。

四、实验步骤

（一）谷氨酸的等电回收

1. 取放罐后的发酵液3 L，放于5 L不锈钢桶中，不断搅拌，转速控制在20～30 r/min。

2. 向桶内滴加10%盐酸至pH 4.5（此时加酸速度可稍快，pH用试纸测定即可）。

3. 继续缓慢加酸，不断取样在显微镜下观察是否有晶核形成（将载玻片浸入发酵液中，取出后擦干背面，风干后放于显微镜载物台上，低倍镜下观察是否有晶核形成）。若观察到晶核出现，则停止加酸，搅拌育晶2 h。

4. 继续缓慢加酸，将pH调至3.2，搅拌2 h后，检查并调节pH至3.2。

5. 搅拌过夜（约16 h）后，将发酵液放于冰箱（0～4℃）静置4 h，使谷氨酸沉淀完全。

6. 尽可能吸去上层清液，但不要吸走谷氨酸。

7. 将表层菌体及谷氨酸细微晶体吸至另一容器内。

8. 将底部的谷氨酸晶体取出，离心甩干后，得到所需产品。

（二）谷氨酸的离子交换回收

1. 树脂的预处理：新购的树脂先用清水浸泡2～3 h。装柱后，先用600 mL 2 mol/L HCl正向流洗，流速为10 mL/min；然后用蒸馏水流洗至中性；再用600 mL 2 mol/L NaOH正向流洗，并用蒸馏水流洗至中性。

2. 树脂活化：用5.69% HCl正向流洗，至洗脱液pH 0.5时停酸，改用蒸馏水流洗，至洗脱液1.6左右即得活化树脂。

3. 上柱：上柱前先将发酵液pH调整至1.6 ± 0.1，然后按下式计算上柱发酵液体积。

$$上柱发酵液（母液）体积 \ V = 0.06 \ V_0/A$$

式中：V_0为湿树脂体积（mL），A为发酵液或母液中谷氨酸浓度（g/mL）。

4. 洗柱：用蒸馏水反向冲洗柱子，将树脂洗松并将菌体冲走，至流出液透明为止。然后用1 200 mL 60℃热水正向流洗，控制流速为50 mL/min。

5. 洗脱：先配制4% NaOH溶液，配制量与上柱发酵液体积相当，水浴加热至60℃，然后用 60℃ 的 NaOH 洗柱，流速约为 1 滴 /s，每 10 mL 一组，分部收集。分别测定每组洗脱液的 pH，以时间为横坐标，pH 为纵坐标作洗脱曲线。

6. 合并：将 pH 2.5～9.0 的洗脱液合并，冷却后，进行谷氨酸的等电回收。

五、注意事项

1. 树脂必须先进行活化。
2. 注意判断交换终点，及时停洗，防止谷氨酸溢出。

六、思考题

上柱前为什么要调整发酵液的浓度和 pH？

实验 2-9　谷氨酸钠的精制 ▶

一、实验目的

1. 了解谷氨酸转化为谷氨酸一钠的原理和方法。
2. 掌握脱色、浓缩、结晶等单元操作。

二、实验原理

谷氨酸又称麸酸，只有酸味，而没有鲜味，当其转化为谷氨酸一钠后，就成为具有鲜味的味精。生产上常用碳酸钠将谷氨酸中和至 pH 7.0，来制造谷氨酸一钠。但如果加入的碳酸钠太多，使 pH 升至 9.0，得到的将是谷氨酸二钠。因此，控制反应液 pH 是谷氨酸钠精制的关键。谷氨酸钠的精制流程如下：

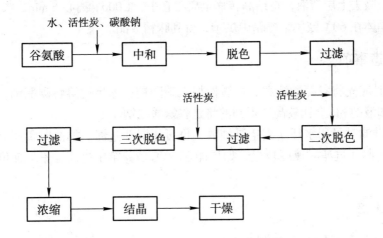

三、实验材料、试剂和仪器

无级调速搅拌机、旋转减压蒸发器、水环式真空泵、恒温水浴锅、pH 试纸、等电回收的谷氨酸、碳酸钠、活性炭等。

四、实验步骤

1. 谷氨酸的中和与脱色

（1）收集实验 2-8 回收得到的谷氨酸，称重（湿重）；

（2）按湿谷氨酸：水：纯碱：活性炭 =1：2：0.32：0.01 的比例计算所需的水、纯碱和活性炭；

（3）在不锈钢桶内加入计算所得量的水和活性炭，置于水浴锅内，将桶内温度控制在 60℃；

（4）开动搅拌，调节搅拌转速为 60 r/min，加入回收所得的谷氨酸，让其充分溶解；

（5）搅拌下缓慢加入碳酸钠，并不时测定中和液的 pH，待中和液 pH 达到 7.0 时，停止加碱（这里指碳酸钠）；

（6）60℃下继续搅拌 30 min，让杂质充分吸附在活性炭上；

（7）取出中和液，过滤，收集滤液；

（8）若滤液颜色偏黄，可再加适量活性炭，重复步骤（6）和（7），直到滤液澄清为止。

2. 谷氨酸钠的浓缩和结晶

（1）将澄清的脱色液加至蒸发瓶中，加量为蒸发瓶容积的一半，装至旋转蒸发器上；

（2）打开旋转蒸发器电源，在 65℃、600 mmHg 的真空度下减压浓缩，待 1/3 水分蒸发后，即可结束浓缩；

（3）将蒸发瓶自然冷却，一旦感受到起晶，可将蒸发瓶放至保温盒中缓慢冷却，使晶体慢慢长大，待冷却到室温，晶体不再增加时，将蒸发瓶放于冰箱中进一步结晶；

（4）小心吸去上层清液，将结晶转移至离心管中，1 000 g 离心 5 min，收集晶体；

（5）将晶体在 60℃鼓风干燥箱中烘干，得到味精成品。

五、注意事项

1. 中和时应先将谷氨酸溶解，再缓慢加入碳酸钠；如果先溶解碳酸钠，再缓慢加入谷氨酸，中和液的 pH 会比较高，得到的将是谷氨酸二钠。

2. 去杂过滤时可用水环式真空泵抽滤，也可用漏斗过滤。抽滤时负压不要太高，否则滤纸易破；漏斗过滤时速度较慢，如果能在 60℃培养箱中过滤，不但速度快，脱色效果也更好。

六、思考题

1. 中和时为什么要将 pH 控制在 7.0？
2. 减压蒸发浓缩时温度控制在多少度比较合适？为什么？

一、实验目的

1. 了解成品味精的主要质量指标。
2. 了解味精中谷氨酸钠含量的分析方法。

二、实验原理

谷氨酸钠含量和杂质含量是味精成品的两个主要质量指标。谷氨酸钠含量反映的是味精中鲜味物质的多少，是味精纯度的主要标志。由于谷氨酸钠分子中含有一个不对称碳原子，具有光学活性，能使偏振光面旋转一定角度，所以可以用旋光仪来测定其旋光度，然后推算出谷氨酸钠的含量。

谷氨酸发酵液中有许多杂质，如果在提取过程中脱色不彻底会影响成品质量。味精成品中呈色杂质的含量可用透光率来表示，呈色物质越多，透光率越低。

我国国家标准（GB/T-8967-2007）规定纯品味精中谷氨酸钠含量应≥99.0%；透光率应≥98.0%。另外，作为成品味精，氯化物应≤0.1%，硫酸盐≤0.05%，含水量≤0.5%，含铁≤5mg/kg，pH 稳定在 6.7～7.5。

三、实验材料、试剂和仪器

实验 2-9 精制而成的谷氨酸钠（味精）、旋光仪（精度 ±0.01°）及附带的钠光灯（钠光谱 D 线 589.3 nm）、分光光度计等。

四、实验步骤

1. 谷氨酸钠含量的测定

（1）精确称取 10.000 0 g 谷氨酸钠（味精成品），用少量蒸馏水溶解后移入 100 mL 容量瓶中，加盐酸 20 mL，冷却到 20℃后用蒸馏水定容。

（2）用空白样（20% 盐酸）校正旋光仪，然后将样品置于旋光管中（不得有气泡），测定其旋光度 α，同时记录旋光管中样品的温度 t。

（3）计算：样品中的谷氨酸钠含量 X（g/100 mL）可按下式计算：

$$X = \frac{\alpha/(L \times C)}{25.16 + 0.047(20-t)} \times 100$$

式中：L 为旋光管长度，即液层厚度（dm）；

　　　C 为样品质量浓度（g/mL）；

　　　25.16 为谷氨酸钠的比旋光度；

　　　0.047 为温度校正系数。

2. 透光率的测定

（1）称取谷氨酸钠样品 10.00 g，加蒸馏水溶解并定容至 100 mL。

（2）以蒸馏水为对照，测定样品在 430 nm 的透光率。

五、注意事项

1. 旋光仪使用前需预热 30 min，旋光管装样后不得有气泡。
2. 旋光测定最好在 20℃恒温室中进行，若没有恒温条件，则必须进行温度校正。

六、思考题

用旋光法是否能测定样品中的谷氨酸含量？（提示：谷氨酸中也有不对称碳原子，因此也可以用旋光法测定，但只能测定结晶样品的谷氨酸含量，不能测定发酵液中的谷氨酸含量，因为发酵液中有多种能使光发生偏振的物质。用旋光法测定谷氨酸时，计算公式为：

$$X = \frac{\alpha / (L \times C)}{32.00 + 0.06 (20-t)} \times 100$$

第三部分

液态静置发酵——啤酒发酵系列实验

Ⅰ. 系列实验目的

啤酒是目前国内外最为流行的含酒精饮料，近 10 年来全球啤酒产量稳定在 1.9 亿千升左右。我国第一家啤酒厂（乌卢布列夫斯基啤酒厂）于 1900 年由俄商在哈尔滨市创建。1904 年德、英商在青岛投资创建了青岛啤酒厂，从而使啤酒真正进入中国。1949 年以前，全国啤酒最高年产量仅 4 万吨。到了 2002 年我国就成为世界第一大啤酒生产国，但大都是低水平的重复建设，厂家多、规模小、质量参差不齐。2013 年全国啤酒产量达到顶峰，年产 5 061.6 万千升，此后逐年下降，许多小厂被兼并或淘汰，啤酒行业开始向规模大型化、品牌集团化、设备高效化、精酿繁荣化迈进，近几年全国产量一直稳定在 3 800 万千升左右。但是，我国啤酒行业的科研水平还有待加强，啤酒质量还有待进一步提高，目前在国际啤酒进出口贸易中的份额还不足 5%。2019 年我国进口啤酒 73.2 万千升，耗汇 8.2 亿美元，出口 41.7 万千升，创汇 2.5 亿美元。因此，国内啤酒行业还有许多潜力可挖。

本系列实验的目的就是通过啤酒的实验室发酵试验，熟悉无氧发酵工艺，了解啤酒的酿造特点，学习啤酒的品评方法，从而增强对啤酒发酵的感性认识，为有志于啤酒生产与科研的同学打下基础；同时培养同学们的动手能力和发现问题、分析问题、解决问题的能力，为有志于科学研究的同学打好基础。

Ⅱ. 啤酒发酵概述 ◉

啤酒是一种以麦芽汁和水为主要原料，辅以啤酒花，经酵母菌发酵酿制而成的含酒精饮料。啤酒起源于古巴比伦和亚述（今地中海南岸地区），当地的人们常将大麦或小麦做成的面包浸入水中，经自然发酵后配加香料并趁热饮用，也有人将发芽大麦贮存在罐中，自然发酵后沥出液体，再配加各种香料后饮用。公元 768 年德国人开始用一种植物（蛇麻）的花作为香料，并把这种含少量酒精的饮料称为啤酒（德文 Bier，英文 Beer）。1040 年世界上第一家啤酒厂在德国的修道院内成立（即现今的慕尼黑啤酒学院），啤酒正式开始规模化生产。

要酿制啤酒，首先必须制备麦芽汁，然后在冷却的麦汁中接入酵母菌种，进行啤酒主发酵，大约一个星期后，发酵醪糖度由 10 ~ 12°P 下降到 4°P 左右，就可进行后发酵。后发酵在 0 ~ 2℃ 的密闭发酵罐中进行，经过 1 ~ 3 个月啤酒就成熟了，经过滤、装瓶、消毒就可以上市。因此，啤酒发酵包括麦汁制造、酵母菌种扩大培养、啤酒主发酵、后发酵等几个阶段（图 3-1）。

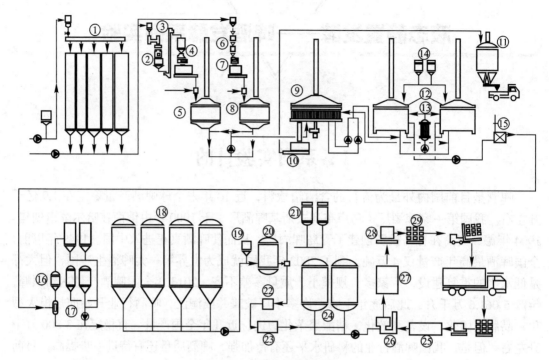

图 3-1　啤酒生产流程图

1. 原料贮仓　2. 麦芽筛选机　3. 提升机　4. 麦芽粉碎机　5. 糖化锅　6. 大米筛选机　7. 大米粉碎机　8. 糊化锅　9. 过滤槽　10. 麦糟输送　11. 麦糟贮罐　12. 煮沸 / 回旋槽　13. 外加热器　14. 酒花添加罐　15. 麦汁冷却器　16. 空气过滤器　17. 酵母培养及添加罐　18. 发酵罐　19. 啤酒稳定剂添加罐　20. 缓冲罐　21. 硅藻土添加罐　22. 硅藻土过滤机　23. 啤酒清滤机　24. 清酒罐　25. 洗瓶机　26. 罐装机　27. 啤酒杀菌机　28. 贴标机　29. 装箱机

一、啤酒发酵生理学

（一）啤酒的化学组成

啤酒中所含的成分很多，除水外还有其他近 600 种成分，其中主要有：

1. 乙醇

乙醇是啤酒热值的主要来源，也是使啤酒泡沫具有细致性的必要成分，$10 \sim 12°P$ 啤酒的乙醇含量为 2.9% ~ 4.1%。

2. 浸出物

浸出物指啤酒中以胶体形式存在的一组物质，包括糖类、含氮物质、维生素、无机矿质元素、苦味质和多元酚，还含有微量脂质、色素物质和有机酸等。

3. 二氧化碳

啤酒中二氧化碳的含量一般在 0.35% ~ 0.6%，二氧化碳有利于啤酒起泡，饮后给人舒服的刺激感（即啤酒的杀口力）。

4. 挥发性成分

除乙醇外啤酒中还有高级醇、醛、酮、脂肪酸以及有机酸、酯类、硫化物等。微量的挥发性物质是构成啤酒风味的成分。但双乙酰含量高，表示啤酒不成熟，含量超过 0.1 mg/L 时，会使啤酒带馊饭味，给人不愉快的感觉。

（二）啤酒发酵过程

酵母是一种兼性厌氧微生物，有氧时进行呼吸作用，乙醇的产量很低，这种呼吸抑制发酵的现象称为巴斯德效应（Pasteur effect）。但在有氧条件下，如果含糖量过多（葡萄糖含量超过 40 g/L，因酵母菌种而异），又会使呼吸受抑制，从而促使发酵的进行，这种现象称为克拉勃脱效应（Crabtree effect），又称反巴斯德效应。

啤酒发酵过程中酵母主要通过 EMP 途径进行酒精发酵，生成大量乙醇、CO_2 和微量乳酸，但也有少量糖（约占 4%~6%）通过 HMP 途径分解，产生合成代谢所需的 NADPH 和戊糖。有关反应参见生物化学及微生物学教程，这里仅介绍几种重要代谢副产物的形成途径。

1. 高级醇的生成

高级醇又称杂醇油，是碳原子数大于 2 的一系列醇类的总称，其中以异戊醇含量最高（占高级醇总量的 50% 以上）。高级醇是啤酒发酵的主要副产物，它们大多在主发酵期间，特别是在酵母繁殖过程中形成，可由糖代谢和氨基酸脱氨形成的 α- 酮酸经脱羧酶和醇脱氢酶催化生成。其反应通式为：

$$RCOCOOH \xrightarrow[\text{脱羧酶}]{CO_2} RCHO \xrightarrow[\text{醇脱氢酶}]{NADH_2 \quad NAD^+} RCH_2OH$$

高级醇含量对啤酒风味有重要影响，异戊醇和 β- 苯乙醇是构成啤酒酒香的主要成分，但高级醇含量过高会使啤酒带有明显的杂醇味，饮用过量还会导致人体不适。

2. 硫化物的生成

硫化氢主要由半胱氨酸经脱硫酶催化而生成。麦汁中有机硫不足时，酵母可利用硫酸盐作为硫源，在泛酸的辅助作用下，经酶促反应生成半胱氨酸和蛋氨酸。野生酵母污染也会促进硫化氢的生成。

二甲基硫（DMS）对啤酒的风味有重要影响。麦芽中的 S- 甲基蛋氨酸在麦芽焙燥及麦汁煮沸时受热转化成的二甲基硫，一部分残留在麦汁中，另一部分被氧化成二甲亚砜（DMSO）。在发酵过程中二甲亚砜通过酵母的酶促反应又还原成二甲基硫。二甲基硫也可因污染野生酵母或其他杂菌而生成。

H_2S 和 DMS 对啤酒的风味影响很大，微量存在时能赋予啤酒某些风味特点，但超过味阈值（H_2S 为 10 $\mu g/kg$，DMS 为 30 $\mu g/kg$）会影响啤酒质量。

3. 双乙酰的生成

双乙酰（丁二酮）及 2,3- 戊二酮都是联二酮类化合物，特别是双乙酰的口味阈值较低（0.1 mg/L），对啤酒的风味影响极大。啤酒发酵过程中双乙酰的形成机理参见实验部分。

二、啤酒发酵的原料

啤酒发酵的主要原料是麦芽汁，麦芽汁是由麦芽经粉碎后兑水糖化而成。为了降低成本，大多数厂家都会适当添加一些辅助原料。另外，为了保证啤酒的品质和口味，麦汁中必须添加一定量的酒花。

1. 水

啤酒中水的含量占 90% 以上，因此水对啤酒口味影响极大。国内外的著名啤酒之所以质量较好，其酿造用水的水质优良是原因之一。同时水也要用于洗涤、冷却、消防和生活等各个方面，因此啤酒厂必须要有充足的水源。

酿造用水是指糖化用水、酵母洗涤用水以及高浓度酿造时的稀释用水。酿造用水必须达到饮用水标准，一般由深井水经改良处理而成。改良和处理的方式主要有以下几种：

（1）机械过滤：除去水中的悬浮杂质，改善水的色度和透明度；

（2）软化处理：降低水的硬度；

（3）品质改良：用加石膏、调 pH、离子交换、电渗析、反渗透、活性炭吸附过滤等方法改善酿造水质；

（4）脱盐处理：降低水的硬度并除去水中有害离子；

（5）吸附过滤：改善水的色度，减少有机杂质和微生物；

（6）消毒灭菌：用砂滤棒过滤、紫外线或臭氧杀菌等方法杀死水中的微生物及藻类，以达到无菌的要求。

而对冷却用水，只要求干净、硬度低、金属离子含量少，一般的自来水即可达到要求。

2. 麦芽

以啤酒大麦为原料，经浸麦、发芽、烘干、焙焦而成。麦芽是啤酒生产的主要原料，按其色度可分为淡色、浓色、黑色三种，因此应根据啤酒的品种和特性来选择麦芽种类。

3. 辅料

在啤酒酿造中，应根据各地区的资源和价格，采用富含淀粉的谷类、糖类或糖浆作为辅助原料（最高用量可达 50%）。目前国内大多数啤酒厂选用大米或玉米淀粉作辅料，其比例控制在 30% 左右，其他常用的辅料有大麦、糖、糖浆等。使用辅料的目的主要为：

（1）以淀粉质原料为辅料，可降低原料成本，提高麦汁的收得率；

（2）用糖类或糖浆为辅料，可节省糖化锅的容量，增加每批次糖化产量，并可调节麦汁中可发酵性糖的比例，提高啤酒发酵度；

（3）使用辅助原料可以降低麦汁中蛋白质和多元酚等物质的含量，从而降低啤酒色度，改善啤酒的风味和啤酒的非生物稳定性；

（4）使用辅料可增加啤酒中糖蛋白的含量，从而改进啤酒的泡沫性能。

4. 酒花

酒花是酿造啤酒的特殊原料，一般在麦汁煮沸过程中加入。酒花的用量不大（约 1.4 kg/t 啤酒），但它可赋予啤酒特有的酒花香气和苦味，增加啤酒的防腐作用，提高啤酒的非生物稳定性，促进泡沫形成并提高泡沫持久性。

三、麦汁制造

麦汁制造俗称糖化，包括麦芽和谷物的粉碎、糖化制成麦汁，麦糟分离，麦汁煮沸并添加酒花和麦汁冷却并去除固形物等阶段。麦汁制成后即可泵入发酵罐（池）进行主发酵。

1. 麦芽及辅料粉碎

麦芽及辅料必须在糖化前进行粉碎，粉碎的程度对糖化快慢、麦汁的组成及原料利用率有很大的影响。粉碎过细会增加麦皮中有害成分的溶出，并引起麦汁过滤困难；粉碎过粗则会影响麦芽有效成分的利用，降低麦汁浸出率。因此应经常观察粉碎的均匀度，使粗细粉粒之比达到 1 : 2.5 左右，并尽可能使麦皮完整。

2. 麦汁制造设备（图 3-2 和图 3-3）

（1）糊化锅：用于加热煮沸大米或其他辅料粉（包括部分麦芽粉），使淀粉糊化和液化；

（2）糖化锅：用于麦芽淀粉及蛋白质的分解，并使辅料醪液糖化，以制备麦芽汁；

（3）过滤槽：用于糖化后麦糟的过滤，使麦汁与麦糟分开，得到清亮的麦芽汁；

（4）麦汁煮沸锅：用于过滤后麦汁的煮沸并使酒花成分溶入，使麦汁达到一定浓度。

 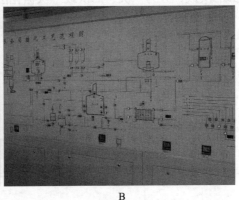

A   B

图 3-2 工厂糖化车间

A. 糖化车间及控制室   B. 工艺流程显示屏

A   B

图 3-3 糖化锅与煮沸锅

A. 糖化锅   B. 煮沸锅及采样阀

3. 糖化

糖化是利用麦芽所含的酶使原料中的大分子物质如淀粉、蛋白质等逐步降解，使可溶性物质如糖类、糊精、氨基酸、肽类等溶出的过程，由此制备的溶液称为麦芽汁（简称麦汁）。糖化的好坏将直接影响到糖化收得率、过滤时间、麦汁澄清度、发酵进程、双乙酰还原速度、啤酒澄清状况等，因此是关系到啤酒质量的一个重要工艺。由于麦芽的价格相对较高，再加上发酵过程中需要较多的糖，目前大多数工厂都用大米或玉米淀粉做辅料。糖化主要有下列三种形式：

（1）煮出糖化法：糖化过程中对部分醪液进行煮沸的方法。根据煮沸的次数，分为一次、二次、三次煮出法。其特点是取部分醪液加热到沸点，然后与未煮沸的醪液混合，使醪液温度分次升高到不同酶分解的适宜温度，以达到糖化完全的目的。

（2）浸出糖化法：仅靠酶的作用进行糖化的方法。其特点是将糖化醪逐渐升温至酶作用的最适温度，而不进行醪液煮沸。此法要求麦芽有良好的溶解性。

（3）双醪煮出糖化法：国内大多数厂用此法糖化。辅料、麦芽分别投入糊化锅、糖化锅内，辅料在糊化锅内糊化、煮沸后兑入糖化锅，逐次达到所需的糖化温度。根据糖化锅兑醪的次数，分为一次、二次或三次糖化法。现将三次糖化法图解如 3-4 所示。

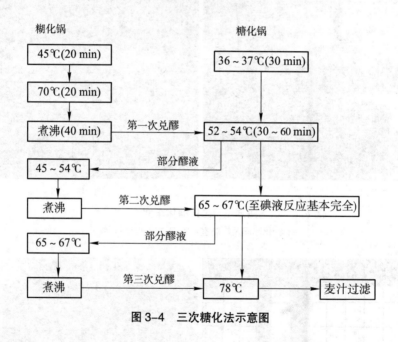

图 3-4　三次糖化法示意图

4. 麦汁过滤

过滤是麦汁通过过滤介质（麦糟层）和支撑材料（滤布或筛板）而得到澄清液体的过程，滤液称为头道麦汁或过滤麦汁。洗糟是利用热水（约 78℃，称洗糟水）洗出残留于麦糟中的浸出物的过程。

5. 麦汁煮沸

过滤后的麦汁需进行煮沸并添加酒花，在预定时间内使麦汁达到规定含量，并保持明显酒花香味和柔和的酒花苦味，以保证成品啤酒有光泽、风味好、稳定性高。

6. 麦汁预冷却和冷却

麦汁在进行正式冷却之前，常需要预冷却来分离煮沸过程中产生的热凝固物。回旋沉淀是最常用的预冷却方法。通过回旋效应扩大蒸发面使麦汁的温度得到降低，同时借离心力使凝固物沉积在槽底，与麦汁分离。冷却是将回旋沉淀后的麦汁通过冷却器迅速冷却至发酵所需的温度，同时析出冷凝固物（70℃以上以溶解状态存在，70℃以下开始析出的物质）的过程。在其管路上常装有充氧器，以利于发酵初期酵母的繁殖。常用的冷却装置为薄板冷却器，其原理见图3-5。

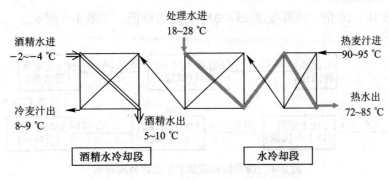

图 3-5　麦汁二段冷却工艺流程示意图

冷却完毕应对麦汁进行化验，优质麦汁的要求如表3-1所示。

表 3-1　优质麦汁的理化及生物学指标

项目	12% 淡色	10% 淡色	13% 浓色	作用与说明
麦汁浓度 /%	12 ± 0.3	10 ± 0.3	13 ± 0.3	控制成品的原麦汁浓度
总酸 /（mL/100 mL）	< 1.7	< 1.7	< 1.7	太低不利于发酵，太高影响风味
氨基氮 /（mg/L）	180 ± 20	180 ± 20	180 ± 20	太低影响酵母繁殖，太高影响泡沫
色度 /EBC	5.0 ~ 9.5	5 ~ 11	15 ~ 40	控制成品色度
麦芽糖 /（g/100 mL）	9 ~ 9.5	8.8 ~ 9.2	9.2 ~ 10	保证发酵旺盛
外观最终发酵度 /%	78 ~ 85	75 ~ 82	63 ~ 74	控制成品发酵度
苦味质 /BU	30 ~ 55	30 ~ 55	30 ~ 55	控制成品苦味
pH	5.2 ~ 5.5	5.2 ~ 5.5	5.2 ~ 5.5	影响发酵，冷凝物析出
细菌总数 /（个 /mL）	< 30	< 30	< 30	防止染菌
大肠菌群 /（个 /100 mL）	< 10	< 10	< 10	控制成品卫生
总氮 /（mg/L）	600 ~ 1 000	600 ~ 800	600 ~ 800	太低醇厚性差，太高稳定性差
凝固性氮 /（mg/L）	< 2	< 3	< 3	控制成品稳定性
含氧量 /（mg/L）	6 ~ 10	6 ~ 8	6 ~ 8	太高产生氧化味，太低不利于酵母繁殖

四、啤酒酵母的扩大培养

酵母扩大培养是啤酒厂微生物工作的核心，目的是提供优良、强壮的酵母，以保证生产的正常进行和良好的啤酒质量。从斜面种子到卡氏罐培养为实验室扩大培养阶段。汉生罐以后的培养为生产现场扩大培养阶段。酵母的扩大培养过程应根据各工厂的实际情况及麦汁生产的节奏合理安排，要抓住扩大培养中的关键：选择优良的菌株，保证酵母纯种、强壮、无污染，操作简单、无菌程度高、灵活性强。

1. 实验室培养阶段

扩大倍数 10~20 倍，培养温度 25~20℃，逐级降低，如图3-6 所示。

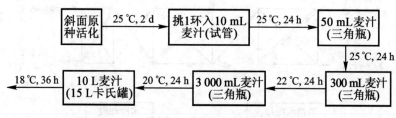

图3-6　啤酒酵母实验室扩大培养流程图

2. 发酵车间现场扩大培养阶段

扩大倍数 5~10 倍，培养温度 18~10℃，如图3-7、图3-8 所示。

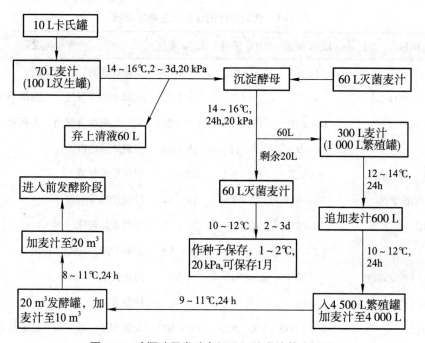

图3-7　啤酒酵母发酵车间现场扩大培养流程图

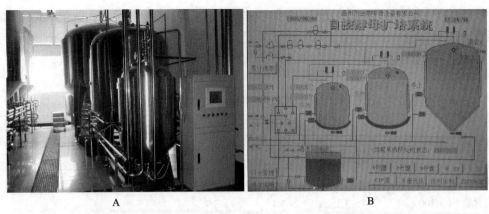

A   B

图 3-8　啤酒酵母车间现场扩大培养（A）及其控制系统（B）

五、啤酒发酵工艺

啤酒发酵是在啤酒酵母的参与下对麦芽汁进行发酵的过程。麦汁中的可发酵糖等营养物被酵母细胞中的酶分解成酒精和二氧化碳，并产生诸如双乙酰、高级醇、醛、酸、酯和硫化物等一系列风味活性物质，将麦汁的风味转变成啤酒风味。

传统发酵工艺分成前发酵和后发酵两个阶段。将冷却麦汁充氧后流入发酵槽中，加啤酒酵母进行前发酵（又称主发酵），一般将发酵液品温控制在 10℃左右，发酵 7～10 d 即成嫩啤酒（green beer，指带有生青味、没有成熟的啤酒）；嫩啤酒输到贮酒室内的贮酒罐中进行后发酵（又称贮酒），一般在 0～3℃下贮酒 42～90 d，以达到啤酒成熟、二氧化碳饱和及啤酒澄清的目的。

近 20 年来啤酒发酵设备有了很大的变革，大容量露天锥形发酵罐逐渐为各国啤酒厂所采用（图 3-9）。锥形罐发酵工艺主要有两类：一罐法是麦汁在锥形罐完成全部发酵过程的工艺；二罐法是麦汁在锥形罐进行主发酵和双乙酰还原，然后转入另一锥形罐或贮酒

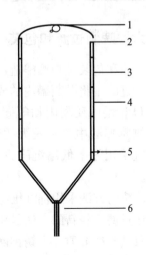

图 3-9　露天锥形发酵罐

1. 二氧化碳排出孔及洗涤剂加入孔　2. 人孔　3. 冷冻夹套　4. 保温层　5. 取样口

6. 各种管路，如麦汁管路、嫩啤酒管路、酵母管路、洗涤剂排除管路等

罐中贮酒的工艺。锥形罐啤酒发酵的发酵温度容易控制，双乙酰还原速度快，酿制出的啤酒淡雅而清爽，显示出投资省、见效快、产量高和发酵时间短（21 ~ 28 d）的优点。

对嫩啤酒和成熟啤酒的要求如表 3-2 和表 3-3 所示。

表 3-2　嫩啤酒和成熟啤酒应达到的理化标准

理化指标	12°P 嫩啤酒		12°P 成熟啤酒		作用与说明
	优级	一级	优级	一级	
原麦汁含量 / (g/100 g)	12 ± 0.3	12 ± 0.3	12 ± 0.3	12 ± 0.3	
酒精含量 / (g/100 g)	> 3.3	> 3.4	> 3.7	> 3.5	
总酸 / (mL/100 mL)	< 2.1	< 1.8	< 2.6	< 2.6	> 2.6 可能染菌
双乙酰 / (mg/L)	< 0.20	< 0.25	< 0.10	< 0.15	含量高，有馊饭味
残糖 /°P	2 ~ 2.5	1.8 ~ 2.3			用于后发酵
色度 /EBC	5 ~ 9.5	5 ~ 11	5 ~ 9.5	5 ~ 11	
CO_2%/ (m/m)	0.25	0.25	0.40 ~ 0.65	0.40 ~ 0.65	啤酒的杀口力
香气			酒花香	酒花香	
口味			爽口	较爽口	

表 3-3　嫩啤酒和成熟啤酒应达到的卫生标准

卫生指标	细菌总数 / (个 /mL)	大肠菌群 / (个 /100 mL)	麦汁培养试验	发酵液保存试验
嫩啤酒	< 50	< 20	不浑浊，不产膜	酵母沉淀，上层啤酒澄清
成熟啤酒	不得检出	不得检出		

六、啤酒过滤和包装

过滤和包装是啤酒酿造过程中改进质量的最后一道工序。过滤是将贮酒罐内的成熟啤酒通过过滤介质，除去酵母和蛋白质凝固物等微粒，使啤酒清亮透明的过程。成熟啤酒中含有较大的颗粒物质和较多的酵母细胞，宜采用零下低温沉降或用离心机分离后再过滤的方法。

传统的方法采用棉纤维组成的棉饼作为过滤介质进行加压过滤。较新的方法是用离心机分离酵母后，用硅藻土及其支撑介质（不锈钢网或环柱、滤纸板）作为过滤介质来过滤（图 3-10）；也有的厂家选用 PVPP（聚乙烯吡咯烷酮）、精滤纸板或微孔滤膜作为过滤介质。

图 3-10　啤酒过滤设备

啤酒包装是啤酒生产过程中最后一个环节。将啤酒进行灌装，然后进行生物稳定处理（图 3-11），贴标签、装箱（图 3-12）后投放市场。一般将经杀菌机进行巴氏灭菌或瞬时高温灭菌的啤酒称为熟啤酒（pasteurized beer）；不经巴氏灭菌或瞬时高温灭菌，而采用物理过滤方法除菌，达到一定生物稳定性的啤酒称为生啤酒（draft beer）。生啤酒和熟啤酒的保质期不少于 60 d（瓶装、听装）或 30 d（桶装）。不经巴氏灭菌或瞬时高温灭菌，成品中允许有一定量活酵母，达到一定生物稳定性的啤酒称为鲜啤酒（fresh beer）。鲜啤酒的保质期不少于 5 d（严格意义上说，这里的灭菌应表述为消毒）。

图 3-11　啤酒杀菌机

图 3-12　啤酒装箱

七、清洗

所有用过的罐及管道系统在进行下一批发酵之前必须清洗及杀菌。啤酒生产中常用原位清洗方式，即用碱水、清水、消毒水、无菌水依次洗涤，达到清洁及无菌的目的（图 3-13）。

图 3-13　啤酒发酵设备的原位清洗（CIP）系统

除了上面介绍过的几种啤酒类型之外，我们在生活中还会碰到下列啤酒概念，现简单介绍如下：

（1）淡色啤酒（light beer）：色度在 2 ~ 14 EBC 的啤酒。

（2）浓色啤酒（dark beer）：色度在 15 ~ 40 EBC 的啤酒。

（3）黑色啤酒（black beer）：色度大于或等于 41 EBC 的啤酒。

（4）营养啤酒：原麦汁浓度在 2.5% ~ 5%，酒精含量在 0.5% ~ 1.8%（体积百分比数，下同）。

（5）佐餐啤酒：原麦汁浓度在 4% ~ 9%，酒精含量在 1.2% ~ 2.5%。

（6）贮藏啤酒：原麦汁浓度在 10% ~ 14%，酒精含量在 3.2% ~ 4.2%，这是世界各国最畅销的啤酒。

（7）高浓度啤酒：原麦汁浓度在 14% ~ 18%，最高 22%，酒精含量在 3.5% ~ 5.5%。

（8）低热量啤酒（low calorie beer）：20 世纪 70 年代于欧美流行，是指由低浓度麦汁酿制而成的含有 1.26 kJ/L 以下热值的啤酒，实际上是指啤酒中含有较少的糖类物质、发酵度较高的啤酒。

（9）干啤酒（dry beer）：20 世纪 80 年代后期在日本、美国推出，又称为"新一代口味啤酒"，它的原麦汁浓度在中等以下，大多为 8% ~ 10%，个别为 11% ~ 12%；真正发酵度高（72% ~ 82%），平均 75% 以上，相应的糖含量为 1.0% ~ 1.5%；苦味小（12 ~ 20 BU），平均在 14 ~ 16 BU，更淡爽，色度在 5 ~ 8 EBC，口味爽口，不粘，不甜。目前一般将真正发酵度大于 72%、口味干爽的淡色啤酒统称为干啤酒。

（10）冰啤酒（ice beer）：由美国 A–B 公司于 1992 年在加拿大开发成功，采用低温酿造，在 –2.2℃冰晶下贮藏几天，然后过滤，使酒液更清亮、新鲜、柔和、醇厚，并选用特殊的瓶或罐包装。目前我国的国家标准规定凡滤酒前经冰晶化工艺处理，口味淡爽，保质期内浊度不大于 0.8 EBC 的淡色啤酒都可称为冰啤酒。所谓冰晶化（ice crystalization）是将滤酒前的啤酒经过专用的冷冻设备进行冷冻处理形成细小冰晶的再加工过程。

（11）无醇啤酒：酒精含量低于 0.5% 的啤酒。

（12）低醇啤酒：酒精含量在 0.6% ~ 2.5% 的啤酒。

（13）淡爽啤酒：酒精含量在 2.5% ~ 3% 的啤酒。

八、精酿啤酒

前面介绍的是我国传统的啤酒酿制过程。我国的啤酒发酵工艺大多是从德国引进的，用的是下面发酵啤酒酵母，由于这类酵母密度相对较大，又具有凝集性，主发酵结束后大部分酵母细胞会沉至发酵容器的底部。下面发酵的优点是酵母分离容易，啤酒过滤方便，适于大规模工业发酵，所以下面发酵的啤酒有时也称为工业啤酒或拉格啤酒（德文 Lager 的直译，意为贮藏、窖藏）。但下面发酵啤酒的发酵度比较低，后发酵所需的时间比较长，成品啤酒中残糖含量比较高。随着啤酒行业的竞争从数量竞争转向质量竞争，市场上消费者越来越青睐精酿啤酒。对于精酿啤酒目前尚无严格的科学定义，一般将小规模精心酿制的啤酒统称为精酿啤酒，既有作坊式酒吧酿制的，也有大型企业用小型发酵罐酿制的，种类较多，是一类适合不同消费群体的个性化啤酒。精酿啤酒一般用上面发酵啤酒酵母酿制而成，上面发酵啤酒酵母属于非凝集性酵母，菌体密度相对较小，发酵过程中酵母细胞始终悬浮于发酵液中，即使发酵结束后也不会沉淀至容器底部，因此发酵度比较高，成品啤酒中的残糖含量少。但酵母的去除变得比较困难，需要用离心机离心后才能得到澄清的啤酒，因此只适合小规模酿造，有些酒吧甚至不离心直接饮用，号称原浆啤酒。

Ⅲ. 实验室啤酒发酵

啤酒发酵系列实验可以在具有制冷设备的发酵罐中进行，也可以在标本缸或三角瓶（放于生化培养箱）中进行；可以集中完成，也可以分次完成。分次实验时教师或实验员必须进行各类实验准备工作。建议第一周实验为麦芽汁制备、灭菌、菌种准备，第二周为接种和原麦汁分析，发酵 7 d 后，第三周进行嫩啤酒分析。集中实验可以和红曲发酵、谷氨酸发酵穿插进行，具体安排推荐如下：

第一天　协定法糖化试验制备麦汁，评价麦芽质量。用制备的麦芽汁配制酵母菌种扩大的一级、二级培养基（实验 3-1、3-2），灭菌备用。保温、过滤的间隙介绍啤酒分析方法。

第二天　一早将斜面酵母菌种全量接入 50 mL 麦汁三角瓶中，25℃（或室温）培养，不时摇动充氧。下午 5 时将 50 mL 一级种接至 500 mL 麦汁三角瓶中，摇动充氧，22℃培养。

第三天　一早将生化培养箱调至 20℃，摇动三角瓶，继续培养二级种。每隔 2 h 摇动充氧，并将温度调低 1℃；制备 50～60 L 麦芽汁，经煮沸后在回旋沉淀槽中冷却过夜。

第四天上午　麦汁经薄板冷却器冷却后泵至发酵罐，接入酵母菌种，第四天至第八天进行麦汁（啤酒主发酵液）分析，原则上 1、3、5、7、9 组上午分析，2、4、6、8、10 组下午分析，将结果填入表 3-4 中。

表 3-4　啤酒主发酵实验记录上午（下午）

时间	糖度	浸出物浓度	悬浮细胞数	出芽率	染色率	酸度，pH	还原糖	α-氨基氮	色度	酒精度	真正浓度
第四天											
操作组		1（2）		3（4）		5（6）		7（8）		9（10）	
第五天											
操作组		9（10）		1（2）		3（4）		5（6）		7（8）	
第六天											
操作组		7（8）		9（10）		1（2）		3（4）		5（6）	
第七天											
操作组		5（6）		7（8）		9（10）		1（2）		3（4）	
第八天											
操作组		3（4）		5（6）		7（8）		9（10）		1（2）	

第八天下午　待糖度降至4°P以下时，可进行后发酵，将温度降至0~2℃贮酒。

第十天下午　进行啤酒品尝（有条件的班级可适当购置各式啤酒进行比较）。

实验 3-1　协定法糖化试验 ▶

一、实验目的

协定法糖化试验是欧洲啤酒酿造协会（European Brewery Convention，EBC）推荐的评价麦芽质量的标准方法。我们用该法制备少量麦芽汁，用来进行酵母菌的扩大培养，并借此评价所用麦芽的质量。

二、实验原理

利用麦芽所含的各种酶将麦芽中的淀粉分解为可发酵性糖，蛋白质分解为氨基酸。麦芽糖化过程中各种酶的作用及其最适条件见表3-5。

表3-5　糖化时酶的作用及其最适条件

酶	最适pH	最适温度/℃	失活温度/℃	作用基质	作用方式
α-淀粉酶	5.6~5.8	70~75	80	淀粉	内切 α-1,4糖苷键
β-淀粉酶	5.4~5.6	60~65	70	淀粉	非还原端 α-1,4糖苷键
界限糊精酶	5.1	55~60	65	界限糊精	α-1,6糖苷键
R-酶	5.2	40	70	支链淀粉，界限糊精	非末端 α-1,6糖苷键
麦芽糖酶	6.0	35~40	40	麦芽糖	麦芽糖内键
蔗糖酶	5.5	50	55	蔗糖	蔗糖内键
内肽酶	5.0	45~50	60	蛋白质，多肽	内部肽键
羧肽酶	5.2	50	70	蛋白质，多肽	羧末端肽键
氨肽酶	7.0	45	55	蛋白质，多肽	氨基末端肽键
二肽酶	8.8	45	50	二肽	二肽中的肽键
β-1,4葡聚糖酶	4.5~4.8	40~45	55	高分子葡聚糖	β-1,4糖苷键
β-1,3葡聚糖酶	4.6~5.5	60	70	高分子葡聚糖	β-1,3糖苷键
β-葡聚糖酶溶解酶	6.6~7.0	62	72	蛋白质葡聚糖结合物	酯键
磷酸盐酶	5.0	52	60	有机磷酸盐	酯键

优质麦芽应具备如下条件：

（1）浸出物多：淡色麦芽的浸出物应达79%~82%（浸出物浓度表示100 kg原料糖

化后，麦汁中溶解性物质的质量百分数）；

（2）麦芽溶解度适当：制麦汁过程中麦芽的溶解包括细胞组织的降解和蛋白质的水解，这些生化反应的结果使麦芽变得松软，并使麦汁中氨基氮含量适中；

（3）酶活力强：酶在大麦发芽时生成，糖化就是利用麦芽含有的酶进行水解的过程，当使用谷物辅料时，选择酶活力强的麦芽更为重要；

（4）质量均匀、能赋予优良的酿造性能和啤酒质量：由于加工自动化水平的提高，判断麦芽质量的一个重要标准就是其均匀性，只有质量均匀，酿造过程才能顺利进行。

三、实验材料、试剂与仪器

1. 试剂

0.02 mol/L 碘溶液：2.5 g 碘和 5 g 碘化钾溶于 50 mL 水中，稀释到 1 000 mL。

2. 器材

白色滴板或瓷板、玻棒或温度计、滤纸、漏斗、电炉等。

3. 实验室糖化器

由恒温水浴锅和 500~600 mL 的烧杯组成糖化仪器，用玻棒搅拌或用 100℃温度计作搅拌器（此时搅拌应十分小心，以免敲碎水银头）。实验时杯内液面应始终低于水浴液面。最好采用专用糖化器，该仪器有一恒温水浴和机械搅拌装置构成。水浴上有 4~8 个孔，孔内可放一糖化杯，糖化杯用紫铜或不锈钢制成。搅拌器转速为 80~100 r/min，搅拌器的螺旋桨直径几乎与糖化杯同，但又不碰杯壁，离杯底 1~2 mm。

四、实验步骤

1. 麦芽感官质量评价

取麦芽若干，从颜色、光泽、香味等方面评价麦芽质量。啤酒麦芽的感官要求如下。

淡色麦芽：淡黄色、有光泽、具有麦芽香味、无异味、无霉粒；

浓色、黑色麦芽：具有麦芽香味及焦香味、无异味、无霉粒。

2. 协定法糖化麦汁的制备

基本流程为：

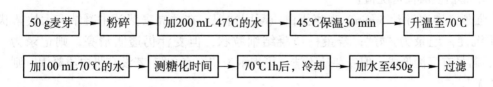

具体步骤如下：

（1）取 50 g 麦芽，用谷物粉碎机将其粉碎。

（2）在已知重量的糖化杯（500~600 mL 烧杯或专用金属杯）中，放入 50 g 麦芽粉，加 200 mL 46~47℃的水，于不断搅拌下在 45℃水浴中保温 30 min。

（3）使醪液以每分钟升温 1℃的速度，升温加热水浴，在 25 min 内升至 70℃，此时于杯内加入 100 mL 70℃的水。

（4）70℃保温 1 h 后，在 10~15 min 内急速冷却到室温。

（5）冲洗搅拌器，擦干糖化杯外壁，加水使其内容物准确质量为 450 g。

（6）用玻棒搅动糖化醪，并注于干漏斗中进行过滤，漏斗内装有直径 20 cm 的折叠滤纸，滤纸的边沿不得超出漏斗的上沿，用 1 000 mL 三角烧瓶收集滤液。

（7）收集约 100 mL 滤液，将滤液返回重滤。过 30 min 后，为加速过滤可用一玻棒稍稍搅碎麦糟层。将所有滤液收集于一干烧杯中。在进行各项试验前需将滤液搅匀。

3. 糖化时间的测定

（1）在协定法糖化过程中，糖化醪温度达 70℃时记录时间，5 min 后用玻棒或温度计取麦芽汁 1 滴，置于白滴板（或瓷板）上，再加碘液 1 滴，混合，观察颜色变化；

（2）每隔 5 min 重复上述操作，直至碘液不变色（呈黄色）为止，记录此时间。

从糖化醪温度达到 70℃开始至糖化完全无蓝色反应时止，所需时间为糖化时间。报告以每 5 min 计算：

如 < 10 min；

  10~15 min；

  15~20 min 等。

正常范围值：

  浅色麦芽：15 min 内；

  深色麦芽：35 min 内。

4. 过滤速度的测定

以从麦汁返回重滤开始至全部麦汁滤完为止所需的时间来计算，以快、正常和慢等来表示。1 h 内完成过滤的规定为"正常"；过滤时间超过 1 h 的报告为"慢"。

5. 气味的检查

糖化过程中注意糖化醪的气味。具有相应麦芽类型的气味规定为"正常"，因此深色麦芽若有芳香味，应报以"正常"；若样品缺乏此味，则以"不正常"表示。其他异味亦应注明。

6. 透明度的检查

麦汁的透明度用透明、微雾、雾状和混浊表示。

7. 蛋白质凝固情况检查

强烈煮沸麦芽汁 5 min，观察蛋白质凝固情况。在透亮麦芽汁中凝结有大块絮状蛋白质沉淀，记录为"好"；若蛋白质凝结细粒状，但麦汁仍透明清亮，则记录为"细小"；若虽有沉淀形成，但麦芽汁不清，可表示为"不完全"；若没有蛋白质凝固，则记录为"无"。

8. 其他理化指标的检查

麦汁的理化指标分析参见下述啤酒分析方法。

五、注意事项

1. 粉碎最好用 EBC 粉碎机，一般要求粗粒与细粒（包括细粉）的比例达 1 : 2.5 以上。麦皮在麦汁过滤时形成自然过滤层，因而要求破而不碎。如果麦皮粉碎过细，不但会造成麦汁过滤困难，而且麦皮中的多酚、色素等溶出量增加会影响啤酒的色泽和口味。但麦皮粉碎过粗，难以形成致密的过滤层，会影响麦汁浊度和得率。麦芽胚乳是浸出物的主要来源，应粉碎得细些。

2. 为了使麦皮破而不碎，最好稍加回潮后进行粉碎。

3. 实验中所述的温度指糖化杯内的温度。若用水浴锅加热，则水浴的温度应适当调高些。

4. 搅拌时应用玻璃棒，而不宜用温度计，以免温度计破损、污染麦汁。

六、思考题

1. 分析糖化工艺与麦芽中各种酶的作用之间的相关性。

2. 为什么升温至 70℃ 与碘液反应完全后，还要继续保温？

实验 3-2　啤酒酵母的纯种分离

一、实验目的

学习酵母菌种的纯种分离技术。

二、实验原理

关于纯种分离，在基础微生物学实验中已学过稀释分离法和划线分离法，这里不再重复。这两种方法虽然简单，但并不能保证分离所得菌种为纯种。而单细胞分离法因可用显微镜直接检查，其纯度能得到充分保证。

林德奈单细胞分离法，即小滴培养法（图 3-14），是用培养基将酵母菌液稀释至每一小滴差不多含一个酵母细胞，然后在显微镜下确证只含一个细胞的小滴，经适当培养后，扩大保存。

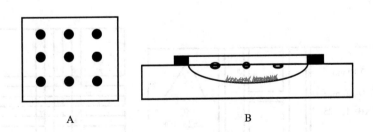

图 3-14　小滴培养示意图

A. 盖玻片上小滴点样示意图　B. 凹载片湿室小滴培养示意图

三、实验材料、试剂与仪器

显微镜、凹载玻片、计数板、盖玻片等。

四、实验步骤

1. 用计数板计数酵母，用培养基对其进行高倍稀释，稀释至每 2 μL 培养基（与上述实验原理中的 1 小滴大小相同）中大致含一个酵母。稀释过程应遵循无菌操作规程。

2. 用微量移液器吸取 2 μL 酵母稀释液至已灭菌的盖玻片上，每张玻片可滴 9 滴（图 3-14），倒放于已灭菌的凹载玻片上（凹载玻片的湿室中加一滴无菌水），显微镜下观察，找到只含一个酵母菌的小滴，做上记号。

3. 30℃培养一定时间后，用移液枪吸走标记的酵母菌液，进行扩大培养和菌种保藏。

五、注意事项

因小滴易干，操作时动作要快。培养时要用湿室，注意无菌操作。

六、思考题

如果没有微量移液器，是否可用称重的方法来确定每一小滴液体的体积（假设稀释液的相对密度为 1）？

实验 3-3　啤酒酵母的计数 ▶

一、实验目的

学习用血细胞计数板计数酵母数量的方法。

二、实验原理

啤酒发酵时，必须接入一定数量的酵母细胞；在发酵过程中，为了跟踪发酵的进程，判断发酵是否正常，也有必要测定悬浮酵母细胞的含量，酵母的计数常用血细胞计数板法。血细胞计数板（图 3-15）是一块长方形的玻璃板，被 4 条凹槽分隔成 3 个部

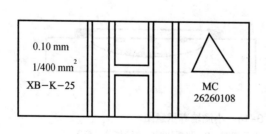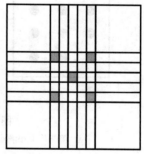

图 3-15　血细胞计数板示意图

左图中左半部为计数板特性，0.10 mm 表示放上盖玻片后计数室高度为 0.10 mm，$1/400$ mm^2 表示有 400 个小格，每个小格的面积为 $1/400$ mm^2，XB-K-25 表示该计数板有 25 个中格；中间部分为上下两个计数室；右边部分为商标。右图为计数室的放大，计数室（中央一个大格）由 25 个中格组成，每个中格又可分为 16 个小格（图中未显示出）

分，中间部分又被一横槽隔成上下两半，每一半上各刻有 1 个方格网。方格网的边长为 3 mm，分为 9 个正方形大格，每 1 大格为 1 mm^2。其中中间的大格被横向和纵向的双线分成 25（或 16）个中格，每个中格又被单线分成 16（或 25）个小格，因此 1 个大格中共有 $25 \times 16 = 400$ 个小格。这样的一个大格就是一个计数室。由于计数室比板表面要低 0.1 mm，因此盖上盖玻片后，整个计数室的容积就是 0.1 mm^3，相当于 0.000 1 mL。

计数时，先让计数室中充满待检溶液，然后计数 400 个小格中的酵母细胞总数，就可换算出 1 mL 发酵液中的总菌数。

三、实验材料、试剂与仪器

显微镜、血细胞计数板、盖玻片等。

四、实验步骤

1. 取清洁的血细胞计数板一块，平放于桌面上，在计数室上方加盖专用盖玻片。

2. 取酵母菌液（除气发酵液）一小滴，滴至盖玻片的边缘，让菌液自然渗入计数室内，注意计数室内不能留有气泡。

3. 静置 5 min，让酵母细胞稳定附着于计数室内。

4. 将计数板置于显微镜的载物台上，先用低倍镜找到计数板的方格网，并移至视野中间（寻找时可通过缩小光圈，降低聚光镜，开低电源电压等方式减少进光量，使视野稍偏暗）。

5. 找到计数室位置（中间一个大方格），并看清由双线包围的中方格（16 或 25 格）及由单线包围的小方格（共 400 格）。

6. 计数计数室内的酵母细胞总数，必要时可在高倍镜下观察。

若酵母细胞过多，可采取以下方式。

（1）稀释后再计数；

（2）有代表性地选择左上、左下、右上、右下、中间 5 个中方格（图 3-15 中阴影区域），计数其内的菌数，求得每个中方格的平均值，然后乘以中方格数，即得每个大格内的细胞总数；

（3）在上述 5 个中方格中选择处于顶角的 4 个小方格，计数。计算 20 个小方格中的总菌数，再乘以 20，即得大格内的细胞总数。

7. 计算
$$酵母细胞数 /mL = 大格中的细胞总数 \times 10\,000 \times 稀释倍数$$

8. 血细胞计数板的清洗

计数结束后，应立即将血细胞计数板用流水冲洗干净。若菌液变干，酵母细胞固定在计数板上，则很难用流水冲洗干净，必须用优质脱脂棉湿润后轻轻擦洗，再用流水冲洗干净，晾干（千万不能加热，否则计数室内的线条会变形）。

五、注意事项

1. 血细胞计数板的计数室内刻度非常精细，清洗时切勿用试管刷或其他粗糙物品擦拭。

2. 加样前，应先确保计数室内干燥无杂物，然后放好盖玻片，让菌液自然吸入。如果先加菌液，则由于盖玻片较轻，可能会浮在菌液上，这样计数室内的容积就不再是0.000 1 mL 了。因此，为了使结果更加准确，最好不要用普通的薄盖玻片来替代。

3. 计数时，为避免重复或遗漏，对压在方格线上的细胞，应遵循数上不数下、数左不数右的原则（即凡压在上部或左面线上的细胞，都应计数入内；凡压在下部或右面线上的菌体，都应忽略不计）。对出芽细胞，如果子细胞大于母细胞的一半，则应算作两个细胞。

4. 下面发酵的酵母易沉降，加样前要摇匀。

六、思考题

计数时，若发现计数板不干净，怎样快速地清洗计数板？

实验 3-4　啤酒酵母的质量检查

一、实验目的

学习酵母菌种的质量鉴定方法，测定本系列实验中所用啤酒酵母的性状。

二、实验原理

酵母的质量直接关系到啤酒的好坏。酵母活力强，发酵就旺盛；若酵母被污染或发生变异，酿制的啤酒就会变味。因此，不论在酵母扩大培养过程中，还是在发酵过程中，必须对酵母质量进行跟踪调查，以防产生不正常的发酵现象。必要时对酵母进行纯种分离，对分离到的单菌落再进行发酵性能的检查。

三、实验材料、试剂与仪器

1. 培养基

乙酸钾（钠）培养基：葡萄糖 0.6 g/L，蛋白胨 2.5 g/L，乙酸钾（钠）5 g/L，琼脂 20 g/L，pH 7.0。

2. 试剂

（1）0.025% 美蓝（亚甲蓝，methylene blue）水溶液：0.025 g 美蓝溶于 100 mL 水中；

（2）乙酸缓冲液（pH 4.5）：0.51 g 硫酸钙，0.68 g 硫酸钠，0.405 g 冰乙酸溶于 100 mL 水中。

3. 器材

显微镜、恒温水浴、温箱、高压蒸汽灭菌锅、带刻度的锥形离心管等。

四、实验步骤

1. 显微形态检查

载玻片上放一小滴蒸馏水，挑酵母培养物少许，盖上盖玻片，在高倍镜下观察。优良健壮的酵母应形态整齐均匀、表面平滑，细胞质透明均一。年幼健壮的酵母细胞内部充满细胞质；老熟的细胞出现液泡，呈灰色，折光性较强；衰老的细胞中液泡多，颗粒性贮藏物多，折光性强（图 3–16）。

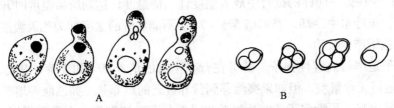

图 3–16　啤酒酵母的形态（A）及野生酵母的子囊孢子（B）

2. 死亡率检查

方法同上，可用水浸片法，也可用血球计数板法。酵母菌液（或啤酒发酵液）与 0.025% 美蓝水溶液 1∶1 混合后，由于活细胞具有脱氢酶活力，可将蓝色的美蓝还原成无色的美白，因此染不上颜色，而死细胞则被染上蓝色。

一般新培养酵母的死亡率都在 1% 以下，生产上如果发现酵母的死亡率大于 3%，应弃去并重新培养酵母菌种。

3. 出芽率检查

出芽率是指出芽的酵母细胞数占总酵母细胞数的比例。随机选择 5 个视野，观察出芽酵母细胞所占的比例，取平均值。一般健壮的酵母在对数生长期出芽率可达 60% 以上。

4. 凝集性试验

对下面发酵来说，凝集性的好坏牵涉到发酵的成败。若凝集性太强，酵母沉降过快，发酵度就低；若凝集性太弱，发酵液中悬浮有过多的酵母细胞，给后期的过滤造成很大的困难，使啤酒带有酵母味。

凝集性可通过本斯试验来确证。将 1 g 酵母湿菌体与 10 mL pH 4.5 的乙酸缓冲液混合，20℃平衡 20 min，充分振荡使酵母悬浮，加至带刻度的锥形离心管内，每隔 1 min 记录沉淀酵母的容量，连续记录 20 min。实验后，检查 pH 是否保持稳定。

规定 10 min 时的沉淀酵母量在 1.0 mL 以上者为强凝集性，0.5 mL 以下者为弱凝集性。

啤酒酵母根据凝集性的不同可分为两种类型：

（1）上面发酵啤酒酵母：凝集性弱，进行上面发酵，发酵温度相对较高（15～20℃）。发酵结束后，大部分酵母仍悬浮在发酵液中。例如英国著名的淡色爱尔啤酒（Ale）、司陶特（Stout）黑啤酒等。上面发酵啤酒一般发酵度较高。

（2）下面发酵啤酒酵母：凝集性强，进行下面发酵，发酵温度在 10℃左右。在发酵过程中发酵液中的悬浮酵母慢慢减少，发酵结束后，大部分酵母沉于容器底部。例如捷克的比尔森（Pilsen）啤酒、德国的慕尼黑啤酒和多特蒙德啤酒、丹麦的嘉士伯啤酒等，我国的啤酒多属于此类型。下面发酵啤酒一般发酵度相对较低。

5. 死灭温度检测

死灭温度可以作为酵母菌种鉴别的一个重要指标。一般说来，培养酵母的死灭温度在

52~53℃，而野生酵母或变异酵母的死灭温度往往较高。

温度试验范围一般为48~56℃，温度间隔为1℃或2℃。在已灭菌的麦汁试管中（内装5 mL 12°P麦汁）接入培养24 h的酵母发酵液0.1 mL，放于恒温水浴内，每一样品做3个平行试验；并在另一同样的试管中放入温度计，待温度计达到所需温度时开始计时，保持10 min后，置冷水中冷却，25℃培养5~7 d。不能发酵的温度即为死灭温度。

6. 子囊孢子产生试验

子囊孢子是酵母的有性孢子。酵母在营养丰富的培养基（如麦芽汁培养基）中培养时，一般只进行无性繁殖，但如果突然移到营养贫乏的培养基（如乙酸钾培养基）上，孢子就会被诱导出来。子囊孢子的产生试验也是酵母菌种鉴别的一个重要指标。一般说来，酿造酵母无论怎么诱导都不能形成子囊孢子，而野生酵母较易形成子囊孢子，每一个子囊内一般可产生1~4个孢子（图3-16）。

将酵母菌体先在麦芽汁琼脂培养基上活化，然后移接到乙酸钾培养基上，25℃培养48 h后，挑取菌苔少许，制成水浸片，用显微镜检查子囊孢子的产生情况。

7. 发酵性能测定

酵母的发酵度反映酵母对各种糖的利用情况。有些酵母不能利用麦芽三糖，发酵度就低；有些酵母甚至能利用麦芽四糖或异麦芽糖，发酵度就高。

将150 mL麦汁盛放于250 mL三角烧瓶中，0.05 MPa灭菌30 min，冷却后加入泥状酵母1 g，置于25℃温箱中发酵3~4 d，每隔8 h摇动一次。发酵结束后，滤去酵母，蒸出乙醇，添加蒸馏水至原体积，测相对密度（见实验3-13）。

（1）外观发酵度 = $(P-m)/P \times 100\%$

（2）实际发酵度 = $(P-n)/P \times 100\%$

式中：P 为发酵前麦芽汁浓度；

m 为发酵液外观浓度（不排除乙醇）；

n 为发酵液的实际浓度（蒸去乙醇后）。

一般外观发酵度应为66%~80%，实际发酵度为55%~70%。

五、注意事项

1. 检查酵母的死亡率时应计数5个以上的视野，分别记下蓝色的细胞数占总细胞数的比例。操作不能太慢，特别在夏季，水滴容易干掉，酵母也容易死亡；在显微镜下放置时间长，易热死。

2. 出芽率检查时注意区分出芽与细胞之间的凝聚粘连，若细胞浓度高，可适当稀释以减少凝聚粘连。

3. 死灭温度测定时以试管内的温度为准，不能只测水浴锅的温度。

六、思考题

1. 怎样区分啤酒酿造酵母与野生酵母？

2. 在啤酒生产中是否可以采用混菌发酵，即用2种或2种以上的酵母菌株混合接入麦芽汁中进行发酵？为什么？

一、实验目的

学习酵母菌种的扩大培养方法，为啤酒发酵准备菌种。

二、实验原理

现代发酵工业的生产规模越来越大，每只发酵罐（池）的容积有几十甚至几百立方米。因此要在短时间内完成发酵，必须要有数量巨大的微生物细胞才行。种子扩大培养的任务就是要获得数量足够的健壮微生物。

另外，微生物的最适生长温度与发酵最适温度往往不同，为了保证菌种的活力，尽量缩短菌种的适应时间（延迟期）。在种子扩大培养过程中要逐渐从生长最适温度过渡到发酵最适温度。

在啤酒发酵中接种量一般控制在麦汁量的 10% 左右（使发酵液中的酵母量达 1×10^7 个 /mL）。酵母的最适生长温度为 30℃，而发酵最适温度在 10℃ 左右，因此扩大培养过程中温度应逐渐降低。

三、实验材料、试剂与仪器

恒温培养箱、生化培养箱、显微镜等。

四、实验步骤

本次实验拟用 60 L 麦芽汁，按接种量 10% 计算，应制备 6 000 mL 含 1×10^8 个酵母 /mL 的菌种。若每班分 10 个组，则每组应制备约 600 mL 菌种。建议流程如下：

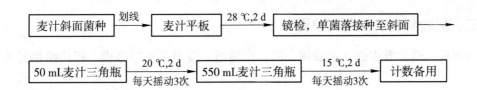

菌种的分离纯化应由教师提前准备，菌种扩大培养由学生进行，若实验时间紧，可加大接种量，缩短培养时间。

1. 培养基的制备

取协定法制备的麦芽汁滤液（约 400 mL），加水定容至约 600 mL，用糖锤度计测定其糖度，并补加葡萄糖把糖度调整至 10°P。取 50 mL 装入 250 mL 三角瓶中，另 550 mL 装至 1 000 mL 三角瓶中，包上瓶口布和牛皮纸后，0.05 MPa 灭菌 30 min。

2. 菌种扩大培养

按上面流程进行菌种的扩大培养（斜面活化菌种由教师提供），注意无菌操作。接种后去掉牛皮纸，但仍应用瓶口布（8层纱布）封口。若实验时间紧，可将整支斜面的菌苔接入 50 mL 麦汁中，25～20℃培养 24 h，然后全量接入 550 mL 麦汁中，20～15℃培养 24 h，每天摇动 3 次。

五、注意事项

1. 灭菌后的培养基会有不少沉淀，这不影响酵母的繁殖。若要减少沉淀，可在灭菌前将培养基充分煮沸并过滤。

2. 由于酵母的扩大培养（繁殖）是一个需氧的过程，因此要经常摇动，特别是灭过菌的培养基内几乎没有溶解氧，接种之后应充分摇动。

六、思考题

1. 菌种扩大过程中为什么要慢慢扩大，培养温度为什么要逐级下降？
2. 是否可以用摇瓶培养来扩大酵母菌种，为什么？（提示：酵母有氧生长时会形成大量线粒体）

实验 3-6　小型啤酒酿造设备介绍及发酵罐的消毒

一、实验目的

熟悉啤酒酿造工艺流程，对发酵罐进行消毒，为发酵作好准备。

二、实验原理

啤酒酿造包括麦芽粉碎、麦汁糖化、麦醪过滤、麦汁煮沸、麦汁冷却及啤酒发酵等几个过程。啤酒发酵是纯种发酵（虽然也有 2 个或 2 个以上酵母菌株按一定比例混合发酵的类型），必须先对空的发酵罐进行消毒处理。

三、实验材料、试剂与仪器

粉碎机、糖化煮沸锅、过滤槽、回旋沉淀槽、发酵罐、制冷机、板式换热器等（图3-17）。

四、实验步骤

1. 熟悉并清洗各项设备。
2. 回旋沉淀槽、饮料泵、板式换热器和发酵罐用食品级稳定性二氧化氯（0.02%）循环清洗 30 min，然后用清水洗去消毒液，再用 80℃热水循环消毒 30 min。
3. 糖化，发酵。
4. 待各项设备使用结束后，应及时进行清洗和消毒。

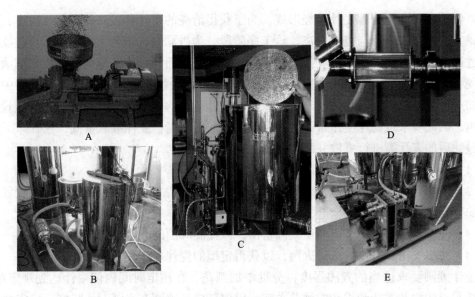

图 3-17　小型发酵设备介绍
A. 粉碎机　B. 从左至右为发酵罐、回旋沉淀槽和糖化锅　C. 过滤槽和滤板
D. 过滤后的清亮麦汁　E. 冷冻机（左）、薄板冷却器（中）和冰水罐（右）

五、注意事项

在正式发酵之前必须把残余的二氧化氯清洗干净。

六、思考题

还可用什么方法对发酵设备进行消毒？查阅资料，比较各种消毒方法的优缺点。

实验 3-7　麦汁的制备

一、实验目的

熟悉麦汁的制备流程，为啤酒发酵准备原料。

二、实验原理

　　麦汁制备包括原料糖化、麦醪过滤和麦汁煮沸等几个步骤。糖化一般分阶段进行，先将糖化醪调至 35℃，使麦芽中的酶最大限度地溶出。在麦芽酶类中，α- 淀粉酶和 β- 淀粉酶是两种关键酶，它们的最适 pH 均在 5.6 左右。α- 淀粉酶最适作用温度为 70℃左右，50℃以下活性很弱，80℃时失活，其作用方式为不规则地切断淀粉的 α-1，4 糖苷键，产物大部分为糊精，也生成少量麦芽糖、异麦芽糖及葡萄糖。β- 淀粉酶的最适作用温度为 60～65℃，能从淀粉及糊精的非还原末端依次切下麦芽糖，同时发生瓦尔登（Walden）转位反应，即构型翻转，由 α 构型转变为 β 构型。

糖化结束后，意味着麦汁已经形成。为了获得清亮的麦汁和较高的麦汁收得率，应采用过滤方法尽快将麦汁与麦糟分离。该工序阶段分为过滤和洗糟两个操作单元。过滤是麦汁通过过滤介质（麦糟层）和支撑材料（滤布或筛板）而得到澄清液体的过程，滤液称为头道麦汁或过滤麦汁。洗糟是利用热水（约 78℃，称为洗糟水）洗出残留于麦糟中的浸出物的过程，洗出的麦汁称为二道麦汁或洗涤麦汁。过滤的好坏对麦汁的产量和质量有重要影响，因此要求过滤速度正常，洗糟后残糟含糖量适当，麦汁吸氧量低，色香味正常。

过滤后的麦汁需进行煮沸并添加酒花。其目的是：

（1）蒸发多余水分，使麦汁浓缩到规定浓度；

（2）使酒花有效成分溶入麦汁中，赋予麦汁独特的香气和爽口的苦味，提高麦汁的生物和非生物稳定性；

（3）使麦汁中可凝固性蛋白质凝固析出，以提高啤酒的非生物稳定性；

（4）使酶失活，对麦汁进行灭菌，以获得定型的麦汁。

麦汁煮沸要求适当的煮沸强度，分批添加酒花，在预定时间内使麦汁达到规定浓度，并保持明显的酒花香味和柔和的酒花苦味，以保证成品啤酒有光泽、风味好、稳定性高。

三、实验材料、试剂与仪器

糖化车间一般有 4 种设备，即糊化锅、糖化锅、麦汁过滤槽和麦汁煮沸锅。本实验由于受条件限制，只能采用单式设备，即将糖化锅和麦汁煮沸锅合二为一，以浸出糖化法用全麦芽来制作麦汁。

四、实验步骤

1. 麦芽用量的计算

糖化用水量一般按下式计算：

$$W = A（100-B）/B$$

式中：B 为过滤开始时的麦汁浓度（第一麦汁浓度）；

A 为 100 kg 原料中含有的可溶性物质（浸出物质量百分比）；

W 为 100 kg 原料（麦芽粉）所需的糖化用水量（L）。

例：我们要制备 60 L 10°P 的麦汁，如果麦芽的浸出物为 75%，请问需要加入多少麦芽粉？

因为 $W = 75（100-10）/10 = 675$ L

即 100 kg 原料需 675 L 水，则要制备 60 L 10°P 的麦汁，大约需要添加 10 kg 的麦芽粉和 50 L 左右的饮用水。

2. 麦芽粉碎

称取 10 kg 麦芽，用谷物粉碎机粉碎，注意调节粉碎颗粒度，使粗细粉比例控制在 1∶2.5，同时使麦皮破而不碎。必要时可稍稍回潮后再粉碎。

3. 糖化

糖化是利用麦芽中所含的酶将麦芽和辅助原料中的不溶性高分子物质逐步分解为可溶性低分子物质的过程。制成的浸出物溶液就是麦汁。

传统的糖化方法主要有两大类：

（1）煮出糖化法：利用酶的生化作用及热的物理作用进行糖化的一种方法；

（2）浸出糖化法：纯粹利用酶的生化作用进行糖化的方法。

本实验采用浸出糖化法。在糖化锅内加入约 50 L 纯净水，开启搅拌机，将粉碎后的麦芽粉缓慢倒入糖化锅内，使麦芽粉分散均匀。然后按下述流程糖化：

$35 \sim 37℃$，保温 30 min → $50 \sim 52℃$ 60 min → 65℃ 30 min（碘液反应完全）→ $76 \sim 78℃$ 送入过滤槽。

4. 麦汁过滤

麦汁过滤即将糖化醪中的浸出物与不溶性麦糟分开，以得到澄清麦汁的过程。由于过滤槽底部是筛板，要借助麦糟形成过滤层来达到过滤的目的，因此前 30 min 的滤出物应返回重滤。头道麦汁滤完后，应用适量 $76 \sim 78℃$ 热水洗糟，得到洗涤麦汁。

麦汁在过滤过程中，由于麦糟层中空隙的堵塞，过滤速度会越来越慢，此时可适当搅动上层麦糟。但必须注意，不能破坏下层麦糟，否则流出的麦汁会变得浑浊不清。

5. 麦汁煮沸

麦汁煮沸是将过滤后的麦汁加热煮沸以稳定麦汁成分的过程。此过程中可加入酒花（一种称为蛇麻的植物的花朵，含苦味和香味成分，每 60 L 麦汁中添加约 80 g）。

煮沸的目的主要是破坏酶的活性，使蛋白质沉淀，浓缩麦汁，浸出酒花成分，降低 pH，蒸出恶味成分，杀死杂菌和形成一些还原物质。

添加酒花的目的主要为赋予啤酒特有的香味和爽快的苦味，增加啤酒的防腐能力，提高啤酒的非生物稳定性。

使过滤后的澄清麦汁流入煮沸锅中，夹套通蒸汽加热至沸腾，分 $2 \sim 3$ 次加入酒花，煮沸时间一般维持在 $1.5 \sim 2$ h，蒸发量达 $15\% \sim 20\%$（蒸发时尽量开口，煮沸结束时，为了防止空气中的杂菌进入，最好密闭）。

6. 回旋沉淀及麦汁预冷却

回旋沉淀槽是一种直立的圆柱槽。将煮沸后的麦汁从切线方向泵入槽内，麦汁喷射方向与槽内液面水平，使麦汁沿槽壁回旋而下，产生回旋效应，一方面通过扩大蒸发面使麦汁预冷却，另一方面凭借离心力使凝固物沉积在槽底，使麦汁中的絮凝物快速沉淀。麦汁泵入回旋沉淀槽后，为了使冷凝物得以沉淀，可用自来水淋洗外壁，使麦汁快速降温。待固液相分离完毕，麦汁由槽底边口流出，进行冷却。沉积在槽底的凝固物尚含 80% 左右的麦汁，可进一步回收。

7. 麦汁冷却

将回旋沉淀后的预冷却麦汁通过薄板冷却器与冰水进行热交换，从而使麦汁冷却到发酵温度的过程。薄板冷却器由许多片带沟纹的不锈钢板制成，两块一组，连接处垫有橡皮垫圈以防渗漏（图 3-18）。麦汁和冷却剂通过压力泵输送，以湍流形式运动，循着不锈钢板两面的沟纹逆向流动而进行热交换。各冷却板对可以串联、并联或组合使用。板的角上布有小孔，可让麦汁或冷却剂通过。

麦汁冷却的目的主要有：

（1）降至酵母发酵的最适温度并充入足量的氧气，以利于酵母增殖；

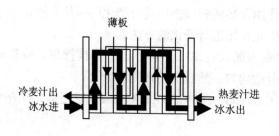

薄板

冷麦汁出
冰水进

热麦汁进
冰水出

图 3-18　薄板冷却器操作原理示意图

（2）除去煮沸及冷却过程中凝聚的沉淀物与酒花糟，以利于发酵进行。

麦汁冷却时间应尽量短，沉淀完全，且损失尽可能少，此外还要防止杂菌污染。

8. 设备清洗

由于麦汁营养丰富，各项设备及管阀件（包括糖化煮沸锅、过滤槽、回旋沉淀槽及板式换热器）使用完毕后，应及时用热碱水和热水清洗。

五、注意事项

1. 若加热或煮沸过程中将蒸汽直接通入麦汁中，则由于蒸汽的冷凝，麦汁量会增加，麦汁浓度会降低，因此宜用夹套加热的方法。

2. 麦汁煮沸后的各步操作应尽可能无菌，特别是各管道及薄板冷却器应先进行消毒处理。

六、思考题

麦芽粉碎程度会对过滤产生怎样的影响？

实验 3-8　糖度的测定

一、实验目的

学习用糖锤度计测定糖度的方法。

二、实验原理

麦汁的好坏将直接关系到啤酒的质量。工业上一般根据啤酒品种的不同制造不同类型的麦汁，因此及时分析麦汁的质量、调整麦汁制造工艺显得尤为重要。麦汁的主要分析项目有麦汁浓度、总还原糖含量、氨基氮含量、酸度、色度及苦味质含量等。一般分析项目应在麦汁冷却 30 min 后取样。样品冷却后，以滤纸过滤，滤液放于灭菌的三角瓶中，低温保藏。全部分析应在 24 h 内完成。

为了调整啤酒酿制时的原麦汁浓度，控制发酵的进程，常常在麦汁制造及啤酒发酵过程中用简易的糖锤度计法测定麦汁的浓度。糖锤度计实际上是一种简易密度计，主要是测定麦汁及啤酒中所含的浸出物含量，浸出物越多，密度也越大。

浸出物是指啤酒中以胶体形式存在的一组物质，包括以下几种组分：

（1）糖类：是啤酒热值的重要来源，包括 0.8% ~ 1.2% 可发酵性糖以及约 2% 非发酵性糖（1.6% ~ 2% 的低聚糖和糊精、0.03% ~ 0.13% β- 葡聚糖、0.03% 戊聚糖等）。低聚糖含量高，可使啤酒口味醇厚，但若可发酵性糖残留过高，会引起啤酒冷浑浊，不利于啤酒的生物稳定性。

（2）含氮物质：麦汁经发酵后，一部分低分子含氮物质被酵母同化，大部分蛋白质因沉降而析出，使含氮物质含量下降；同时酵母在代谢过程中也会分泌少量含氮物质，又会使含氮量有所增加。啤酒中的含氮物质约为 300 ~ 800 mg/L（以氮计），相当于麦汁含氮量的 55% ~ 65%。

（3）维生素和无机矿质元素：啤酒中含有较多的维生素 B（维生素 B_1 0.02 ~ 0.06 mg/L，维生素 B_2 0.21 ~ 1.3 mg/L）和维生素 C（10 ~ 20 mg/L），还有 0.1% ~ 0.2% 无机矿质元素（以灰分计）。它们除赋予啤酒营养价值外，还有一些特殊的功效，如铁、钴、镍的盐类能促进啤酒起泡，钴盐还具有防止喷涌的作用，但铁、铜是氧化反应的催化剂，含量过高会使香味劣化，并引起啤酒浑浊，硫酸的镁盐、钠盐会增加啤酒的涩味。

（4）苦味质和多元酚：啤酒中的苦味物质是一系列被称为异 α- 酸的化合物。啤酒的苦味质含量一般为 15 ~ 40 BU，花色苷为 30 ~ 40 mg/L，多元酚为 100 ~ 200 mg/L。花色苷过高会破坏啤酒的胶体稳定性及香味稳定性。

此外，啤酒的浸出物中还含有微量脂质（中性脂肪约 0.5 mg/L）、色素物质（类黑精、还原酮及焦糖）和有机酸（乙酸 60 ~ 140 mg/L、脂肪酸约 10 mg/L）。

三、实验材料、试剂与仪器

糖锤度计、量筒、温度计等。

四、实验步骤

1. 糖锤度计的熟悉

糖锤度计即糖度表（图 3-19），又称勃力克斯密度计，是用纯蔗糖溶液的质量分数来

密度	°Bx
1.002 50	0.641
1.017 45	4.439
1.039 85	9.956

图 3-19　糖锤度计

表示的。它的刻度称为勃力克斯刻度（Brixsale，简写°Bx），规定在20℃时使用。勃力克斯糖度与密度的关系举例如图3-19左框所示（20℃）。

糖度与密度之间有公式可换算，同一溶液若测定温度小于20℃，则因溶液收缩，密度比20℃时要高。若液温高于20℃则相反。不在20℃时测得的数值应进行校准，从表3-6的第一行中找到近似的糖度值，从第一列中找到测定温度，则可在该温度行与糖度列的交汇处读出校正值。测定温度在20℃以上时加上该值，在20℃以下时减去该值。我们说某溶液是多少°Bx或多少糖度，应是指20℃的数值。若是在20℃以外用糖度表测得的数值，应加温度说明。

柏拉图度（Plato，°P）是一种与°Bx相同的表示密度的刻度，也以在20℃时纯蔗糖溶液的质量分数表示。很明确，柏拉图度就是指20℃时的糖度，没有如13℃时多少°P的含糊叫法，因为只有勃力克斯密度计，没有柏拉图密度计，所以它纯粹是一种标准而已。

麦汁浓度常用柏拉图度表示，有时也用°Bx表示。其换算举例如下：

在11℃液温下用糖度表测得啤酒主发酵液为4.2糖度，问20℃的糖度为多少°Bx？多少°P？查糖锤度与温度校正表（表3-6），11℃时的4.2糖度应减去0.34得3.86，即20℃时为3.86°Bx，亦即3.86°P。

新版的国家标准规定原麦汁浓度用柏拉图度表示，意指100g麦汁中含有浸出物的克数。

巴林密度计：含义与勃力克斯密度计相同，但规定在17.5℃使用，而不是在20℃使用。

糖度表本身作为产品允许出厂误差为0.2°Bx，放在啤酒发酵液中指示时，由于CO_2上升的冲力使表上升，而读数偏高，故刚从发酵容器取出的样品须过半分钟待CO_2逸走后再读数。糖度表放在发酵液中作长期观测时应定时清洗，否则浮在液面的泡盖物质会干结在表上，造成明显的读数偏差。

2. 糖度的测定

取100 mL麦汁或除气啤酒，放于100 mL量筒中，放入糖锤度计，待稳定后，从糖锤度计与麦汁液面的交界处读出糖度，同时测定麦汁温度，根据校准值计算20℃时的麦汁糖度。若糖度较低，糖度计不能浮起来，可多加一些麦汁，直至糖度计浮在液体中。糖度计测得的糖度与液体的密度有关，而与量筒中所加液体的体积无关。

表3-6　糖锤度与温度校正表（部分）

温度	1°Bx	2°Bx	3°Bx	4°Bx	5°Bx	6°Bx	7°Bx	8°Bx	9°Bx	10°Bx	11°Bx	12°Bx
10℃	0.33	0.34	0.36	0.37	0.38	0.39	0.40	0.41	0.42	0.43	0.44	0.45
11℃	0.32	0.33	0.33	0.34	0.35	0.36	0.37	0.38	0.39	0.40	0.41	0.42
12℃	0.30	0.30	0.31	0.31	0.32	0.33	0.34	0.34	0.35	0.36	0.37	0.38
13℃	0.27	0.27	0.28	0.28	0.29	0.30	0.30	0.31	0.31	0.32	0.32	0.33
14℃	0.24	0.24	0.24	0.25	0.26	0.27	0.27	0.28	0.28	0.29	0.29	0.30
15℃	0.20	0.20	0.20	0.21	0.22	0.22	0.23	0.23	0.24	0.24	0.24	0.25

温度	1°Bx	2°Bx	3°Bx	4°Bx	5°Bx	6°Bx	7°Bx	8°Bx	9°Bx	10°Bx	11°Bx	12°Bx
16℃	0.17	0.17	0.18	0.18	0.18	0.18	0.19	0.19	0.20	0.20	0.20	0.21
17℃	0.13	0.13	0.14	0.14	0.14	0.14	0.14	0.15	0.15	0.15	0.15	0.16
18℃	0.09	0.09	0.10	0.10	0.10	0.10	0.10	0.10	0.10	0.10	0.10	0.10
19℃	0.05	0.05	0.05	0.05	0.05	0.05	0.05	0.05	0.05	0.05	0.05	0.05
	−	−	−	−	−	−	−	−	−	−	−	−
20℃	0	0	0	0	0	0	0	0	0	0	0	0
	+	+	+	+	+	+	+	+	+	+	+	+
21℃	0.04	0.05	0.05	0.05	0.05	0.05	0.05	0.06	0.06	0.06	0.06	0.06
22℃	0.10	0.10	0.10	0.10	0.10	0.10	0.10	0.11	0.11	0.11	0.11	0.11
23℃	0.16	0.16	0.16	0.16	0.16	0.16	0.16	0.17	0.17	0.17	0.17	0.17
24℃	0.21	0.21	0.22	0.22	0.22	0.22	0.22	0.23	0.23	0.23	0.23	0.23
25℃	0.27	0.27	0.28	0.28	0.28	0.28	0.29	0.29	0.30	0.30	0.30	0.30
26℃	0.33	0.33	0.34	0.34	0.34	0.34	0.35	0.35	0.36	0.36	0.36	0.36
27℃	0.40	0.40	0.41	0.41	0.41	0.41	0.41	0.42	0.42	0.42	0.42	0.43
28℃	0.46	0.46	0.47	0.47	0.47	0.47	0.48	0.48	0.49	0.49	0.49	0.50
29℃	0.54	0.54	0.55	0.55	0.55	0.55	0.55	0.56	0.56	0.56	0.57	0.57
30℃	0.61	0.61	0.62	0.62	0.62	0.62	0.62	0.63	0.63	0.63	0.64	0.64
31℃	0.69	0.69	0.70	0.70	0.70	0.70	0.70	0.71	0.71	0.71	0.72	0.72
32℃	0.76	0.77	0.77	0.78	0.78	0.78	0.78	0.79	0.79	0.79	0.80	0.80

五、注意事项

1. 糖锤度计易碎，使用时要格外小心。

2. 注意区分勃力克斯密度计与波美密度计，不要搞错。对糖类来说，1 波美度（°Be′）相当于 1.8°Bx。

六、思考题

1. 比较勃力克斯度（°Bx）与柏拉图度（°P）的异同。

2. 查阅资料，比较勃力克斯密度计与波美密度计的异同。

实验 3-9　啤酒主发酵 ▶

一、实验目的

1. 学习啤酒主发酵的过程。

2. 掌握酵母发酵规律。

二、实验原理

啤酒主发酵是静置培养的典型代表，是将酵母接种至盛有麦汁的容器中，在一定温度下培养的过程。由于酵母是一种兼性厌氧微生物，先利用麦汁中的溶解氧进行繁殖，然后进行厌氧发酵生成酒精。这种有酒精产生的静置培养比较容易进行，因为产生的酒精有抑制杂菌生长的能力，容许一定程度的粗放操作。由于培养基中糖的消耗，CO_2 与酒精的产生，相对密度不断下降，发酵进程可用糖度表来监视。若需分析其他指标，应从取样口取样测定。

麦汁中可发酵性糖的组成，因原料和糖化方法而异。一般说来，全麦芽制成的麦汁中麦芽糖占 4% ~ 6%，麦芽三糖占 1.1% ~ 1.8%，葡萄糖占 0.5% ~ 1.0%，果糖占 0.1% ~ 0.5%，蔗糖占 0.1% ~ 0.5%，这些可发酵性糖被酵母利用的次序一般为葡萄糖 > 果糖 > 蔗糖 > 麦芽糖 > 麦芽三糖。在啤酒发酵过程中，可发酵性糖约有 96% 发酵为乙醇和 CO_2，2.0% ~ 2.5% 转化为其他发酵产物，1.5% ~ 2.0% 合成细胞物质。麦汁中麦芽四糖以上的寡糖、异麦芽糖、潘糖和戊糖等不能被酵母利用，称为非发酵性糖。

啤酒主发酵是利用酵母将麦汁发酵生成嫩啤酒的过程。常采用低温发酵工艺，在清洁卫生的条件下进行。主发酵过程分为酵母增殖期、起泡期、高泡期、落泡期及泡盖形成期等五个时期，各时期的特点见表 3–7。

表 3–7　啤酒主发酵各时期及其特点

发酵阶段	外观现象和要求
酵母增殖期	麦汁添加酵母后 8 ~ 16 h，液面形成白色泡沫，继续繁殖至 20 h，发酵液中酵母数达 1×10^7 个 /mL，可换槽
起泡期	换槽后 4 ~ 5 h 表面逐渐出现泡沫，经历 1 ~ 2 d，品温上升 0.5 ~ 0.8 ℃/d，降糖 0.3 ~ 0.5°Bx/d
高泡期	发酵 3 d 后，泡沫大量产生，可高达 20 ~ 35 cm。由于蛋白质和酒花树脂氧化析出，使泡沫表面呈棕黄色。此时发酵旺盛，需用冷却水控制温度。此期维持 2 ~ 3 d，降糖 1.5 ~ 2°Bx/d
落泡期	发酵 5 d 后，发酵力逐渐减弱，泡沫逐渐变成棕褐色。此期维持 2 d 左右，要控制品温的下降，一般降温 0.5 ℃/d，降糖 0.5 ~ 0.8°Bx/d
泡盖形成期	发酵 7 ~ 8 d 后，酵母大部分沉淀，泡沫回缩，表面形成褐色的泡盖，厚 2 ~ 4 cm，此期降糖 0.2 ~ 0.5°Bx/d，降温 0.5 ℃/d

三、实验材料、试剂与仪器

带冷却装置的发酵罐（100 L）。若无发酵装置，可将玻璃缸（如 5 L 标本缸）放于生化培养箱中进行微型静置发酵。

四、实验步骤

将糖化后冷却至10℃左右的麦汁送入发酵罐，接入酵母菌种（实验3-5，共约5 L），然后充氧，以利于酵母生长，同时使酵母在麦汁中分散均匀（充氧，即通入无菌空气，也可在麦汁冷却后进行，一般温度越低，氧在麦汁中的溶解度越大），待麦汁中的溶解氧饱和后，让酵母进入繁殖期，约20 h后，溶解氧被消耗，逐渐进入主发酵。

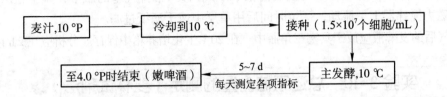

由于发酵罐密闭，很难看清发酵的整个过程，建议一个组在1 000 mL玻璃缸（浸动物标本的标本缸）中进行啤酒主发酵小型试验。具体方法如下：

1. 洗标本缸，缸口用8层纱布包扎后，进行高压灭菌。

2. 将糖化得到的麦汁调整到10°P，灭菌，冷却后摇动充氧，静置沉淀，将上清麦汁（600 mL）以无菌操作方式倒入已灭菌的标本缸中。

3. 将50 mL酵母菌种接入，在10℃生化培养箱中发酵，每天观察发酵情况。

4. 主发酵，10℃ 7 d，至4.0°P时结束（嫩啤酒）。一般主发酵整个过程分为酵母繁殖期、起泡期、高泡期、落泡期和泡盖形成期等五个时期。仔细观察各时期的区别。

主发酵测定项目，接种后取样作第一次测定，以后每过12 h或24 h测1次，直至结束。共测定下列几个项目：①糖度；②细胞浓度、出芽率、染色率；③酸度；④α-氨基氮含量；⑤还原糖含量；⑥酒精；⑦pH；⑧色度；⑨浸出物浓度；⑩双乙酰含量等。

5. 画出发酵周期中上述各个指标的变化曲线，并解释它们的变化，记下操作体会与注意点。

五、注意事项

1. 接种前应将酵母菌充分摇匀，否则，凝集性酵母易结成团块，沉至发酵罐底部，影响发酵进程。

2. 除少数特殊的测定项目外，应将发酵液除气，再经过滤后，滤液用于分析。分析工作应尽快完成。

六、思考题

啤酒发酵为什么要在低温下进行？

附1 发酵液的取样方法

若在发酵罐中发酵，可从取样开关处直接取样（先弃去少量发酵液）。

若无取样开关，可用一灭过菌的乳胶管，深入发酵液面下20 cm处，用虹吸法使发酵液流出，弃去少量先流出的发酵液，然后用一清洁干燥的三角瓶接取发酵液作样品。

附2　除气方法 ▶

方法1：将恒温至15～20℃的发酵液300 mL加至1 000 mL三角瓶中，塞上橡皮塞，在恒温室内轻轻摇动后开塞放气（开始有砰砰声），反复操作直至无气体逸出为止。用单层中速干滤纸过滤。

方法2：将恒温至15～20℃的发酵液300 mL移入带排气塞的瓶中，置于超声波水槽中（或磁力搅拌器上）振动，一定时间后用单层中速干滤纸过滤。

除气后的发酵液应放于具塞三角瓶中，在20℃生化培养箱中保存。分析应在2 h内进行。

实验3-10　总还原糖含量的测定（斐林试剂法）▶

一、实验目的

学习用斐林试剂测还原糖的方法，了解其原理。

二、实验原理

斐林试剂由甲、乙液组成，甲液为硫酸铜溶液，乙液为氢氧化钠与酒石酸钾钠溶液。平时甲、乙溶液分开贮存，测定时才等体积混合。混合后，硫酸铜与氢氧化钠反应，生成氢氧化铜沉淀：

$$2NaOH + CuSO_4 \longrightarrow Cu(OH)_2 \downarrow + Na_2SO_4$$

氢氧化铜因能与酒石酸钾钠反应形成络合物而使沉淀溶解：

$$Cu(OH)_2 + COOK—CHOH—CHOH—COONa \longrightarrow COOK—\overset{\overset{\displaystyle Cu}{|}}{CHO}—CHO—COONa + 2H_2O$$

酒石酸钾钠铜络合物中的2价铜是一个氧化剂，在氧化醛糖和酮糖（合称总还原糖）的同时，自身被还原成1价的红色氧化亚铜沉淀：

$$2COOK—\overset{\overset{\displaystyle Cu}{|}}{CHO}—CHO—COONa + RCHO \xrightarrow{2H_2O} 2COOK—CHOH—CHOH—COONa + RCOOH + Cu_2O \downarrow$$

由于蓝色的氢氧化铜还原成红色的氧化亚铜的反应是一个颜色渐变的过程，反应终点较难判断，而用美蓝（亚甲蓝，methyleneblue）来判断反应终点要容易得多，因为美蓝的氧化能力较2价铜弱，故待2价铜全部被还原糖还原后，过量一滴还原糖立即将美蓝还原成无色的美白，从而显现出氧化亚铜的红色。

三、实验材料、试剂与仪器

1. 试剂

（1）斐林试剂

甲液：称取3.463 9 g结晶硫酸铜（CuSO_4·5H_2O），溶于50 mL水中，如有不溶物须过滤；

乙液：称取 17.3 g 酒石酸钾钠，5 g NaOH，溶于 50 mL 水中，若有沉淀过滤即可。

（2）0.2%标准葡萄糖溶液：精确称取于 105℃ 烘至质量恒定的分析纯葡萄糖 0.500 0 g，用水溶解后，加 2.5 mL 浓盐酸，定容至 250 mL。

（3）1%美蓝指示剂：0.5 g 美蓝溶于 50 mL 蒸馏水中。

2. 器材

电炉、碱式滴定管等。

四、实验步骤

实验包括斐林试剂的标定和样品还原糖测定两项内容，每项都要进行预滴定和正式滴定。滴定的基本流程为：

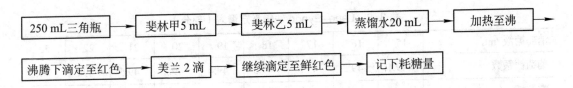

详细步骤如下：

1. 斐林试剂的标定

由于试剂的纯度不同，配制时称量、定容等有误差，各人所配的斐林试剂氧化能力会有差异，因此有必要对斐林溶液进行校准。配制准确时，斐林甲、乙液各 5 mL 可氧化 25 mL 0.2%标准葡萄糖溶液。

（1）预滴定：准确吸取斐林甲、乙液各 5 mL，放入 250 mL 锥形瓶中，加水约 20 mL，并从滴定管加入约 24 mL 0.2%标准葡萄糖溶液（如果斐林甲、乙液配制非常精确，从理论上说应消耗 25 mL 0.2%标准葡萄糖溶液，故先加 24 mL），将锥形瓶置电炉上加热煮沸，维持沸腾 2 min，加入 1%美蓝指示剂 2 滴，在沸腾状态下，以每两秒 1 滴的速度滴入 0.2%标准葡萄糖溶液，至溶液刚由蓝色变为鲜红色为止。后滴定操作应在 1 min 内完成，整个煮沸时间应控制在 3 min 内。记下总耗糖量 V。

（2）正式滴定：与预滴定的过程基本相同，只是用（V–1）mL 标准葡萄糖代替 24 mL 葡萄糖液，最后在 1 min 内滴定完成，计下消耗的总葡萄糖量 V_1。若预滴定的耗糖总量在 24 ~ 25 mL，可省去这一步骤。

（3）斐林试剂校正系数 f 的计算：

$$f = \frac{F}{F_0} = \frac{C V_1}{F_0}$$

式中：C 为标准葡萄糖溶液浓度（mg/mL）；

V_1 为消耗的标准葡萄糖溶液的体积（mL）；

F_0 为从廉 – 爱农（Lane-Eynon）法糖类定量表（表 3–8）查得 V mL 相当的葡萄糖系数。

2. 试样的滴定

（1）稀释：将样品除气并过滤后，进行适当稀释，以期用 15 ~ 50 mL（最好

（20～30 mL）稀释液使滴定完成。一般麦汁稀释 20～30 倍，啤酒主酵液稀释 10～20 倍，嫩啤酒稀释 10 倍左右。

（2）滴定：方法基本同上，也分预滴定和正式滴定，只不过用样品稀释液代替标准葡萄糖液。由于预滴定时不知道需要多少毫升稀释液，因此误差较大。正式滴定时先加入比预滴定少 1 mL 的稀释液。正式滴定至少进行 2 次，记下消耗的样品稀释液毫升数 V_2，并从表 3-8 中查得相应的麦芽糖毫克数。

（3）计算：

$$总还原糖（麦芽糖 g/100 mL 麦汁）= \frac{f \times 查表得 100\ mL\ 麦汁中麦芽糖毫克数 \times n}{1\ 000}$$

式中：n 为稀释倍数。

表 3-8　Lane-Eynon 法糖类定量表（部分）

消耗糖液 /mL	15	16	17	18	19	20	21	22	23
葡萄糖系数	49.1	49.2	49.3	49.3	49.4	49.5	49.5	49.6	49.7
麦芽糖 /（mg/100 mL）	515	482	453	427	405	373.8	365.1	348.1	332.5
消耗糖液 /mL	24	25	26	27	28	29	30	31	32
葡萄糖系数	49.8	49.8	49.9	49.9	50.0	50.0	50.1	50.2	50.2
麦芽糖 /（mg/100 mL）	318.3	305.4	293.4	282.2	271.8	262.2	253.3	244.9	237.2
消耗糖液 /mL	33	34	35	36	37	38	39	40	41
葡萄糖系数	50.3	50.3	50.4	50.4	50.5	50.5	50.6	50.6	50.7
麦芽糖 /（mg/100 mL）	229.8	222.9	216.2	210.0	204.3	198.7	193.6	188.6	184.3
消耗糖液 /mL	42	43	44	45	46	47	48	49	50
葡萄糖系数	50.7	50.7	50.8	50.9	50.9	51.0	51.0	51.0	51.1
麦芽糖 /（mg/100 mL）	179.4	175.1	171.0	167.1	163.4	159.9	156.5	153.1	150.1

五、注意事项

1. 指示剂美蓝本身具有弱氧化性，要消耗还原糖，所以每次用量应保持一致。

2. 美蓝被还原为无色后，易被空气氧化又显蓝色，所以滴定过程应保持沸腾状态，使瓶内不断冒出水蒸气，以防空气进入。但电炉火力也不能过旺，以免瓶内液体溢出，最好用 300～400 W 的电炉，滴定时可戴一手套。

3. 反应过程中不能摇动锥形瓶，沸腾已可使溶液混匀。

4. 测定时须严格控制反应液体积，以保持一致的酸碱度。因此要控制电炉火力及滴定速度。

5. 虽然啤酒发酵液呈弱酸性，滴定一般用碱式滴定管，其橡胶管头可进行弯曲，从而可避免蒸汽烫手。

六、思考题

1. 为什么要进行预滴定？

2. 美蓝的浓度低一些（如 0.1%）是否会使结果更精确？统一加美蓝 20 μL 是否更好？

3. 啤酒发酵液呈酸性，为什么滴定还原糖时要用碱式滴定管来滴定？用酸式滴定管会产生什么后果？

实验 3-11　α- 氨基氮含量的测定 ▶

一、实验目的

学习 α- 氨基氮含量的测定方法，控制啤酒发酵进程，判断发酵是否正常。

二、实验原理

麦汁中有许多含氮物质，如氨基酸、肽类、蛋白质、嘌呤及嘧啶等，但酵母菌胞外蛋白酶活力微弱，蛋白分解能力很小，酵母增殖所需氮源主要依靠麦汁中的氨基酸。在正常的啤酒发酵过程中，麦汁中约有 50% 的氨基酸和低分子肽被酵母同化。另外，由于 pH 和温度的降低，会引起一些凝固性蛋白质和多酚复合物的沉淀，在酵母细胞表面也吸附有少量蛋白质颗粒。同时，酵母细胞在代谢过程中也会分泌出一些含氮物质，其量约为同化氮的 1/3，衰老的酵母更有此分泌倾向。因此发酵结束后含氮物质的总量大约下降 1/3。一般说来，啤酒中的含氮物质有 3/4 来自麦汁，1/4 来自酵母分泌。

啤酒中的 α- 氨基酸占氨基酸总量的绝大部分，α- 氨基氮为 α- 氨基酸分子上的氨基氮。α- 氨基酸可被水合茚三酮（一种氧化剂）氧化脱羧成少一个碳原子的醛，并放出 NH_3 和 CO_2，而水合茚三酮本身被还原成还原型水合茚三酮。还原型水合茚三酮再与未还原的水合茚三酮及氨反应，生成蓝紫色缩合物。颜色深浅与游离 α- 氨基氮含量成正比，可在 570 nm 下比色测定。

三、实验材料、试剂与仪器

1. 试剂

（1）显色剂：称取 10 g 磷酸氢二钠（$Na_2HPO_4 \cdot 12H_2O$），6 g 磷酸二氢钾（KH_2PO_4），0.5 g 水合茚三酮，0.3 g 果糖，用水溶解并定容至 100 mL（pH 6.6 ~ 6.8），棕色瓶低温保

存，可用两周。

（2）碘酸钾稀释液：溶 0.2 g 碘酸钾于 60 mL 水中，加 40 mL 96% 乙醇。

（3）标准甘氨酸贮备溶液：准确称取 0.107 2 g 甘氨酸，用水溶解并定容至 100 mL。4℃冰箱保存，用时稀释 100 倍，即成 α– 氨基氮含量为 2 μg/mL 的甘氨酸标准溶液。

2. 器材

分光光度计、电炉、比色管或带玻璃球的试管等。

四、实验步骤

1. 样品稀释

适当稀释样品至含 α– 氨基氮 1 ~ 3 μg /mL（麦汁一般稀释 100 倍，啤酒稀释 50 倍，应先除气并过滤）。

2. 测定

取 9 支 10 mL 比色管（或试管），其中 3 支吸入 2 mL 甘氨酸标准溶液（稀释的贮备溶液），另 3 支各吸入 2 mL 试样稀释液，剩下 3 支吸入 2 mL 蒸馏水。然后各加显色剂 1 mL，盖试管塞（或玻璃球），摇匀，在沸水浴（自来水在电炉上烧开即可）中加热 16 min。取出后迅速在 20℃水浴（或流水）中冷却 20 min，分别加 5 mL 碘酸钾稀释液，摇匀。在 30 min 内，以水样管为空白，在 570 nm 波长下测定各管的吸光度 A。

计算：

$$\alpha\text{– 氨基氮（mg/L）} = \frac{\text{样品管平均 } A}{\text{标准管平均 } A} \times 2 \times \text{稀释倍数}$$

式中：样品管平均 A/标准管平均 A 表示样品管与标准管之间的 α– 氨基氮之比；

2 表示标准管的 α– 氨基氮浓度（μg/mL），即（0.107 2×14/75）×100；

结果以毫克氮 / 升表示，一般麦汁中的 α– 氨基氮含量约 200 mg/L，啤酒中约为 150 mg/L。

五、注意事项

1. 必须严防任何外界痕量氨基酸的引入，所用比色管（试管）必须仔细洗涤，洗净后的手只能接触管壁外部，移液管不可用嘴吸。

2. 测定时加入果糖作为还原性发色剂，碘酸钾稀释液的作用是使茚三酮保持氧化态，以阻止进一步发生不希望的生色反应。

3. 若 3 个重复管中的吸光度差异较大，建议选取颜色最浅的一管来测定（或做对照），因为颜色最浅的往往是污染最小的。

4. 深色麦汁或深色啤酒应对吸光度作校正，取 2 mL 样品稀释液，加 1 mL 蒸馏水和 5 mL 碘酸钾稀释液在 570 nm 波长下以空白做对照测吸光度，将此值从测定样品吸光度中减去。

5. 测得的 A 在 0.36 附近较为精确，若 A < 0.1 或 A > 1.0，应重新确定稀释倍数。

六、思考题

1. 啤酒色泽是否会对结果产生影响？

2. 稀释倍数对结果有什么影响？（提示：在用比色法测定物质含量时，一般应作标准曲线。在一定的浓度范围内含量与吸光度成正比，因此稀释度过高或过低会对结果产生很大影响。）

3. 你是否认为作一甘氨酸与茚三酮反应的标准曲线更有利于结果的准确性？

实验 3-12　酸度和 pH 的测定 ▶

一、实验目的

掌握酸度和 pH 的测定方法，监测啤酒发酵的进程。

二、实验原理

总酸是指样品中能与强碱（NaOH）作用的所有物质的总量。在发酵工业中，总酸一般用中和每升样品（滴定至 pH 8.2）所消耗 1 mol/L NaOH 的毫升数来表示。但在啤酒发酵液的测定过程中常用中和 100 mL 除气发酵液所需的 1 mol/L NaOH 的毫升数来表示。

一般说来，麦汁的 pH 为 5.2～5.6。随着发酵的进行，二氧化碳和有机酸形成，起缓冲作用的磷酸盐减少，pH 会逐步降低，到发酵结束时，pH 降至 4.2～4.4。啤酒中含有 100 种以上的酸类，其中包括挥发性酸类（甲酸、乙酸），低挥发性酸类（C_3、C_4、异 C_4、异 C_5、C_6、C_8、C_{10} 等脂肪酸）和不挥发性酸类（乳酸、柠檬酸、琥珀酸、苹果酸以及氨基酸、核酸、酚酸等）。生产原料、糖化方法及发酵条件、酵母菌种都会影响啤酒中酸的含量。适宜的 pH 和适量的可滴定总酸能赋予啤酒柔和清爽的口感；同时这些酸及其盐类也是啤酒酿造过程中重要的缓冲物质，有利于各种酶充分发挥作用。

由于样品有多种弱酸和弱酸盐，有较大的缓冲能力，滴定终点 pH 变化不很明显。再加上样品有色泽，用酚酞做指示剂的效果不是太好，最好采用电位滴定法。

三、实验材料、试剂与仪器

1. 试剂

（1）0.1 mol/L NaOH 标准溶液：需标定，精确至 0.000 1 mol/L；

（2）0.5% 酚酞指示剂：称取 0.5 g 酚酞溶于 95% 中性酒精中（普通酒精常含有微量的酸，可用 0.1 mol/L NaOH 溶液滴定至微红色即为中性酒精），定容至 100 mL。

2. 器材

自动电位滴定仪或普通碱式滴定管、pH 计等。

四、实验步骤

1. 酸度测定

取已除气并过滤的发酵液约 60 mL 于 100 mL 烧杯中，置于 40 ℃恒温水浴中振荡 30 min 以去除 CO_2，取出后冷却至室温。

精确量取 50 mL 发酵液，置于烧杯中，加入磁力搅拌棒，放于自动电位滴定仪上，插入 pH 探头，开启磁力搅拌器，逐滴滴入 0.1 mol/L NaOH 标准溶液，直至 pH 8.2，记下耗去的 NaOH 毫升数。

若无自动电位滴定仪，可用下述酸碱滴定方法：

于 250 mL 三角瓶中加入 100 mL 蒸馏水，加热煮沸 2 min 以去除溶解的 CO_2，然后加入除气并过滤后的发酵液 10 mL，继续加热 1 min，控制加热温度使其在最后 30 s 内再次沸腾。放置 5 min 后，用自来水迅速冷却至室温，加入 0.5 mL 酚酞指示剂，用 0.1 mol/L NaOH 标准溶液滴定至微红色（不可过量）经摇动后不消失为止，记下消耗氢氧化钠溶液的体积（V）。

计算：

总酸（1 mol/L NaOH 毫升数 / 100 mL 样品）= 2 MV（电位滴定法）

总酸（1 mol/L NaOH 毫升数 / 100 mL 样品）= 10 MV（指示剂法）

式中：M 为 NaOH 的实际摩尔浓度（mol/L）；

V 为消耗的氢氧化钠溶液的体积（mL）。

我国国家标准规定原麦汁浓度 ≥ 14.1°P 的淡色啤酒其总酸应 ≤3.5 mL/100 mL；原麦汁浓度在 10.1 ~ 14.0°P 的淡色啤酒其总酸应 ≤2.6 mL/100 mL；原麦汁浓度 ≤10.0°P 的淡色啤酒其总酸应 ≤2.2 mL/100 mL。

2. pH 测定

用 pH 计测定，用标准缓冲液校正后，读数。

五、注意事项

1. 发酵液中的 CO_2 必须去除，除气方法见实验 3-9。

2. 0.1 mol/L NaOH 必须经过标定，保留 4 位有效数字。

六、思考题

1. 酸碱滴定（指示剂法）测酸度时为什么要用蒸馏水稀释？

2. 水的酸碱度对滴定结果有什么影响？

实验 3-13　浸出物浓度的测定 ▶

一、实验目的

1. 了解用密度（比重）瓶法测定密度的原理，掌握测定方法。

2. 监测发酵过程中浸出物浓度的变化。

二、实验原理

在一定温度下各种物质都有其相应的密度。当物质纯度改变时，密度也随着改变，故测定密度可检验物质的纯度或溶液的浓度。如在啤酒发酵中，随着糖分的消耗、酒精和 CO_2 的产生，密度会逐渐下降，因此可通过测定发酵液的密度来了解发酵过程。

溶解于水中的固体物质称为固形物，以质量或体积百分浓度表示。在啤酒发酵液中，固形物的含量常以蔗糖的质量（体积）百分比来表示。但是发酵液固形物中还包括许多非糖成分，这些非糖成分对溶液密度的影响与蔗糖不一样，但为了方便起见，可假定非糖物质对密度的影响和蔗糖相等。因此，根据密度查知的固形物含量实际上只是一个近似值。

麦汁和啤酒发酵液在20℃的密度规定为，在空气中20℃样品与同体积20℃水的质量之比值。因此，测定时必须严格控制密度瓶内液体的温度，最好能在20℃的空调房间内测定。在不同的季节，测定方法有所不同。在低于20℃的环境中，将样品加至密度瓶中后，插上温度计，在20℃水浴中平衡。此时，由于热胀冷缩，液体体积会膨胀，会从小支管中溢出。在高于20℃的环境中，若用同样方法测定，则在20℃水浴中平衡时，液体收缩，小支管中会形成一段气泡，从而造成很大的误差。因此，若室温大于20℃时，应先用冰箱或生化培养箱将样品冷却至15~18℃，再进行以上操作。但平衡20 min后，若马上盖好小帽，擦干外壁水分去称量，会发现质量会不断增加。究其原因，是因为室温大于20℃时空气中的冷凝水会不断吸附到温度较低的瓶壁上，因此必须在室温下放置一段时间，让瓶温与室温平衡后，再擦干称量。此时虽然瓶内液体也会膨胀，但因有磨口小帽盖着，液体不会流到外面。测定流程如下：

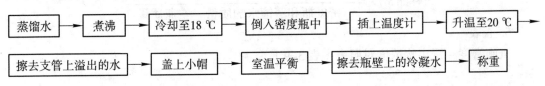

三、实验材料、试剂与仪器

测定密度常用的是密度瓶或密度计。密度计使用起来方便，但精确度低（实验3-8）；密度瓶精确，但测定很费时。密度瓶有多种形状，常用的规格为25 mL，比较好的一种是带有特制温度计并具有小支管磨口帽的密度瓶（图3-20）。

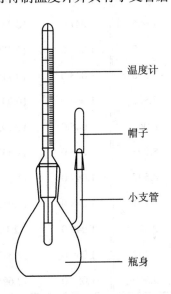

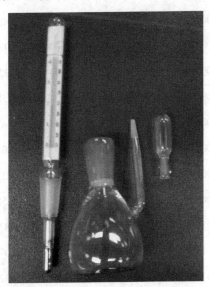

图 3-20　密度瓶示意图

四、实验步骤

1. 空瓶称量

将密度瓶洗干净后，吹干或低温烘干（可用少量酒精洗涤以加快挥发），冷却至室温，精确称量至 0.1 mg。

2. 称水质量

将煮沸并冷却至 15～18℃的蒸馏水装满密度瓶（注意瓶内不要留有气泡）。装上温度计，立即浸入 20±0.1℃的恒温水浴（或生化培养箱）中，使瓶内温度计的指示上升至 20℃并在 20℃下保持 5 min。取出密度瓶，用滤纸吸去溢出支管外的水，立即盖上小帽，室温下平衡温度后，擦干瓶壁上的水，精确称量至 0.1 mg。

3. 样品称量

倒出蒸馏水，用少量除气并经过滤的样品洗涤 3 次后，加入冷却至 15～18℃的样品，按步骤 2 测得样品质量。

4. 密度计算

$$样品密度 = \frac{密度瓶和样品的质量 - 空瓶质量}{密度瓶和蒸馏水的质量 - 空瓶质量}$$

5. 查表

查阅密度－浸出物浓度对照表（表 3-9）。

表 3-9　密度－浸出物浓度对照表（部分）　　　　　　　　　％（质量分数）

密度	浸出物	密度	浸出物	密度	浸出物	密度	浸出物
1.000 0	0.000	1.013 0	3.331	1.026 0	6.572	1.039 0	9.751
1.001 0	0.257	1.014 0	3.573	1.027 0	6.819	1.040 0	9.993
1.002 0	0.514	1.015 0	3.826	1.028 0	7.066	1.041 0	10.234
1.003 0	0.770	1.016 0	4.077	1.029 0	7.312	1.042 0	10.475
1.004 0	1.026	1.017 0	4.329	1.030 0	7.558	1.043 0	10.716
1.005 0	1.283	1.018 0	4.58	1.031 0	7.803	1.044 0	10.995
1.006 0	1.539	1.019 0	4.83	1.032 0	8.048	1.045 0	11.195
1.007 0	1.795	1.020 0	5.08	1.033 0	8.293	1.046 0	11.435
1.008 0	2.053	1.021 0	5.33	1.034 0	8.537	1.047 0	11.673
1.009 0	2.305	1.022 0	5.58	1.035 0	8.781	1.048 0	11.912
1.010 0	2.560	1.023 0	5.828	1.036 0	9.024	1.049 0	12.15
1.011 0	2.814	1.024 0	6.077	1.037 0	9.267	1.050 0	12.387
1.012 0	3.067	1.025 0	6.325	1.038 0	9.509	1.051 0	12.624

注：密度为 20℃时测得，浸出物指 100 g 样品中的克数。

6. 啤酒外观浓度和实际浓度的测定

成品啤酒或发酵液中所含的浸出物的质量分数称为浓度。由于啤酒和发酵液中有一部分酒精，酒精比水轻，故采用密度瓶法测得的浓度，要稍低于实际浓度，习惯上称为外观浓度。将酒精和 CO_2 除去后测得的浓度称为实际浓度（真正浓度）。因此实际浓度较为准确，并可以此来计算原麦汁浓度。

（1）外观浓度的测定：同上。

（2）实际浓度的测定：在普通天平上用干燥的烧杯称取已除去 CO_2 的发酵液或啤酒样品 100.0 g，置于 80℃水浴中蒸发酒精，蒸至原体积的 1/3 时，冷却，加蒸馏水至内容物为 100.0 g，充分混匀，用密度瓶准确测定 20℃时的密度，查表求得实际浓度。加热过程中可能有蛋白质沉淀，测定密度时应摇匀。有时为简化操作，常将测定酒精时蒸馏后的残液加水至原质量，作测定实际浓度之用（实验 3-14）。该法由于沸腾时间较长，对测定结果有一定影响。

我国国家标准规定，11°P 啤酒实际浓度不低于 3.9%，12°P 啤酒不低于 4.0%。

五、注意事项

1. 密度瓶易碎，请格外小心，特别是小帽。

2. 要擦干密度瓶外壁，特别是连接处的水分。

3. 新的密度瓶应先用重铬酸洗液浸泡，然后分别用自来水和蒸馏水冲洗，乙醇、乙醚洗涤后吹干，放于干燥器中备用。

六、思考题

若无 20℃恒温水浴，怎样尽可能测准密度？（提示：密度瓶中加 18～19℃的样品，插上温度计，待温度计读数上升至 20℃时，擦去小支管上端冒出的液体，盖上小帽，瓶温与室温平衡后擦去瓶外壁的冷凝水，称重。）

实验 3-14　酒精度的测定及原麦汁浓度的计算 ▶

一、实验目的

掌握酒精含量的测定方法，监测啤酒质量。

二、实验原理

蒸馏（distillation）是分离液体混合物的一种有效方法。其原理是基于发酵产物的沸点不同，将所需物质从液体混合物中分离出来。它与蒸发不同，蒸发是去除低沸点物质和部分水蒸气，使代谢产物浓缩的过程，而蒸馏要得到的恰恰是低沸点物质。发酵工业中常用的蒸馏方法有简单蒸馏、精馏（使液体混合物达到较完善分离的一种蒸馏操作）和特殊精馏等。按压力的不同，又可将简单蒸馏分为常压蒸馏、加压蒸馏和减压蒸馏。此外还有恒沸蒸馏和萃取蒸馏等。目前酒精、白酒、丙酮、丁醇等都用蒸馏方法来提取。

啤酒发酵液中的酒精含量一般较低，好在酒精的沸点只有78℃，因此可用小火将发酵液或啤酒中的酒精蒸馏出来，收集馏出液，测定其密度。然后根据密度－酒精度对照表（表3-11）可查得酒精含量。啤酒工业中，酒精度是根据20℃时酒精水溶液与同体积纯水的质量之比，求得相对密度（d_{20}^{20}），然后查表得出试样中的酒精的体积分数，以体积百分数表示。

三、实验材料、试剂与仪器

电炉、调压变压器、铁架台、500 mL 蒸馏烧瓶、蛇形冷凝管或冷却部分长度不短于400 mm 的直形冷凝管、100 mL 容量瓶。

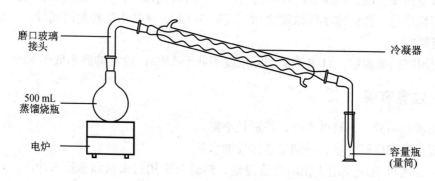

磨口玻璃接头
冷凝器
500 mL 蒸馏烧瓶
电炉
容量瓶（量筒）

图 3-21　酒精蒸馏装置示意图

四、实验步骤

实验的基本流程为：

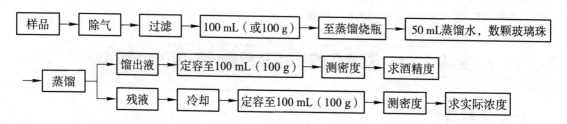

样品 → 除气 → 过滤 → 100 mL（或100 g）→ 至蒸馏烧瓶 → 50 mL蒸馏水，数颗玻璃珠

→ 蒸馏 ┬ 馏出液 → 定容至100 mL（100 g）→ 测密度 → 求酒精度
　　　 └ 残液 → 冷却 → 定容至100 mL（100 g）→ 测密度 → 求实际浓度

1. 酒精度的测定

（1）在已称量（精确至0.05 g）的500 mL 蒸馏烧瓶中，用容量瓶量取100 mL 除气并经过滤的发酵液，用50 mL 蒸馏水分3次冲洗容量瓶，洗液并入蒸馏烧瓶中（总量为150 mL），并加玻璃珠数粒。

（2）按图3-21连接好蒸馏装置（冷凝器用铁架台夹紧），冷凝器下端用一个100 mL 容量瓶（最好是原容量瓶）接收馏出液。若室温较高，为了防止酒精蒸发，可将容量瓶浸于冷水或冰水中（最好用容量瓶，也可先用量筒接取，然后洗入容量瓶中，若用量筒接取，切记牛角管接头不得浸入馏出液中，否则形成一密闭系统，易发生危险）。

（3）打开冷却水，插上电炉电源，开始蒸馏时用文火加热，沸腾后可稍加强火力（注意不可让沸腾后的泡沫流入冷凝器中，冷凝管出口水温不得超过20℃），蒸馏至馏出液接近100 mL（96 mL 左右）时停止加热。蒸馏时间应控制在30～60 min。

（4）取下容量瓶，在20℃平衡一定时间后，加蒸馏水至100 mL，混匀。

（5）用密度瓶法精确测定馏出液密度，测定方法见实验3-13。

（6）查密度-酒精度对照表（表3-11），求得酒精含量。

根据 GB/T 4927-2008，淡色啤酒的酒精度不得低于表3-10的值（不包括低醇啤酒）。

表3-10　淡色啤酒的酒精度标准　　　　　　　　　　　　　　％（体积分数）

原麦汁浓度	优级或一级
≥14.1°P	5.2
12.1～14.0°P	4.5
11.1～12.0°P	4.1
10.1～11.0°P	3.7
8.1～10.0°P	3.3
≤ 8.0°P	2.5

2. 啤酒实际浓度的测定

（1）将上述蒸去酒精的500 mL 蒸馏烧瓶冷却至室温；

（2）加蒸馏水将蒸馏残液调整至100.0 g，混匀；

（3）用密度瓶法测定蒸馏残液在20℃时的密度；

（4）查密度-浸出物浓度对照表，得出实际浓度。

3. 原麦汁浓度的计算

原麦汁浓度是指发酵之前的麦汁浓度。生产中为检查发酵是否正常，常根据啤酒的实际浓度来推算原麦汁浓度和发酵度。

根据巴林氏的研究，在完全发酵时每 2.066 5 g 浸出物可生成 1 g 酒精、0.956 5 g CO_2 和 0.11 g 酵母。若测得啤酒的酒精含量（质量分数）为 A，实际浓度为 n，则 100 g 啤酒发酵前含有浸出物的克数应为：

$$A \times 2.066\ 5 + n$$

生成 A g 酒精，即从原麦汁中减少 $A \times 1.066\ 5$ g 浸出物（CO_2 和酵母沉淀物）。要生成 100 g 啤酒，需原麦汁为：

$$(100 + A \times 1.066\ 5)\,g$$

原麦汁浓度 P 为：

$$P = \frac{A \times 2.066\ 5 + n}{100 + A \times 1.066\ 5}$$

我国国家标准规定，大于 10°P 的啤酒其原麦汁浓度计算值与实际值之间的偏差不得大于 0.3°P（负偏差），小于或等于 10°P 的啤酒其允许的负偏差为 0.2°P。

若计算所得的原麦汁浓度与发酵之前的麦汁浓度相符，说明发酵正常；若计算所得的原麦汁浓度与发酵之前的麦汁浓度不符，说明发酵不正常，可能有野生酵母或细菌污染。

表 3-11　密度 – 酒精度对照表　　　　　　　　　　　　　　　%（体积分数）

密度	酒精度	密度	酒精度	密度	酒精度	密度	酒精度
1.000 0	0.000	0.997 0	1.620	0.994 0	3.320	0.991 0	5.130
0.999 9	0.055	0.996 9	1.675	0.993 9	3.375	0.990 9	5.190
0.999 8	0.110	0.996 8	1.730	0.993 8	3.435	0.990 8	5.255
0.999 7	0.165	0.996 7	1.785	0.993 7	3.490	0.990 7	5.315
0.999 6	0.220	0.996 6	1.840	0.993 6	3.550	0.990 6	5.375
0.999 5	0.270	0.996 5	1.890	0.993 5	3.610	0.990 5	5.445
0.999 4	0.325	0.996 4	1.950	0.993 4	3.670	0.990 4	5.510
0.999 3	0.380	0.996 3	2.005	0.993 3	3.730	0.990 3	5.570
0.999 2	0.435	0.996 2	2.060	0.993 2	3.785	0.990 2	5.635
0.999 1	0.485	0.996 1	2.120	0.993 1	3.845	0.990 1	5.700
0.999 0	0.540	0.996 0	2.170	0.993 0	3.905	0.990 0	5.760
0.998 9	0.590	0.995 9	2.225	0.992 9	3.965	0.989 9	5.820
0.998 8	0.645	0.995 8	2.280	0.992 8	4.030	0.989 8	5.890
0.998 7	0.700	0.995 7	2.335	0.992 7	4.090	0.989 7	5.950
0.998 6	0.750	0.995 6	2.390	0.992 6	4.150	0.989 6	6.015
0.998 5	0.805	0.995 5	2.450	0.992 5	4.215	0.989 5	6.080
0.998 4	0.855	0.995 4	2.505	0.992 4	4.275	0.989 4	6.150
0.998 3	0.910	0.995 3	2.560	0.992 3	4.335	0.989 3	6.025
0.998 2	0.965	0.995 2	2.620	0.992 2	4.400	0.989 2	6.270
0.998 1	1.115	0.995 1	2.675	0.992 1	4.460	0.989 1	6.330
0.998 0	1.070	0.995 0	2.730	0.992 0	4.520	0.989 0	6.395
0.997 9	1.125	0.994 9	2.790	0.991 9	4.580	0.988 9	6.455
0.997 8	1.180	0.994 8	2.850	0.991 8	4.640	0.988 8	6.520
0.997 7	1.235	0.994 7	2.910	0.991 7	4.700	0.988 7	6.580
0.997 6	1.285	0.994 6	2.970	0.991 6	4.760	0.988 6	6.645
0.997 5	1.345	0.994 5	3.030	0.991 5	4.825	0.988 5	6.710
0.997 4	1.400	0.994 4	3.090	0.991 4	4.885	0.988 4	6.780
0.997 3	1.455	0.994 3	3.150	0.991 3	4.945	0.988 3	6.840
0.997 2	1.510	0.994 2	3.205	0.991 2	5.005	0.988 2	6.910
0.997 1	1.565	0.994 1	3.265	0.991 1	5.070	0.988 1	6.980

4. 发酵度的计算

麦汁经发酵后浸出物减少的百分数称为发酵度。发酵度随麦汁中可发酵糖与总糖的比例而变化。一般说来，可发酵糖含量越高，发酵度也越高。发酵度还因酵母菌种的不同而变化。有些酵母，其分解代谢产物阻遏（catabolite repression）活性很强，在有葡萄糖和果糖时不分泌麦芽糖渗透酶，在有麦芽糖存在的情况下麦芽三糖渗透酶被阻遏，因此发酵度低；还有些酵母，如糖化酵母（Sacharomyces diastaticus）能分泌胞外淀粉葡萄糖苷酶，能分解四糖以上的寡糖，因此发酵度高。发酵度常有以下两种表示方法：

（1）外观发酵度 $= \dfrac{P-m}{P} \times 100\%$

（2）实际发酵度 $= \dfrac{P-n}{P} \times 100\%$

式中：P 为原麦汁浓度；

$\quad\quad m$ 为啤酒的外观浓度；

$\quad\quad n$ 为啤酒的实际浓度。

浅色啤酒根据其实际发酵度可分为三个类型：

（1）低发酵度：50% 左右，往往使啤酒保存性差；

（2）中发酵度：60% 左右，较合适；

（3）高发酵度：65% 左右，较好，啤酒口味醇厚，残糖含量低。

五、注意事项

1. 蒸馏时火力不要太旺，最好用可调温电炉加热。如果蒸馏时泡沫进入冷凝管，必须重做。

2. 测实际浓度时，最好用 80℃ 水浴将酒精蒸去。

3. 酒精蒸馏时，玻璃珠可在蒸馏烧瓶称重前加入。若在称重后加入，则在实际浓度测定调整重量前移去玻璃珠。蒸馏残液中有沉淀，注意混匀。

六、思考题

1. 是否可以在馏出液接近 90 mL 时停止蒸馏？

2. 如果馏出液大于 100 mL，会对结果产生怎样的影响？

3. 根据测得的酒精度和真正浓度、推算出原麦汁浓度、与发酵之前制备的麦汁进行比较，分析引起误差的原因。

实验 3-15　双乙酰含量的测定

一、实验目的

了解双乙酰含量的测定方法，监测啤酒质量。

二、实验原理

双乙酰（丁二酮）是一种赋予啤酒风味的重要物质。但含量过大，会使啤酒带有馊饭味。其风味阈值较低（0.1 mg/L），因此对淡爽型啤酒来说，双乙酰控制在 0.1 mg/L 为宜；对高档啤酒，应控制在 0.05 mg/L 以下。

葡萄糖经 EMP 途径生成的丙酮酸和活性乙醛在 α- 乙酰乳酸合酶的催化下形成 α- 乙酰乳酸，它是酵母生物合成缬氨酸时的中间产物。其中一小部分被排出酵母体外，通过非酶氧化脱羧而形成双乙酰。而后双乙酰又可被酵母吸收，在细胞内通过双乙酰还原酶的还原作用形成乙偶姻，并进一步还原为 2,3- 丁二醇。其反应过程如图 3-22 所示。

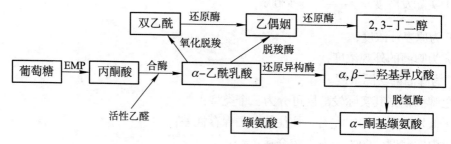

图 3-22　啤酒发酵过程中双乙酰的生物合成

双乙酰的测定方法有气相色谱法、极谱法和比色法等。邻苯二胺比色法是连二酮类都能发生显色反应的方法，所以此法测得之值为双乙酰与 2,3- 戊二酮的总量，结果偏高。但因啤酒中 2,3- 戊二酮的量远较双乙酰为低，且其味阈值（1 mg/L）较双乙酰高，对啤酒风味不起多大的作用，再加上此法快速简便，因此是国家标准规定的方法。

双乙酰的沸点约为 90℃，因此用蒸汽将其从样品中蒸馏出来，加邻苯二胺后，形成2,3- 二甲基喹喔啉，其盐酸盐在 335 nm 波长下有一最大吸收峰，可进行定量测定。

$$CH_3-C=O \atop CH_3-C=O \quad + \quad {H_2N \atop H_2N} \longrightarrow {CH_3 \atop CH_3} \quad + \quad 2H_2O$$

三、实验材料、试剂与仪器

1. 试剂

（1）4 mol/L 盐酸。

（2）10 g/L 邻苯二胺：精确称取分析纯邻苯二胺 100 mg，溶于 4 mol/L 盐酸中，并定容至 10.00 mL，摇匀，贮于棕色瓶中，暗处保存，限当日使用。若配出来的试剂呈红色，则应重配。

（3）消泡剂：有机硅消泡剂或甘油聚醚。

（4）双乙酰标准溶液：精确称取 0.500 0 g 双乙酰，溶于 1 000 mL 蒸馏水中，用棕色瓶贮于冰箱内。临用前吸取 5.00 mL 贮备液，稀释成 1 000 mL，此溶液的浓度为 0.25 mg/mL。

2. 器材

紫外分光光度计（20 mm 或 10 mm 石英比色皿）和双乙酰蒸馏装置（图 3-23）。

四、实验步骤

1. 按图 3-23 把双乙酰蒸馏器安装好，把夹套蒸馏器下端的排气夹子打开。

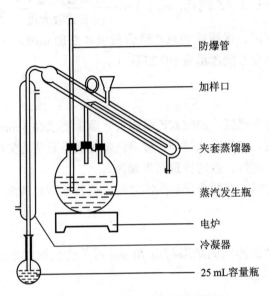

图 3-23　双乙酰蒸馏装置示意图

防爆管
加样口
夹套蒸馏器
蒸汽发生瓶
电炉
冷凝器
25 mL 容量瓶

2. 将内装 2.5 mL 重蒸水的容量瓶（或量筒）放于冷凝器下，使出口尖端浸没在水面下，外加冰水冷却。

3. 加热蒸汽发生器至沸，通汽加热夹套，备用。

4. 于 100 mL 量筒中加入 2～4 滴消泡剂，再注入 5℃左右的未除气啤酒 100 mL。

5. 待夹套蒸馏器下端冒大汽时，打开进样口瓶塞，将啤酒迅速注入蒸馏器内，再用约 10 mL 蒸馏水冲洗量筒，一并倒入蒸馏器内，迅速盖好进样口塞子，用水封口。

6. 待夹套蒸馏器下端再次冒大汽时，将排气夹子夹住，开始蒸馏，到馏出液接近 25 mL（蒸馏应在 3 min 内完成）时取下容量瓶，待与室温平衡后用重蒸水定容至 25 mL，摇匀。

7. 分别吸取馏出液 10 mL 于两支比色管中。一管作为样品管加入 0.5 mL 邻苯二胺溶液，另一管不加作空白，充分摇匀后，同时置于暗处放置 20～30 min，然后于样品管中加 2 mL 4 mol/L 盐酸溶液，于空白管中加 2.5 mL 4 mol/L 盐酸溶液，混匀。

8. 在 335 nm 波长处，以空白作对照测定样品吸光度 A_{335}（比色操作应在 20 min 内完成）。

9. 计算

联二酮（以双乙酰计，mg/L）$= A_{335} \times 1.2$（用 20 mm 石英比色皿测定）

或　　联二酮（以双乙酰计，mg/L）$= A_{335} \times 2.4$（用 10 mm 石英比色皿测定）

10. 清洗

在全部样品测定完毕后，先用热稀碱液清洗双乙酰蒸馏器，再用热水冲洗至中性。

若有标准双乙酰样品，也可用下述方法测定：

另取一比色管，加入 9.9 mL 10% 乙醇和 0.1 mL 双乙酰标准溶液，按上述方法测定样品吸光度，按下式计算：

$$联二酮（以双乙酰计，mg/L）= \frac{样品管吸光度}{标准管吸光度} \times 0.625$$

我国的国家标准规定，优级啤酒双乙酰含量应 ≤ 0.10 mg/L；一级啤酒双乙酰含量应 ≤ 0.15 mg/L；二级啤酒双乙酰含量应 ≤ 0.20 mg/L。

五、注意事项

1. 蒸馏时加入试样要迅速，勿使双乙酰损失。蒸馏要求在 3 min 内完成。
2. 严格控制蒸汽量，勿使泡沫过高，被蒸汽带走而导致蒸馏失败。
3. 显色反应在暗处进行，否则导致结果偏高。
4. 在多个酒样测定时，在两个样品蒸馏之间，仪器不需要清洗。

六、思考题

用 20 mm 石英比色皿测定的结果与用 10 mm 石英比色皿测定的结果是否正好相差 2 倍？试一试，解释其原因。

实验 3–16 色度的测定 ▶

一、实验目的

了解用目视比色法及分光光度法测定啤酒色度的方法，监测发酵液的质量。

二、实验原理

色泽与啤酒的清亮程度有关，是啤酒的感官指标之一。啤酒依色泽可分为淡色、浓色和黑色等几种类型，每种类型又有深浅之分。一般将色度在 5.0 ~ 14.0 EBC 的啤酒称为淡色啤酒，将色度在 15.0 ~ 40.0 EBC 的称为浓色啤酒，色度在 41.0 EBC 以上的称为黑色啤酒。淡色啤酒以浅黄色稍带绿色为好，给人以愉快的感觉。

麦汁的色度在发酵过程中会有所降低，部分是由于 pH 的变化，使原溶解于麦汁中的色素物质重新析出，与蛋白质、酒花树脂等悬浮于液面泡盖中；部分是由于酵母对单宁物质的还原作用。

形成啤酒颜色的物质主要是类黑精、酒花色素、多酚、黄色素以及各种氧化物，浓黑啤酒中含有较多的焦糖。淡色啤酒的色泽主要取决于原料麦芽和酿造工艺；深色啤酒的色泽主要来源于麦芽，有时也会添加部分着色麦芽或糖色；黑啤酒色泽的形成则主要依靠焦香麦芽、黑麦芽或糖色。

造成啤酒颜色过深的因素可能有：①麦芽的煮沸色度深；②糖化用水 pH 偏高；③糖化、煮沸时间过长；④洗糟时间过长；⑤酒花添加量大、单宁多，酒花陈旧；⑥啤酒含氧量高；⑦啤酒中铁离子偏高。

对淡色啤酒来说，其颜色与稀碘液的颜色比较接近，因此其色度可用稀碘液的浓度来表示。色度的 Brand 单位就是指滴定到与啤酒颜色相同时 100 mL 蒸馏水中需添加 0.1 mol/L 标准碘液的毫升数。Brand 法与 EBC 法色度单位比较见表 3-12。

表 3-12　EBC 法与 Brand 法色度单位的比较（部分）

EBC	Brand	EBC	Brand	EBC	Brand	EBC	Brand	EBC	Brand
2.0	0.11	5.2	0.31	6.6	0.40	8.0	0.49	9.6	0.60
2.5	0.14	5.4	0.32	6.8	0.41	8.2	0.51	10.0	0.62
3.0	0.17	5.6	0.34	7.0	0.43	8.4	0.52	12.0	0.78
3.5	0.21	5.8	0.35	7.2	0.44	8.6	0.53	14.0	0.93
4.0	0.23	6.0	0.36	7.4	0.45	9.0	0.56	16.0	1.1
4.5	0.27	6.2	0.37	7.6	0.47	9.2	0.58	18.0	1.3
5.0	0.30	6.4	0.39	7.8	0.48	9.4	0.59	20.0	1.4

淡色啤酒的色度最好在 5～9.5 EBC（欧洲啤酒酿造协会的色度单位），要控制好啤酒的色度，应注意以下几点：

（1）选择麦汁煮沸色度低的优质麦芽，适当增加大米用量，使用新鲜酒花，选用软水，对暂时硬度高的水应进行预处理；

（2）严格控制糖化、过滤、麦汁煮沸时间，冷却时间宜在 60 min 左右；

（3）防止啤酒吸氧过多，严格控制瓶颈空气含量，巴氏消毒时间不能太长。

三、实验材料、试剂与仪器

1. 试剂

0.1 mol/L 碘标准溶液：1.3 g 碘和 3.5 g 碘化钾溶于 10 mL 蒸馏水中，加 1 滴浓盐酸，用蒸馏水定容至 100 mL，保存于棕色瓶中。该溶液需经硫代硫酸钠溶液标定，精确至 0.000 1 mol/L。

2. 器材

100 mL 比色管、白瓷板、吸管等。

四、实验步骤

（一）目视比色法

1. 取 2 支比色管，一支中加入 100 mL 蒸馏水，另一支中加入 100 mL 除气并经过滤的发酵液（或麦汁、啤酒），面向光亮处，立于白瓷板上。

2. 用 1 mL 移液管吸取 1.00 mL 碘液，逐滴滴入装水比色管中，并不断用玻棒搅拌均匀，直至从轴线方向观察其颜色与样品比色管相同为止，记下所消耗的碘液毫升数（准确至小数后第二位）V。

3. 样品的色度（Brand）=10MV

式中：M 为碘标准液的浓度；

V 为消耗的碘液毫升数。

（二）分光光度法

将除气并过滤的发酵液注入 10 mm 比色皿中，以蒸馏水为对照，分别测定 430 nm 和 700 nm 处的吸光度。如果 $A_{430} \times 0.039 > A_{700}$，表示样品透明度好，其色度可用下式计算：$S(\text{EBC}) = A_{430} \times 25 \times n$（$n$ 为稀释倍数）。如果样品不够澄清，则需过滤或离心后再测定。

五、注意事项

1. 若用 50 mL 比色管，结果乘以 2。
2. 不同样品须在同等光强下测定，最好用日光灯或北部光线，不可在阳光下测定。
3. 麦汁应澄清，可经过滤或离心后测定。

六、思考题

对色泽较深的麦汁，应怎样处理？

附　色度的 EBC 测定法

1. 哈同（Hartong）基准溶液的配制

称取重铬酸钾（$K_2Cr_2O_7$）0.100 g 和亚硝酰铁氰化钠（$Na_2[Fe(CN)_5NO] \cdot 2H_2O$）3.500 g，用水溶解并定容至 1 000 mL，贮于棕色瓶中，暗处放置 24 h 后使用。

2. 比色计的校正

哈同溶液在 40 mm 比色皿中测定时的标准色度应为 15 EBC，在 25 mm 比色皿中测定时的标准色度应为 9.4 EBC。

3. 试样色度的测定

将除气后的试样注入 EBC 比色皿中，与比色计中的标准色盘比较，读出 EBC 色度值。

实验 3-17　苦味质含量的测定 ▶

一、实验目的

了解用分光光度计测定苦味质的方法，监测发酵液的质量。

二、实验原理

发酵液或啤酒中苦味物质的主要成分是异 α- 酸，是由酒花中的 α- 酸经 1,6 碳键断裂、1,5 碳成键后形成的。异 α- 酸为黄色油状液体，在酸性条件下可被异辛烷萃取，在 275 nm 波长下有最大吸收值，可用紫外分光光度计测定。

一般说来，在发酵过程中有近 1/3 苦味物质因随酵母沉降或随泡盖上浮而损失掉。啤酒苦味的单位用 BU（Bitter Unit）来表示。对于用新鲜酒花酿制的啤酒，BU 值相当于每升啤酒中含有的异 α- 酸毫克数。

三、实验材料、试剂与仪器

1. 试剂

（1）6 mol/L HCl：270 mL HCl 用重蒸水稀释至 500 mL；

（2）异辛烷：光谱级，要求在 275 nm 下的吸光度低于 0.005，否则应提纯后再用。提纯方法是在异辛烷中加入氢氧化钠颗粒至 10 g/L，静置过夜，而后在通风柜中蒸馏，注意防火。

2. 器材

紫外分光光度计、离心机、回旋振荡器等。

四、实验步骤

1. 取 10.00 mL 10℃未经除气啤酒（浑浊样品须先通过离心澄清），放入 35 mL 离心管中。

2. 加入 0.5 mL 6 mol/L HCl 和 20 mL 异辛烷，放入 2～3 个玻璃珠，盖上盖子，在 20℃回旋振荡器（130 r/min）中振荡 15 min（应呈乳状）。

3. 3 000 g 离心 10 min。

4. 以异辛烷作对照，在 275 nm 下用 1 cm 石英比色杯测上层清液的吸光度 A_{275}。

5. 计算

$$苦味质 = A_{275} \times 50（BU）$$

五、注意事项

异辛烷提纯时，要在通风柜中蒸馏，注意防火，切勿蒸干。

六、思考题

对浑浊样品是否可通过过滤来澄清？

实验 3–18　二氧化碳含量的测定 ▶

一、实验目的

熟悉测定啤酒及发酵液中 CO_2 含量的方法。

二、实验原理

二氧化碳是赋予啤酒起泡性和杀口力的重要物质。发酵液或啤酒中 CO_2 含量的测定方法有压力表法、水银测压计法及电位滴定法等几种。电位滴定法是利用 CO_2 可被 NaOH 吸收生成 $NaCO_3$ 这一原理，用 HCl 来滴定生成的 $NaCO_3$。滴定至 pH 8.31 时，$NaCO_3$ 转变成 $NaHCO_3$，滴定终点用酸度计来指示。

发酵过程中会产生大量 CO_2，部分溶解在酒内，部分逸散到空气中。低温、密闭加压有利于 CO_2 在酒中的溶解。在传统的敞口低温发酵的嫩啤酒中，CO_2 含量一般为 0.25% ~ 0.30%。

三、实验材料、试剂与仪器

1. 试剂

0.1 mol/L NaOH 溶液（不用准确标定）及 0.1 mol/L HCl（需用无水 $NaCO_3$ 准确标定）。

2. 仪器

电位滴定计或附有电磁搅拌器的酸度计。

四、实验步骤

1. 取冷啤酒或发酵液 20.00 mL，边搅拌边加至盛有 30 ~ 40 mL NaOH 的烧杯中。

2. 将电极浸入溶液中，用 0.1 mol/L HCl 标准溶液滴定至 pH 8.31，记录酸用量 V_1。

3. 取 100 mL 酒样在沸水浴中短时煮沸以赶走 CO_2，冷却后同样取 20.00 mL，用 0.1 mol/L HCl 标准溶液滴定至 pH 8.31，记录酸用量 V_2。

4. 用 20.00 mL 无 CO_2 的蒸馏水代替样品，同样滴定至 pH 8.31，记录酸用量 V。

5. 计算

$$二氧化碳（CO_2，\%）=（V-V_1-V_2）N \times 0.044 \times 100 \div 20$$

式中：0.044 为每毫摩尔二氧化碳之克数；

　　　　N 为 HCl 标准溶液的浓度（mol/L）。

五、注意事项

1. 发酵液中的 CO_2 在温度高时易挥发，实验尽可能在低温下进行。特别是在加样品时移液管应浸入 NaOH 溶液中。

2. 上述方法测定简单易行，不需要特殊设备，但误差相对较大。新的国家标准建议用基准法来测定，在 0 ~ 5℃ 下用碱液固定啤酒中的 CO_2，加稀酸释放后，用已知量的

NaOH 吸收，过量的 NaOH 再用 HCl 标准溶液滴定。根据所消耗的 HCl 标准溶液的毫升数，可计算出试样中的 CO_2 含量。该法较精确，但需要一台二氧化碳收集测定仪。

六、思考题

是否可用酚酞作指示剂来滴定 CO_2 含量，为什么？

实验 3-19 后 发 酵

一、实验目的

了解啤酒后发酵的工艺操作特点。

二、实验原理

主发酵结束后的啤酒尚未成熟，尤其是双乙酰含量还很高，称为嫩啤酒。嫩啤酒必须经过后发酵过程才能饮用。后发酵又称后熟或贮酒，是将主发酵结束后除去大量沉淀酵母的嫩啤酒平缓地送至贮酒罐中，在低温下贮存的过程。其目的是对嫩啤酒中的残糖进行进一步发酵，以达到一定的发酵度；排除氧气，增加酒液里二氧化碳溶解量；促进发酵液成熟，双乙酰还原，以改善口味；使啤酒澄清，稳定性良好。后发酵时应集中进酒和出酒，采用先高后低的贮酒温度和较长的贮酒时间。后发酵一般在 $0 \sim 2℃$ 的密闭容器内进行，利用酵母本身的生理活性去除嫩啤酒中的异味，使啤酒成熟，并使 CO_2 饱和。

三、实验材料、试剂与仪器

后酵罐或耐压瓶子、冰箱等。

四、实验步骤

当发酵罐中的糖度下降至 $4.0°P$ 时，开始封罐（将发酵罐上部的通气阀门关闭），并将发酵温度降至 $2℃$ 左右，$8 \sim 12$ d 后，罐压升至 0.1 MPa，说明已有较多 CO_2 产生并溶入酒中，即可饮用。若要酿制更加可口的啤酒，应适当降低后发酵温度，延长后发酵时间。

如果没有后酵罐，可用下述办法处理：

（1）取耐压瓶子，清洗，消毒灭菌；

（2）嫩啤酒虹吸灌入，装量约为容积的 90%，注意不要进入太多氧气；

（3）盖紧盖子，放于 $0 \sim 2℃$ 冰箱中后酵 $1 \sim 3$ 个月。

后发酵结束后而未经过滤的啤酒即是鲜啤酒。

五、注意事项

1. 因后酵会产生大量气体，不能选用不耐压的玻璃瓶，以免危险。

2. 虹吸时将进料管放至瓶子的底部，让嫩啤酒慢慢流入，以免吸入大量氧气，瓶子上端不要留有太多空气，否则啤酒会带有严重氧化味。

六、思考题

酵母凝聚性会对后酵产生怎样的影响？

实验 3-20　啤酒的卫生学指标检测（一）
——细菌总数的检测 ▶

一、实验目的

了解发酵液或啤酒中细菌污染的检测方法，控制啤酒质量。

二、实验原理

在啤酒酿造过程中细菌污染随时都可能发生。虽然麦汁中含酒花树脂，具有一定防腐能力，但对某些细菌，特别是对酒花树脂耐受力较强的革兰氏阴性菌，仍能在其中生长。在发酵后期，4% 左右的酒精、低溶解氧（< 0.03 mg/L）含量、低 pH（4.3 左右）和低温（0℃左右）对细菌生长是不利的，但仍难免有某些厌氧菌和微需氧菌污染。

在啤酒行业，一般将每毫升发酵液或啤酒中所含的活细菌数称为总污染度。由于发酵液中正常生长有许多酵母菌，要测定总污染度，必须用选择性培养基。酵母是真核微生物，可被放线菌酮、制霉菌素等抑制，而细菌是原核微生物，在选择性培养基中仍能生长。

三、实验材料、试剂与仪器

1. 培养基

营养琼脂或肉膏 – 蛋白胨琼脂培养基（实验 1–1）。

2. 器材

培养箱、高压蒸汽灭菌锅、试管、移液管、培养皿等。

四、实验步骤

1. 显微镜检查

用无菌干净吸管吸取发酵液或啤酒样品少许，滴至载玻片上，用接种环将其涂开，风干，固定，用番红或亚甲蓝染色 1 min，水洗，干燥，油镜下观察，判断是否有细菌污染（酵母很大，出芽繁殖；细菌较小，裂殖）。

2. 平板培养观察

基本流程如下：

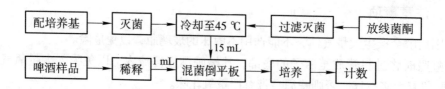

（1）培养基配制：配制营养琼脂培养基，灭菌，冷却到45℃左右，加经过滤灭菌的放线菌酮溶液，使培养基中的浓度达10 mg/L，放于45℃水浴锅中保温备用。

（2）梯度稀释样品的制备：取10 mL发酵液作为样品原液，用无菌移液管吸取1 mL原液，加至9 mL灭菌生理盐水中（注意移液管尖端不要触及生理盐水液面），振荡混匀，作为10^{-1}稀释样品，另取1 mL移液管，以同样方法，作成10倍梯度稀释液。

（3）吸取1 mL发酵液稀释样品，加到灭菌平板上，将（1）中的45℃培养基约15 mL注入平皿内，转动平皿使菌液与培养基混合均匀。

（4）待琼脂凝固后，倒置平皿，在37℃恒温箱中培养48 h。

（5）观察平皿中的菌落总数，必要时用放大镜检查，每个样品3个重复，取平均值。

（6）菌落数的报告：菌落数在100个/mL以内的，按实有数值报告；超过100个/mL的，采用两位有效数字报告（四舍五入）。

五、注意事项

1. 操作应在无菌条件下进行。控制好培养基的温度。温度太高会杀死某些细菌；温度太低，与菌液混匀前就会凝固。培养基的量并不要求精确。

2. 平板上生长的菌落以30~300个较为准确，过高则误差大，必须先进行稀释，若不清楚大致的污染度，建议多做几个梯度。若一个平板上有较大的片状菌落生长，则不宜采用；如果片状菌落不到平板的一半，而另一半中菌落分布又很均匀，则可计数半个平板中的菌落数，将结果乘以2；若平板中有链状菌落生长（菌落之间无明显界限），每条链可视为一个菌落。

3. 应选择菌落数在30~300的稀释度来计数，若两个稀释度的菌落数都在30~300，则视两者之比来决定。如果比值小于2，则应取两者的平均值；如果比值大于2，则应按较小的数值报告。若所有稀释度的平均菌落数都不在30~300，则应选择最接近30或300的数值来报告。

六、思考题

1. 是否可将大部分酵母沉淀，再用显微镜来观察细菌？

2. 是否可用水浸片法来观察细菌？

实验 3-21 啤酒的卫生学指标检测（二）——大肠菌群的检测 ▶

一、实验目的

了解发酵液或啤酒中大肠菌群的检测方法，控制啤酒质量。

二、实验原理

大肠菌群是指一群能发酵乳糖、产酸产气、需氧和兼性厌氧的革兰氏阴性无芽孢杆菌，常用最大或然数（MPN，most probable number）法测定。一般将在37℃下培养测得的称为总大肠菌群，将在44.5℃培养测得的称为粪大肠菌群。

大肠菌群的测定包括初发酵试验、平板分离和复发酵试验三个步骤。其检测流程如图3-24所示。

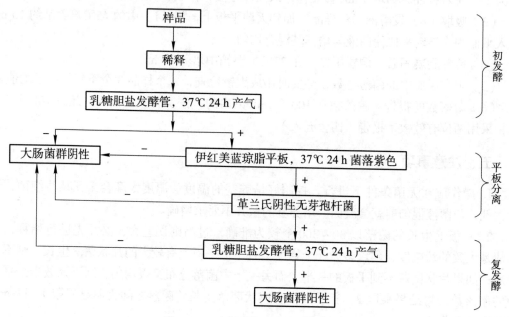

图 3-24　大肠菌群检验程序示意图

三、实验材料、试剂与仪器

1. 培养基

（1）乳糖胆盐培养基（内装倒置杜氏小管）：蛋白胨 20 g，猪胆盐（或牛、羊胆盐）5 g，乳糖 10 g，0.04% 溴甲酚紫水溶液 25 mL，水 1 000 mL，pH 7.4 ± 0.2；

配制方法：先将蛋白胨、胆盐、乳糖溶于水中，调节 pH 至 7.4，分装，每瓶 50 mL 或每管 5 mL，放入倒置杜氏小管一个，注意小管内勿留气泡（小管内先装满培养基，再倒置放入培养基中），0.08 MPa 灭菌 15 min。

（2）双倍或 3 倍乳糖胆盐培养基：除水以外，其余成分双倍或三倍加入；

（3）伊红美蓝琼脂培养基（EMB 培养基）：蛋白胨水琼脂培养基（蛋白胨 1 g，NaCl 0.5 g，琼脂 2 g，加水至 100 mL，pH 7.6）100 mL，灭菌后冷却至 60℃ 左右，以无菌操作方式加入灭过菌的 20% 乳糖溶液 2 mL，2% 伊红水溶液 2 mL，0.5% 美蓝水溶液 1 mL，立即倒平板，备用；

（4）乳糖发酵培养基：除不加胆盐外，其余同（1）。

2. 器材

培养箱、高压蒸汽灭菌锅、试管、移液管、培养皿等。

四、实验步骤

1. 总大肠菌群（total coliform）测定

（1）样品稀释：将样品进行梯度稀释，成为 10^{-1}、10^{-2} 稀释液。

（2）初发酵试验（假定试验）：将样品原液及 10^{-1}、10^{-2} 稀释液各 1 mL 接入乳糖胆盐发酵管内，每一稀释度接种 3 管，$36 \pm 1℃$温箱内培养 24 ± 2 h。如果所有发酵管都不产气（杜氏小管中无气泡），可报告为大肠菌群阴性；若有产气的管，则需进行平板分离。

（3）分离培养：从产气的发酵管中挑取少许培养物划线接种于伊红美蓝琼脂平板上，$36 \pm 1℃$温箱内培养 $18 \sim 24$ h，观察菌落形态并做革兰氏染色。若菌落呈紫黑色，具有或略带或不带有金属光泽，或菌落呈淡紫红色，仅中心颜色较深，则有可能是大肠菌群的菌落。挑取符合这些特征的菌落，进行革兰氏染色，若为革兰氏阴性的无芽孢菌，则再进行复发酵试验，否则报告为大肠菌群阴性。

（4）复发酵试验（证实试验）：挑取上述可疑为大肠菌群的菌落，接入乳糖发酵培养基中，$36 \pm 1℃$温箱内培养 24 ± 2 h，若能产气，则报告为大肠菌群阳性。

（5）查表：根据 3 个稀释度、共 9 支发酵管中证实的阳性管数，查表 3-13 确定大肠菌群数量。报告为 100 mL 发酵液中大肠菌群的最大或然数。

2. 粪大肠菌群（faecal coliform）的测定

方法基本同总大肠菌群的测定，只是在证实试验时将各试管置于 $44.5 \pm 0.2℃$的水浴内（水浴锅的液面应高于培养基的液面）培养 24 ± 2 h，观察产气情况。

五、注意事项

1. 各项操作应在无菌条件下进行。
2. 若大肠菌群数量较少，可取 10 mL 样品接入双倍或 3 倍乳糖胆盐培养基中。

六、思考题

为什么要进行复发酵试验？

表 3-13　大肠菌群最大可能数（MPN）检索表

XYZ	MPN/100 mL	XYZ	MPN/100 mL	XYZ	MPN/100 mL	XYZ	MPN/100 mL
000	< 30	100	40	200	90	300	230
001	30	101	70	201	140	301	390
002	60	102	110	202	200	302	640
003	90	103	150	203	260	303	950
010	30	110	70	210	150	310	430
011	60	111	110	211	200	311	750
012	90	112	150	212	270	312	1 200
013	120	113	190	213	340	313	1 600

XYZ	MPN/100 mL	XYZ	MPN/100 mL	XYZ	MPN/100 mL	XYZ	MPN/100 mL
020	60	120	110	220	210	320	930
021	90	121	150	221	280	321	1 500
022	120	122	200	222	350	322	2 100
023	150	123	240	223	420	323	2 900
030	90	130	160	230	290	330	2 400
031	130	131	200	231	360	331	4 600
032	160	132	240	232	440	332	11 000
033	190	133	290	233	530	333	> 24 000

注：XYZ 分别表示用样品原液、10^{-1}、10^{-2} 稀释液接种后 3 个重复管中阳性管的数量。若用 10 mL 原液、1 mL 原液和 1 mL 10^{-1} 稀释液接种，表内数字相应降低 10 倍；若用更高稀释度的稀释液接种，表内数字相应增加。

实验 3-22 啤酒质量品评

一、实验目的

了解品酒方法，品评各种类型啤酒。

二、实验原理

啤酒是一个成分非常复杂的胶体溶液。啤酒的感官品质同其组成有密切的关系。啤酒中的成分除了水以外，主要由两大类物质组成，一类是浸出物，另一类是挥发性成分。浸出物主要包括碳水化合物、含氮化合物、甘油、矿物质、多酚物质、苦味物质、有机酸、维生素等；挥发性组分包括乙醇、CO_2、高级醇类、酸类、醛类、连二酮类等。由于这些成分的不同和工艺条件的差别，造成了啤酒感官品质的差异。所谓评酒就是通过对啤酒的滋味、口感以及气味的整体评判来鉴别啤酒风味质量的一种方法。评酒时应统一用内径 60 mm、高 120 mm 的毛玻璃杯，酒温以 10~12℃为宜，一般从距杯口 3 cm 处倒入，倒酒速度适中。评酒以百分制计分，外观 10 分，气味 20 分，泡沫 15 分，口味 55 分。

良好的啤酒，除理化指标必须符合质量标准外，还必须满足以下感官品质要求（这些感官特性只能抽象地加以表达）：

（1）爽快，指有清凉感、利落的良好味道。表现为爽快、轻快、新鲜。

（2）纯正，指无杂味。亦表现为轻松、愉快、纯正、细腻、无杂臭味、干净等。

（3）柔和，指口感柔和。亦表现为温和。

（4）醇厚，指香味丰满，有浓度，给人以满足感。亦表现为芳醇、丰满、浓醇等。啤酒的醇厚，主要由胶体的分散度决定，因此醇厚性在很大程度上与原麦汁浓度有关。但浸出物含量低的啤酒有时会比含量高的啤酒口味更丰满；发酵度低的啤酒并不醇厚，而发酵度高的啤酒多是醇厚的，因为其高酒精含量赋予了啤酒的醇厚性；泡持性好的啤酒，一般也是醇厚的啤酒。

（5）澄清有光泽，色度适中。无论何种啤酒都应该澄清有光泽，清亮透明，但允许存在少量肉眼可见的微细悬浮物或沉淀物。色度是确定酒型的重要指标，如淡色啤酒、黄啤酒、黑啤酒等，可以外观直接分类。不同类型的啤酒有一定的色度范围。

（6）泡沫性能良好。淡色啤酒倒入杯中时应升起洁白细腻的泡沫，并保持一定的时间。含铁多或过度氧化的啤酒，有时泡沫会出现褐色或红色。

（7）有再饮性。啤酒是供人类饮用的液体营养食品，好的啤酒会让人感到易饮，无论怎么饮都饮不腻。

三、实验材料、试剂与仪器

啤酒、玻璃杯等。

四、实验步骤

1. 将啤酒冷却至 12～15℃。
2. 开启瓶盖，将啤酒自 3 cm 高处缓慢倒入玻璃杯内。
3. 在干净、安静的室内按外观、泡沫性能、香气、口味进行品评，将结果填入表3-14、表3-15 和表3-16。

表3-14　淡色啤酒的外观和泡沫性能评分标准

类别	项目	满分要求	缺点	扣分标准	样品
外观 10 分	透明度 5 分	迎光检查清亮透明，无悬浮物或沉淀物	清亮透明	0	
			光泽略差	1	
			轻微失光	2	
			悬浮物或沉淀多	3～4	
			严重失光	5	
	色泽 5 分	呈淡黄绿色或淡黄色	色泽符合要求	0	
			色泽较差	1～3	
			色泽很差	4～5	
	评　语				
泡沫性能 15 分	起泡 2 分	气足，倒入杯中有明显泡沫升起	气足，起泡好	0	
			起泡较差	1	
			不起泡	2	
	形态 4 分	泡沫洁白	洁白	0	
			不太洁白	1	
			不洁白	2	
		泡沫细腻	细腻	0	
			泡沫较粗	1	
			泡沫粗大	2	

类别	项目	满分要求	缺点	扣分标准	样品
泡沫性能 15 分	持久 6 分	泡沫持久，缓慢下落	4 min 以上	0	
			3~4 min	1	
			2~3 min	3	
			1~2 min	5	
			1 min 以下	6	
	挂杯 3 分	杯壁上附有泡沫	挂杯好	0	
			略不挂杯	1	
			不挂杯	2~3	
	喷酒缺陷	开启瓶盖时，无喷涌现象	没有喷酒	0	
			略有喷酒	1~2	
			有喷酒	3~5	
			严重喷酒	6~8	
	评　语				

表 3-15　淡色啤酒酒体口味评分标准

类别	项目	满分要求	缺点	扣分标准	样品
酒体口味 55 分	纯正 5 分	应有纯正口味	口味纯正，无杂味	0	
			有轻微的杂味	1~2	
			有较明显的杂味	3~5	
	杀口力 5 分	有二氧化碳刺激感	杀口力强	0	
			杀口力差	1~4	
			没有杀口力	5	
	苦味 5 分	苦味爽口适宜，无异常苦味	苦味适口，消失快	0	
			苦味消失慢	1	
			有明显的后苦味	2~3	
			苦味粗糙	4~5	
	淡爽或醇厚 5 分	口味淡爽或醇厚，具有风味特征	淡爽，醇厚丰满	0	
			酒体较淡薄	1~2	
			酒体太淡，似水样	3~5	
			酒体腻厚	1~5	
	柔和谐调 10 分	酒体柔和、爽口、谐调，无明显异味	柔和、爽口、谐调	0	
			柔和、谐调较差	1~2	
			有不成熟生青味	1~2	
			口味粗糙	1~2	

类别	项目	满分要求	缺点	扣分标准	样品
酒体口味 55 分	柔和谐调 10 分	酒体柔和、爽口、谐调，无明显异味	有甜味、不爽口	1~2	
			稍有其他异杂味	1~2	
	口味缺陷 25 分	不应有明显口味缺陷（缺陷扣分原则：各种口味缺陷分轻微、有、严重三等酌情扣分）	没有口味缺陷	0	
			有酸味	1~5	
			酵母味或酵母臭	1~5	
			焦糊味或焦糖味	1~5	
			双乙酰味	1~5	
			污染臭味	1~5	
			高级醇味	1~3	
			异脂味	1~3	
			麦皮味	1~3	
			硫化物味	1~3	
			日光臭味	1~3	
			醛味或涩味	1~3	
	评语				

表 3-16 淡色啤酒的香气评分标准

类别	项目	满分要求	缺点	扣分标准	样品
啤酒香气 20 分	酒花香气 4 分	有明显的酒花香气	明显酒花香气	0	
			酒花香不明显	1~2	
			没有酒花香气	3~4	
	香气纯正 12 分	酒花香纯正，无生酒花味	酒花香气纯正	0	
			略有生酒花味	1~2	
			有生酒花味	3~4	
		香气纯正无异香	纯正无异香	0	
			稍有异香味	1~4	
			有明显异香	5~8	
	无老化味 4 分	新鲜，无老化味	新鲜无老化味	0	
			略有老化味	1~2	
			有明显老化味	3~4	
	评语				
总体评价			总计减分		
			总计得分		

附 1　啤酒品评训练

（1）稀释比较：用冷却的蒸馏水或无杂味的凉开水，通入 CO_2 以排除空气，并溶入 CO_2。将此水加入啤酒中，使之稀释 10%。将稀释的啤酒与未稀释的同一种啤酒装瓶，密封于暗处，存放过夜，使达平衡，然后进行品评。连续 3 d 重复品评，将结果填入表内。

（2）甜度比较：取定量蔗糖溶解于少量啤酒中，并在尽可能不损失 CO_2 的条件下，与啤酒混合，使啤酒的外加糖浓度为 4 g/L，然后与未加糖的啤酒比较，连续品评 3 d，将结果填入表内。

（3）苦味比较：在啤酒中加入 4 mg/L 异 α- 酸（先溶于 90% 乙醇），使呈苦味，并将此处理过的啤酒放置过夜，然后如上所述与未加异 α- 酸的啤酒对比，连续品评 3 d，将结果填入表中。

附 2　评酒员考选办法

（1）三杯法：三只杯中有两只装入同一种酒，另一杯为不同酒，观察分辨的正确率；

（2）五杯对号法：五只杯中装入五种不同的啤酒，另五只杯也装入这五种啤酒，每杯酒只品一次，要求将两组中相同的酒找出来，正确一对得 4 分；

（3）五杯选优排名对号法：基本同上述方法，增加排序，即根据品评人员的判断，排出优劣次序；

（4）口味特点考评法：要求参评人员指出标准酒样的最突出的一个特点；

（5）气味特点考评法：要求参评人员根据嗅觉判断酒样的香气和不良气味，不能饮用样品。

附 3　常见的啤酒风味异常及其产生原因

风味病害	产生原因分析
（1）口味粗涩	多酚物质含量过高，多酚物质的聚合度太高；啤酒氧化，啤酒的 pH 太高；麦皮太厚，粉碎过细；酿造水硬度高，pH 高；酒花陈旧；糖化醪煮沸时间过长；麦糟洗涤过分等
（2）苦味不正，后苦味长	酒花陈旧，酒花添加量过高；麦汁煮沸强度不够，凝固氮含量高；麦汁的凝固物分离不好；发酵不旺盛，泡盖分离不完全等；（1）中的诸多原因也会引起苦味不正和后苦味长的缺陷
（3）酚或其他化学味	糖化或洗涤用水中带有这些化学物质；洗涤剂洗刷后未清洗干净；野生酵母或细菌污染
（4）老化味	又称氧化味，主要是由于发酵及贮存过程中氧的溶入而引起
（5）馊饭味	双乙酰含量过高（>0.1 mg/L），啤酒未成熟，细菌污染
（6）烂青草味	乙醛含量过高（>15 mg/L），主要是酵母菌种不太好
（7）大蒜味	酒花不良
（8）洋葱味	二甲基硫含量过高（>0.07 mg/kg），建议更换酵母菌种

风味病害	产生原因分析
（9）酵母味	硫化物，特别是 H_2S 含量过高（ > 0.005 mg/kg）；酵母衰老或自溶；凝固物分离不良，麦汁通风不足，后酵不旺；硝酸盐含量过高，下酒过早
（10）金属味	重金属含量过高；不饱和脂肪酸的氧化
（11）焦味	焦香麦芽或黑麦芽的干燥温度处理不当
（12）酸味	细菌感染
（13）霉味	原料发霉
（14）麦皮味	麦皮厚，粉碎过细；糖化醪煮沸时间过长，pH 过高，麦糟洗涤过分等
（15）口味厚	糊精含量高，发酵度低；高级醇含量高（ > 50 mg/L）

五、注意事项

1. 评酒时室内应保持干净（图 3-25），不允许杂味存在。
2. 品评人员应保持良好心态，不能吸烟，不能吃零食。

图 3-25 啤酒品评室

评酒室要清洁、安静；光线明亮柔和，阳光不得射入；室内空气新鲜，无异味，室温 10~20℃。座位之间要隔开，品酒时桌上铺白布，放台灯

六、思考题

本次实验酿制的啤酒在外观、泡沫性能、香气、口味等方面有什么特点？

实验 3-23 固定化啤酒发酵

一、实验目的

1. 了解固定化的原理及方法。

2. 尝试用固定化啤酒酵母发酵啤酒。

二、实验原理

固定化就是用物理或化学方法将细胞（或酶）固定于某一限制性空间内，并保持其固有的催化活性，使其活性能被反复利用的技术。由于分批发酵过程中每次主发酵前都要进行酵母菌种的准备工作，费时费力，如果将酵母细胞固定在某一合适载体上，从理论上讲，只要酵母细胞的死亡率不高，就可以一直使用下去。而且，固定化发酵过程中，酵母培养和发酵分开进行，因此可以采用高密度发酵的方式，使发酵周期大大缩短。

固定化方法有吸附法、包埋法、共价结合法、交联法、多孔物质包络法和超过滤法等几大类。其中以包埋法最普遍。包埋法又可分为凝胶包埋法和微胶囊法两种。本实验用海藻酸钙包埋法固定啤酒酵母，在填充式生物反应器或帘式生物反应器中进行分批发酵。

三、实验材料、试剂与仪器

填充式生物反应器或帘式生物反应器、固定化酵母细胞成珠器、海藻酸钠、氯化钙等。

四、实验步骤

1. 酵母细胞的培养

用常规方法培养酵母（见酵母菌种扩大培养）或用发酵结束后的沉淀酵母，但必须保证酵母活力，死亡率不超过1%。

2. 酵母细胞的浓缩

将酵母细胞离心浓缩，或直接用主发酵结束后的酵母泥，加适量无菌水成 1×10^9 个细胞 /mL。

3. 固定化凝胶珠的制备

海藻酸钠用无菌水吸涨调匀，通入水蒸气升温至 80℃，充分搅拌，并保持 30 min，以杀死杂菌，然后冷却至室温，加入酵母悬液，使成2% 海藻酸钠、10^8 个酵母细胞 /mL 的溶胶液。溶胶液经成珠头（即图 3-26A 中的针头）滴入 2% $CaCl_2$ 水溶液中，并在 $CaCl_2$

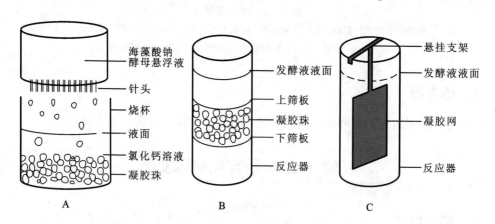

图 3-26　固定化生物反应器示意图

A. 凝胶珠制作　B. 填充式生物反应器　C. 帘式生物反应器

溶液中固化 2 h，成凝胶珠，无菌水漂洗后可供主发酵用。

4. 用固定化酵母凝胶珠进行分批式啤酒发酵

将固定化凝胶珠按 50 g/L 的比例（接种量）在填充式生物反应器（图 3-26B）中进行主发酵，有关操作同实验 3-9。

若要用吸附包埋法固定酵母细胞，在帘式生物反应器中进行分批式啤酒发酵，可将用不锈钢丝网加固的纤维织物浸于含 10^8 个酵母细胞 /mL 的 2% 海藻酸钠溶胶液中，充分吸涨后浸至 2%CaCl$_2$ 水溶液中固化 2 h，无菌水漂洗后挂于帘式生物反应器（图 3-26C）中进行主发酵。

五、注意事项

1. 海藻酸钠吸水后易结成块，要让其吸涨均匀。

2. 注意尽可能无菌操作。

3. 进行固定化酵母发酵时，所用麦芽汁以不充氧为宜。否则，由于酵母细胞大量繁殖，会破坏凝胶珠。

六、思考题

1. 固定化发酵有什么优缺点？

2. 除了海藻酸钙包埋法外，你还知道哪些固定化方法。

⧨第四部分⧩

固态发酵——红曲发酵系列实验

Ⅰ. 系列实验目的

红曲的应用在我国已有上千年的历史，我们的祖先很早就开始用红曲霉来酿酒、防腐、治病和制作传统食品。早在 1590 年，李时珍就在《本草纲目》第 25 卷中记载了红曲的"消食活血"、"健脾壮胃"等药效。近 50 年来世界各国更对红曲进行了大量研究，发现红曲霉发酵产生的醇、酸、酯及多种次级代谢产物具有良好的保健效用，可应用于食品、医药等多个领域，并为此申请了两百多件专利。目前，我国红曲及其保健制品的年产值大约为 100 亿元，除了腐乳、红曲酒外，北京灌肠、无锡排骨、苹果鱼肚、玫瑰卤鸭、鸳鸯鱼枣、寿桃馒头、琉璃珠矾等传统美食中都添加有红曲。本系列实验的目的就是通过红曲的制作，了解固体发酵的大致流程，并熟悉从红曲培养物中提取红色素及其他生理活性物质的方法。

Ⅱ. 红曲霉固态发酵概述

一、红曲霉的形态与分类

红曲霉隶属于真菌界、子囊菌门、子囊菌纲（Ascomycetes）、散囊菌目（Eurotiales）、红曲科（Monascaceae）、红曲霉属（*Monascus*），在自然界分布广泛。

红曲霉具有霉菌的典型特征，菌丝多分枝，具横隔，细胞多核，菌丝体可出现菌丝融合现象。无性繁殖形成分生孢子，单生或 2~6 个成链，大多为梨形，多核，由孢子梗顶部缢缩而成。有性繁殖形成子囊和子囊孢子，但只在特定的条件下发生。菌丝成熟后，先在顶端或侧枝顶端形成一个单细胞多核的雄器（antheridium），然后与雄器相连的细胞以单轴方式又生出一个多核细胞，这个细胞就是原始的雌器。雄器和雌器细胞都是多核的长细胞，因从同一营养细胞中长出，又为同一轴向，因此相互靠得很近，一般上面的细胞为雌器。由于雌器的生长和发育将雄器向下挤压，使雄器与柄把（即与雄器相连的细胞）呈一定角度（40°~120°）。其后雌器在顶部又生一隔膜，将雌器分成两个细胞，顶端的为受精丝，基部细胞为产囊器（ascogonium）。当受精丝尖端与雄器接触后，接触点的细胞壁解体形成一孔，雄器内的核和细胞质经受精丝进入产囊器。此时只进行质配，而细胞核成对排列，并不融合。与此同时，两性器官下面的细胞向上生出许多菌丝将其包围，形成初期的被子器。被子器内产囊器膨大，并分化出许多产囊丝。每个产囊丝内有许多双核细胞，核配于此时发生，经过核配的细胞即子囊母细胞。每个子囊母细胞的核经过减数分裂和一次有丝分裂形成8个子囊孢子。这时被子器也已发育成熟，其中的子囊逐渐消解，子囊孢子成堆地留在被子器内。被子器外壳破裂后，散出子囊孢子，子囊孢子遇水萌发后又可形成多核营养菌丝（图4-1）。

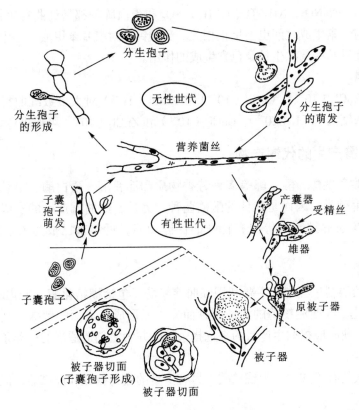

图4-1 红曲霉的生活史

红曲霉在麦芽汁琼脂培养基上生长良好，菌落大，培养初期白色，老熟后变为红色；在马铃薯培养基上呈局限性生长，红曲霉产生的是水溶性红色色素，能使培养物着色。

二、培养条件对菌体生长及红色素形成的影响

1. 温度和pH

虽然不同的红曲霉菌株其最适生长温度和最适生长pH有所不同，但大多数菌株的适温为30~35℃，25℃以下或40℃以上生长缓慢。最适pH为3.0~5.0，pH 3.0以下生长缓慢，pH 5.0以上则不适于产生色素。

2. 碳氮源和生长素

红曲霉能利用多种糖类生长。一般说来，淀粉、糊精、蜜二糖、纤维二糖、蕈糖、甘露醇、果糖、木糖、L-阿拉伯糖、葡萄糖等都是良好的碳源，而在对棉子糖、麦芽糖、蔗糖、半乳糖和山梨醇的利用上各菌株间差异很大。另外，适于红曲霉生长的碳源并不一

定有利于色素的产生，如红曲霉 *Monascus* sp.3.973 菌株用合成培养基（糖 50 g/L，$NaNO_3$ 10 g/L，KH_2PO_4 5 g/L，$MgSO_4 \cdot 7H_2O$ 2.5 g/L，$FeCl_3$ 微量，150 mL 三角瓶内装 25 mL 培养基）培养时，若以麦芽糖为碳源，可得生物量（干重）0.1 g，稀释 100 倍后的发酵液其吸光度（A_{505}）为 0.860；而以木糖为碳源时，生物量仅 0.04 g，但是 1% 发酵液的吸光度（A_{505}）可达 1.850，说明生长与色素的产生之间不呈正相关。

就氮源而言，$NaNO_3$、NH_4NO_3、$(NH_4)_2SO_4$ 和蛋白胨等都是红曲霉生长的良好氮源，然而菌体生长与色素生成之间也不呈正相关。泛酸钙、对氨基苯甲酸、维生素 B_6、肌醇等含氮物质具有促进某些菌株生长及色素生成的作用。

3. 无机盐类

高浓度的 $CoCl_2$（10^{-4}）、$CuCl_2$（10^{-6}）和 $ZnCl_2$（10^{-3}）对大多数红曲霉菌株的生长有抑制作用，低浓度的 $CoCl_2$（10^{-5}）、$CuCl_2$（10^{-7}）和 $ZnCl_2$（10^{-5}）可促进色素生成。

三、红曲霉产生的代谢产物

红曲霉能够产生醇、酸、酯等多种芳香物质和淀粉酶、蛋白酶、半乳糖酶、核糖核酸酶等多种水解酶类，因而是绝佳的酿酒菌种。另外，红曲霉产生的次级代谢产物如色素、抗生素、胆固醇抑制剂等因有特殊的保健功能，近年来已成为人们研究和开发的热点。

1. 淀粉酶类

在红曲酒的酿制过程中，主要利用红曲淀粉酶（包括糊精化酶、糖化酶及麦芽糖酶）对原料进行糖化。红曲淀粉酶的活性因种而异。但形成色素深的菌株，其酶活力不一定强。因此制作红曲时应根据生产目的来选择菌株，并为之创造适当的培养条件。

2. 有机酸类

红曲霉生成的有机酸主要为琥珀酸，另有少量的葡萄糖酸和柠檬酸，但量都不大。

3. 红曲色素

红曲色素长期以来被用作食品着色剂及香料，可代替亚硝酸盐作为肉类的发色剂。与其他天然色素相比，其最大特点是酸碱稳定性好，在 pH 3～12 色调变化不大，但中性或微碱性会使稳定性稍有下降，加压易变成褐色。红曲色素在乙醇和乙酸中的溶解性比较好，在 82% 乙醇溶液或 78% 乙酸溶液中溶解度最高。纯品红曲色素的水溶性较差，在水溶液中对光和氧气都不稳定，经改性后的半合成色素，其水溶性和对光、热和酸的稳定性都有一定程度的改善。红曲霉产生的色素主要有六种，两种黄色素、两种紫色素和两种红色素，其中红色素不太稳定，易氧化成红曲黄素。所以在制备红曲时，如果培养不当，有时反而会发生色泽衰退的现象。

影响红曲色素产量的因素很多，如培养基成分及其 pH、培养温度、供氧状况等，虽然某些无机盐和维生素能促进色素形成，但金属盐并不是色素的组成成分。要提高红曲色素产量，关键还在于控制培养基的 pH 和培养温度，最好将温度保持在 30～35℃，pH 调至 3.0～5.0。

4. Monascidin A

我们的祖先早就利用红曲霉来防止食品腐败。在《天工开物》下卷中有这样的记载："世间的鱼肉是最容易腐败的，但薄涂红曲，即使在盛夏也不会变质，近 10 天疽蝇不近，色味不减，确是一种奇药"。这说明红曲有杀菌或抑菌的效用。1977 年，这种抗菌活性成分终于从红曲的发酵产物中得到分离纯化，并被命名为 Monascidin A，该物质对芽孢杆菌（*Bacillus* spp.）、链球菌（*Streptococcus* spp.）和假单胞菌（*Pseudomonas* spp.）等食品腐败菌有明显的抑制作用。后来通过化学结构的分析，证实 Monascidin A 与橘青霉（*Penicillum citrinum*）所产生的橘青霉素（citrinin）为同一类物质。该物质虽然具有一定的抗菌作用，但对人体并不友好，会产生一定的毒副作用。因此，作为食品添加剂的红曲制品，应在发酵过程中控制培养条件，尽可能将橘青霉素的浓度控制在 200 ppb（10^{-12}）以下。

5. Monacolin K

Monacolin 是一组能抑制胆固醇合成的化学物质，其中以 Monacolin K（又叫 lavostatin）研究得最清楚。其机理是可竞争性地抑制胆固醇合成过程中的关键酶——羧甲基戊二酰 CoA（HMG–CoA）还原酶的活性，只要其浓度达到 0.001～0.005 μg/mL，胆固醇的合成就会受阻。成人每天摄入 10～30 mg 的 Monacolin K 就可使血脂中胆固醇含量明显降低。

6. γ- 氨基丁酸（GABA）

最初由 Konama 等人从红曲中分离得到，含量大约 5 μg/g。γ- 氨基丁酸为大脑的化学递质，可调节兴奋与抑制。除可治疗癫痫外，还具有改善睡眠、降血糖、降血压、抗抑郁等功效。

四、红曲的制作

红曲古称丹曲，是红曲霉生长在蒸过的米粒上形成的发酵食品。

1. 生产工艺流程

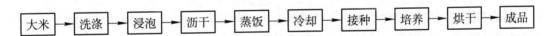

隔水蒸至饭粒呈玉色，粒粒疏松，不结团块。培养温度一般为 30℃，相对湿度 > 85%，培养一周即可。

2. 影响红曲发酵的因素

影响红曲发酵的因素很多，如菌种特性、原料养分、补水频度、空气相对湿度、温度、通气状况等。

（1）菌种：应选择生长快、适应性强、产红色素明显的菌株。

（2）原料：一般选用无黏性的粳米或籼米，其淀粉含量高、营养丰富，且可吸收适量水分。米的含水量对发酵影响很大，起始水分含量低，红曲色素易生成；水分含量高，会抑制色素合成。一般米中含水量以 25%～30% 为宜。

（3）补水：红曲霉在生长繁殖过程中，需要补充适量水分，尤其在生长旺盛期补水显得尤为重要。

（4）湿度：空气相对湿度关系到水分的蒸发，对发酵影响也很大，一般 RH 控制在

85%以上。

（5）温度：能在 20～37℃ 范围内生长，通常冷却至 30℃ 左右即可接种，采用 30℃ 发酵。

（6）通气：红曲霉是一种好氧性微生物，因此培养过程中要注意保持良好的通气。

3. 红曲发酵

详见实验部分。

五、红曲霉及其代谢产物在食品和医药上的应用

1. 红曲霉在食品生产中的应用

红曲霉能产生红、橘红和黄色的天然色素，尤其是红色素作为食品着色剂已得到广泛应用。其所产生的酸、醇、酯等芳香物质可使食品保有独特的风味，产生的抗菌剂 Monascidin A 能抑制某些腐败菌的生长，因而被广泛用作食品添加剂。

面包中加入 2.5%～3% 红曲粉，可改善外观、提高香气品质，并具有一定的保健功效。

鸡饲料中加入 0.25% 红曲粉，可使蛋黄中胆固醇含量下降 10%～20%。

酱油生产过程中加入红曲霉，除可抑制杂菌生长、降低食盐用量外，还可改善色泽、提高风味。

将红曲霉应用于酒类生产中，可改变酒的色泽和风味。如中国台湾的红露酒、日本的红曲清酒等。

在肉制品如火腿、香肠等生产过程中，用红曲色素取代亚硝酸盐，可生产出风味甘甜并具保健功效的产品；用红曲和米饭制成的红糟腌制红糟肉、红糟饭和红糟蛋也是我国的传统食品。

在豆腐乳生产中加入红曲霉，可使成品风味显著提高。

2. 红曲霉在医药上的应用

红曲霉除了可应用于食品生产外，还具有入药的功能。据《本草纲目》记载，红曲霉可治疗跌打损伤、夜尿和轻微气喘、血气痛等疾病。现代医学研究证明，红曲霉至少具有下述三种医疗功效：

（1）降低胆固醇：Monacolin 及其类似物具有抑制胆固醇合成的功效，尤其是 Monacolin K，是医学界公认的降胆固醇药物。此外，Monacolin K 对高胆固醇血症患者也极为有效，因为它对低密度脂蛋白（low density lipoprotein，LDP）胆固醇具有优先降解作用，而 LDP–胆固醇是引起动脉硬化的主要元凶。正因为 Monacolin K 具有抑制和降解胆固醇的双重功效，世界上很多大公司都投入大量人力物力对其进行研究，还利用化学修饰法对其分子结构进行改造，以期开发出更加有效的降胆固醇药物。

（2）降血糖和降血压作用：动物试验表明红曲霉的培养物具有显著的降血糖和降血压作用。日本学者山内曾用红曲作为饲料添加剂进行动物实验，发现兔子在摄入饲料 0.5 h 后血糖降低了 23%～33%；日本国立健康营养研究所对患有先天性高血压症的老鼠进行动物试验时发现，添加 0.2%～0.3% 红曲培养物的饲料可使老鼠的血压由 26.7 kPa（200 mmHg）降至 24.0 kPa（180 mmHg）。据认为降血糖和降血压作用的主要有效成分是

γ- 氨基丁酸及葡糖胺（glucosamine）。

（3）自由基清除功能：自由基是引起疾病和衰老的重要原因之一，而红曲霉产生的许多代谢产物具有清除自由基的功能，因此是一种重要的保健食品。

Ⅲ. 实验室红曲固态发酵

本系列实验可以集中进行，也可以分两次完成。分次实验时教师或实验员必须进行各类实验准备工作。第一周实验为蒸饭和接种，培养 7 d 后，在第二周进行红曲色价、自由基清除活性及淀粉酶活力等项目的测定。集中实验可以和啤酒发酵、谷氨酸发酵穿插进行，具体安排推荐如下：

第一天下午　浸米；

第二天下午　蒸饭，冷却，接种；

第三至七天　发酵，每天根据发酵料的干湿程度补加适量水分；

第六、七、八天　红曲色价、自由基清除活性和淀粉酶活力等项目的测定；

第八天　红曲色素的分离纯化（选做）。

建议将学生分成九个组，通过正交法对红曲的最适生长条件或最佳发酵条件进行优化试验。在不同环境下培养红曲，通过比较菌丝的生长情况来确定最适生长条件，通过比较代谢产物形成情况来确定最佳发酵条件。

影响微生物生长和代谢的因素有很多，正交试验是多因素分析的有力工具。特别是要从许多因素中选出主要影响因素和发酵的最优水平时，使用正交试验可用较少的实验次数（处理组别）得到较多的实验信息。如在红曲菌的发酵过程中，培养温度、接种量等都可以影响红曲菌的生长与代谢，我们称之为影响红曲菌生长或代谢的"因素"，每一因素都可设置几个值，如培养温度可设置 25℃、30℃、35℃ 3 个值，我们称之为 3 个"水平"。如果要进行一个 4 因素、3 水平的实验，考虑各种组合，则至少进行 24 个处理，而用正交试验则只要进行 9 个处理就可以了。

在 L9(3⁴) 的正交表（表 4–1）中，"9"表示实验次数，"4"表示 4 个因素（甲、乙、丙、丁），"3"表示每个因素各具有 3 个水平（A、B、C）。感兴趣的同学可查阅资料，设置好因素和水平，全班协作，进行红曲发酵条件的优化试验。例如可将培养温度、培养基碳氮比、培养基 pH 和接种量作为考查的因素，每个因素分别设置 3 个水平，如 pH 可设置为自然型（加 2 mL H_2O）、偏酸型（加 2 mL 5% HAc）和偏碱型（加 2 mL 5% NaAc）3 个水平，碳氮比可设置为自然型（加 2 mL H_2O）、加氮型［加 2 mL 5% $(NH_4)_2SO_4$］和高氮型［加 2 mL 10% $(NH_4)_2SO_4$］3 个水平。参考表 4–1 进行实验。实验过程中，每天取样进行各指标的分析，把结果填入表 4–2 中。同学们根据实验结果，参考相关数理统计书籍，进行正交分析（可不考虑交互作用），得出红色素、淀粉酶和自由基清除物质等代谢产物形成的最适发酵条件。

表 4-1　红曲发酵正交试验表

实验组别	因　素			
	甲（培养温度）	乙（培养基碳氮比）	丙（培养基 pH）	丁（接种量*）
1（处理 1）	A（28℃）	A（加 H_2O）	A（加 H_2O）	A（3%）
2（处理 2）	A（28℃）	B［加 5%（NH_4）$_2SO_4$］	B（加 5% HAc）	B（5%）
3（处理 3）	A（28℃）	C［加 10%（NH_4）$_2SO_4$］	C（加 5% NaAc）	C（7%）
4（处理 4）	B（33℃）	A（加 H_2O）	B（加 5% HAc）	C（7%）
5（处理 5）	B（33℃）	B［加 5%（NH_4）$_2SO_4$］	C（加 5% NaAc）	A（3%）
6（处理 6）	B（33℃）	C［加 10%（NH_4）$_2SO_4$］	A（加 H_2O）	B（5%）
7（处理 7）	C（38℃）	A（加 H_2O）	C（加 5% NaAc）	B（5%）
8（处理 8）	C（38℃）	B［加 5%（NH_4）$_2SO_4$］	A（加 H_2O）	C（7%）
9（处理 9）	C（38℃）	C［加 10%（NH_4）$_2SO_4$］	B（加 5% HAc）	A（3%）

　　* 接种量指 100 g 米饭中接入的浓缩液体种子的毫升数，如用固体曲种子，建议用 0.5%、1% 和 1.5%（质量分数）的接种量进行对比试验。对于分成 10 个小组的实验班，第 10 小组的同学可按处理 1 进行实验。

表 4-2　红曲发酵实验结果记录表*

处理	测定项目	第六天	操作组	第七天	操作组	第八天	操作组
处理 1（S1）	色价，自由基清除活性		1		2		3
	淀粉酶活力		2		3		1
	过氧化氢酶活力		3		1		2
处理 2（S2）	色价，自由基清除活性		1		2		3
	淀粉酶活力		2		3		1
	过氧化氢酶活力		3		1		2
处理 3（S3）	色价，自由基清除活性		1		2		3
	淀粉酶活力		2		3		1
	过氧化氢酶活力		3		1		2
处理 4（S4）	色价，自由基清除活性		4		5		6
	淀粉酶活力		5		6		4
	过氧化氢酶活力		6		4		5
处理 5（S5）	色价，自由基清除活性		4		5		6
	淀粉酶活力		5		6		4
	过氧化氢酶活力		6		4		5
处理 6（S6）	色价，自由基清除活性		4		5		6
	淀粉酶活力		5		6		4
	过氧化氢酶活力		6		4		5

处理	测定项目	第六天	操作组	第七天	操作组	第八天	操作组
处理7 （S7）	色价，自由基清除活性		7		8		9
	淀粉酶活力		8		9		7
	过氧化氢酶活力		9		10		8
处理8 （S8）	色价，自由基清除活性		7		8		10
	淀粉酶活力		8		9		7
	过氧化氢酶活力		9		7		8
处理9 （S9）	色价，自由基清除活性		7		8		9
	淀粉酶活力		10		9		7
	过氧化氢酶活力		9		7		8
处理1 （S1）	色价，自由基清除活性		7		8		10
	淀粉酶活力		10		9		7
	过氧化氢酶活力		9		10		8

* 上午偶数组测定，下午奇数组测定，将测定结果填入表中。操作者须在数据后亲笔签名，对结果负责。

实验 4-1　红曲霉的分离纯化

一、实验目的

熟悉红曲霉菌种的分离纯化方法。

二、实验原理

红曲霉广泛分布于自然界，因此可以从自然界中分离纯化得到。鉴于我国劳动人民很早就开始利用红曲，他们将红曲霉制成了各种各样的发酵食品。因此，要得到红曲霉菌种，最简便的办法是直接从这些发酵食品中去分离。实验流程如下：

红曲样品　→　稀释　——60 ℃ 30 min——→　涂平板　→　培养　→　挑单菌落

培养红曲霉多用麦芽汁琼脂培养基，红曲霉在该培养基上生长良好、菌落较大，培养初期菌落为白色，老熟后变为淡红色、紫红色、橙红色等，因种而异。菌落有呈绒毡状的，也有呈皮膜状的，呈皮膜状的菌落少褶皱或只有辐射纹。红曲霉在马铃薯培养基（PDA）上呈现局限性生长，而不像在麦芽汁琼脂上那样可以蔓延。某些种能在 PDA 培养基上形成疮疤状菌落。红曲霉产生的是水溶性红色色素，能分泌到培养基中，使培养基着色。

三、实验材料、试剂与仪器

1. 样品

市售红曲米或红曲酒酒药。

2. 培养基

（1）半合成培养基：葡萄糖 30 g，$NaNO_3$ 3 g，酵母提取物 1 g，K_2HPO_4 1 g，$MgSO_4 \cdot 7H_2O$ 0.5 g，KCl 0.5 g，$FeSO_4 \cdot 7H_2O$ 0.01 g，pH 5.6，用蒸馏水定容至 1 L。固体培养基添加 20 g 琼脂；

（2）麦芽汁培养基：5~8°P 麦芽汁，固体培养基添加 2% 琼脂；

（3）豆芽汁培养基：豆芽 200 g，加水 1 000 mL，煮沸 10 min 后过滤，滤液加 2% 葡萄糖即成，固体培养基添加 2% 琼脂。

上述培养基 0.1 MPa 灭菌 30 min，备用。

3. 器材

水浴锅、培养箱、灭菌锅、培养皿、移液管、试管等。

四、实验步骤

1. 实验准备

配制上述半合成固体培养基（或麦芽汁培养基、豆芽汁培养基），高压蒸汽灭菌；准备无菌水、移液管、培养皿等，灭菌备用；实验前将培养基倒入平皿中，冷却凝固后于 30℃培养箱中放置 5~6 h，以除去冷凝水。

2. 红曲霉的分离纯化

称取红曲米（或红曲酒药）5 g，放入 45 mL 无菌水中，振荡摇匀后置于 60℃水浴中保温 30 min 以杀死不耐热的细菌及酵母，将上层孢子悬液用稀释涂平板法分离（见实验 1-1），30℃培养 5 d，挑取能产红色色素的霉菌单菌落，用显微镜检查是否纯种（细胞形态是否一致），确认后保存。

3. 菌种保藏

红曲菌种可用斜面保藏法、矿油保藏法和沙土管保藏法保藏，详见实验 1-11，此外，还可用下述两种保藏法保藏。

（1）曲粉保藏：称取麸皮或米粉 2 g，加 1% 乳酸 2 mL，混匀制成曲粉，0.1 MPa 灭菌 30 min，冷却后接种，30℃培养 7 d，然后用无菌角匙挑取约 0.5 g 培养物装入已灭菌的安瓿管中，再放入装有 P_2O_5 的干燥器中干燥（或抽真空），封口后放于室温中保存，此法可保存 1~2 年。

（2）制曲保藏：用大米制成红曲后，放干燥处保存，此法可保存 1~2 年。

五、注意事项

1. 注意无菌操作，防止杂菌污染。

2. 由于霉菌的菌落较大，为了便于挑取单菌落，分离时稀释度以稍大一点为好。

3. 红曲酒酒药中除红曲霉外，还可能有毛霉、根霉等菌株，它们的菌落是蔓延型的，因此培养时应逐日观察，挑取所需的菌株。

六、思考题

1. 为什么要在 60℃水浴中保温 30 min？

2. 是否可从市售红腐乳中分离红曲霉？为什么？

实验 4-2　红曲霉细胞形态的观察

一、实验目的

1. 掌握观察霉菌形态的基本方法。
2. 观察红曲霉的形态特征，判断所分离的红曲霉是否纯种。

二、实验原理

红曲霉具有霉菌的典型特征，菌丝多分枝，具横隔，幼时细胞质稠密，多含颗粒，老后出现空泡及油滴。细胞多核，菌丝体可出现菌丝融合（anastomosis），即两条菌丝碰在一起时，接触处细胞壁消失，膜融合，使二菌丝互相沟通。

无性繁殖由气生菌丝分化成分生孢子梗，顶部不像黑曲霉那样膨大形成顶囊，而是细胞壁和细胞膜向内缢缩形成分生孢子，分生孢子单生或 2~6 个成链，大多为梨形、多核，成熟后可飘散开来，在合适的条件下又可萌发成菌丝（见图 4-1）。

有性繁殖产生子囊和子囊孢子，但在培养条件适宜的情况下一般不进行有性繁殖。

霉菌菌丝粗大，细胞容易收缩变形，而且孢子很容易向四周飞散，所以制作标本时常用乳酸石炭酸棉蓝染色液。红曲霉在通常情况下只进行营养生长和无性繁殖，只有在条件非常恶劣的情况下才能观察到有性孢子。本实验只对营养菌丝及无性孢子的形态进行观察。

三、实验材料、试剂与仪器

1. 试剂

乳酸石炭酸棉蓝染色液：石炭酸 10 g，溶于 10 mL 蒸馏水中（可适当加热），加入乳酸 10 mL，甘油 20 mL，再加入棉蓝（cotton blue）0.02 g，溶解即成。

2. 器材

培养箱、灭菌锅、显微镜、载玻片、盖玻片等。

四、实验步骤

1. 直接制片观察法

（1）配制马铃薯培养基（见实验 1-1）或麦芽汁琼脂培养基（实验 3-1），灭菌后倒平板，冷却，用点种法接种实验 4-1 分离到的红曲霉，每皿接种 3 点，30℃培养 3 d；

（2）取一滴乳酸石炭酸棉蓝染色液，滴至载玻片中央；

（3）用镊子于红曲霉菌落边缘处拔取少量带孢子的菌丝于染液中，用解剖针将菌丝挑开；

（4）用镊子取一块干净盖玻片，倾斜着慢慢盖在上面，注意不要产生气泡；

（5）置于显微镜下观察，先用低倍镜，再用高倍镜观察。

2. 载玻片培养观察法

（1）培养小室的灭菌：在直径为 9 cm 的培养皿底部铺一张圆形滤纸，其上放一 U

形玻棒，玻棒上放一块干净载玻片和两块盖玻片，盖上皿盖，包扎后于 0.1 MPa 灭菌 20 min，烘干备用（图 4-2）；

（2）琼脂块的制作：将已灭菌的马铃薯琼脂培养基（6 ~ 7 mL）用无菌操作方式倒入另一培养皿中，凝固后用无菌刀片切取比盖玻片略小的琼脂块，并将其移至（1）中的载玻片上；

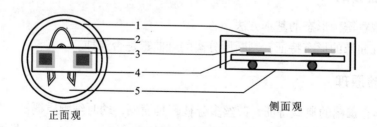

图 4-2　载玻片培养观察法示意图
1. 培养皿　2. 玻璃棒　3. 盖玻片　4. 载玻片　5. 滤纸

（3）接种：用接种针挑取少许红曲霉的孢子（可用无菌水适当稀释），接种于琼脂块的边缘，用无菌镊子将盖玻片覆盖在琼脂块上；

（4）培养：培养皿内的滤纸上加 3 ~ 5 mL 经灭菌的 20% 甘油，以保持培养皿内的湿度，30℃培养；

（5）镜检：每隔一定时间取出载玻片（连同培养物及盖玻片），轻轻擦去盖片表面的水汽，直接在显微镜低倍镜下观察，记下红曲霉的生长状况；注意区分基内菌丝（营养菌丝）和气生菌丝，一般基内菌丝比气生菌丝要细，颜色稍浅。

五、注意事项

1. 直接制片观察时切勿让霉菌孢子四处飞散。
2. 载玻片培养观察时要注意无菌操作。如果想用高倍镜观察，所加琼脂块一定要薄。

六、思考题

1. 直接制片观察霉菌形态时为什么要从菌落边缘处取样？
2. 怎样区分基内菌丝、气生菌丝和孢子丝？

实验 4-3　红曲霉菌种扩大培养

一、实验目的

了解红曲霉菌种扩大培养的方法，为较大规模固体发酵准备菌种。

二、实验原理

红曲生产虽然是纯种发酵，但采用的是固态自然发酵形式，并不是严格意义上的无菌操作。为了尽可能不被杂菌污染，必须接入大量的种子。种子的扩大应逐级放大，从斜面菌种到三角瓶米粒曲种，再到浅盘固体培养曲种。本实验在三角瓶中制备纯种米粒曲种。

三角瓶米粒曲种的制备虽然比较麻烦，但曲种的含水量与固态发酵时培养基的含水量比较接近，若用它作为种子，发酵时杂菌污染的可能性相对较小。

三、实验材料、试剂与仪器

籼米、乙酸、电饭锅、高压蒸汽灭菌锅、培养箱等。

四、实验步骤

1. 浸米

称取精白优质籼米 700 ~ 800 g，浸于 1 000 mL 水中，并加 5% 乙酸 5 mL，拌匀。浸米时间夏季一般为 5 ~ 10 h，冬季为 10 ~ 20 h，使米吃水 30% 左右。

2. 灭菌

将浸过的米用清水冲洗至无米浆水流出，沥干（至无滴水），然后称取 80 ~ 100 g 装于 500 mL 三角瓶内，盖好瓶口布和牛皮纸，包扎好后，于 0.1 MPa 灭菌 30 min。

3. 接种

无菌室在使用前用紫外线灭菌 30 min。接种时，用接种环从红曲霉斜面中挑取菌丝体（连同孢子）5 环，接入三角瓶内，并充分拌匀，用瓶口布封口（去牛皮纸）后，送入恒温箱培养。为了提高菌体与饭粒的接触面，红曲霉菌丝体可适当捣碎。

4. 培养

将三角瓶中的饭粒摇平，于 30℃ 温箱中保温培养，24 h 后再将饭粒摇匀，并摊于三角瓶底继续培养，这样每天摇瓶 2 ~ 3 次，经 6 ~ 9 d 培养，饭粒呈紫红色，即完成种曲制作。

注意：保温培养最好在恒温恒湿箱中进行，若无此条件，可在恒温箱中放一小盆水以增加湿度。应随时观察曲料的干湿度，必要时每天加入无菌水约 2 mL，以补充蒸发掉的水分。

优良的曲种应色泽鲜红，有红曲特有的香气，无杂菌污染。

5. 干燥

将培养成熟的红曲米从三角瓶中取出，风干后于 40 ~ 45℃ 恒温箱中烘干或在太阳下晒干，然后用塑料袋密封储存。储存时红曲的水分应该在 8% ~ 10%，可储存 1 年左右。

五、注意事项

1. 各个步骤应尽量在无菌条件下操作。

2. 霉菌的营养菌丝长在培养基内，接种时挑取气生菌丝及孢子就足够，没有必要将培养基也挑出来。

六、思考题

1. 为什么每天要将三角瓶摇动 2 ~ 3 次？培养时如果不去掉牛皮纸，会产生什么影响？

2. 浸米时为什么要加少量乙酸？

实验 4-4　红曲液体菌种的制备

一、实验目的

1. 了解红曲霉液体菌种的制备方法。
2. 为实验 4-5 准备足够的红曲种子。

二、实验原理

红曲霉是一种好氧性微生物，种子的制备除了可用三角瓶固体培养外，还可以用液体摇瓶培养的方法来获得。

液体摇瓶培养法制备种曲快速简单，便于无菌操作，但因含水量大，接种时接种量不能太高，否则因湿度太大而容易导致细菌污染。

红曲霉菌是一种丝状真菌，摇瓶培养时会形成菌丝球。一般摇床转速快，形成的菌丝球就小。为了使种子与培养基接触均匀，菌丝球越小越好。

三、实验材料、试剂与仪器

1. 豆芽汁培养基

见实验 4-1。

2. 器材

三角瓶、恒温摇床、超净工作台、高压蒸汽灭菌锅等。

四、实验步骤

1. 配制豆芽汁培养基（或其他合适的培养基）。

2. 500 mL 三角瓶中装豆芽汁培养基 100 mL，以 8 层纱布封口，加牛皮纸包扎后 0.08 MPa 灭菌 30 min。

3. 冷却后每瓶豆芽汁中接入 1/2 支红曲斜面菌苔。

4. 30℃恒温摇床中 200 r/min 摇瓶培养 3～5 d，至培养液深红色即可。

5. 4℃冰箱保存备用。

6. 用时合并菌种，静置 10 min 后弃上层清液，将菌丝球作为红曲种子。

五、注意事项

1. 注意无菌操作。挑菌时只需挑取斜面菌苔（气生菌丝和孢子丝）即可，勿把培养基挑起。

2. 三角瓶中液体培养基的装量不能太多，否则摇瓶时容易晃出，而且会造成液体中溶解氧含量的不足；另外，摇床转速不能太慢，否则菌丝体会结成大球。摇床转速快，结成的球数量多，体积小，有利于接种时分布均匀。

3. 摇瓶后的液体菌种应进行并种浓缩，否则会因含水量太大而影响发酵的正常进行。

六、思考题

1. 比较液体种子与固体种子的优缺点。

2. 为什么摇瓶培养时摇床转速快，结成的球数量多而体积小；摇床转速慢，结成的球数量少而体积大？

实验 4-5　红曲霉浅盘固态发酵 ▶

一、实验目的

1. 了解浅盘固态发酵的工艺流程。
2. 在实验室中小规模制备红曲。

二、实验原理

我国古代劳动人民在几千年前就能利用浅盘固态培养来制曲，此方法一直沿用至今。如酱油厂曲霉菌种的扩大培养、黄酒厂酒曲的扩大培养、白酒厂大曲和小曲的制作等。

由于红曲霉是一类好氧微生物，生长和代谢都需要氧气，所以应该在通气良好的曲盘上发酵。原料不能铺放得太厚，一般 2~3 cm，在发酵过程中要控制好曲料的温度、湿度、氧气供应（主要控制曲料的厚度，并在培养过程中适时翻曲，调节曲盘位置）等，使之有利于微生物的生长和相关代谢产物的积累。浅盘固态培养有不少优点：①所需的设备简单，只需曲盘或曲盆、竹扁、竹帘等即可；②方法容易掌握，便于土法上马；③投资省，推广容易。但也有不少缺点：①容易染菌，产品的质量不稳定；②占地面积大；③劳动强度大，完全用手工操作；④生产的产品数量少，只适用于小型厂家。

三、实验材料、试剂与仪器

优质籼米、乙酸、电饭锅、纱布、浅盘等。

四、实验步骤

1. 实验室浅盘固态发酵

（1）种子的制备：可用液体摇瓶发酵的红曲（见实验 4-4）经浓缩后作为种子。

（2）红曲浅盘固态发酵

① 浸米：称取 5 kg 籼米，浸于 5 000 mL 自来水中（可加冰乙酸 1 mL），25 ℃以上浸米 5 h，大米吸水在 25% 左右；

② 蒸饭：将浸好的米用清水淋去米浆水，沥干至无滴水，在电饭锅的蒸锅上蒸饭。待圆汽（蒸锅四周都有蒸汽冒出）以后继续蒸料 30 min，出饭率约为 135%（100 kg 米成 135 kg 饭）。饭粒呈玉色，粒粒疏松，不结团块。蒸饭不能夹生，也不能烂熟；

③ 将浅盘（实验室培养时可以用 20 cm×15 cm×4 cm 塑料筐代替）洗净，晾干。4 层纱布（长度为塑料筐的 1.5 倍，宽度为塑料筐的 2.5~3 倍）经高压蒸汽灭菌处理；

④ 摊凉接种：将灭菌过的纱布垫在塑料筐内，倒入约 1 kg 蒸熟的曲料（米饭），迅速打碎团块，摊平，使曲料厚 2 ~ 3 cm，盖上纱布后冷却到 30 ~ 32℃；

⑤ 接种：曲料中接入红曲液体菌种，接种量从 3% ~ 7% 不等（表 4-1），以比较不同接种量对红曲固态发酵的影响，充分翻拌 2 ~ 3 次（混匀）后，放于 30℃恒温室中培养（图 4-3）。

图 4-3　红曲浅盘固体发酵

2. 中试规模的浅盘固态发酵

（1）制曲原料：优质籼米 50 kg。

（2）浸米：25℃以上浸米 5 ~ 8 h，大米吸水分约在 25% ~ 28%。

（3）蒸饭：将浸好的米用清水淋去米浆水，沥干，即可放入蒸锅蒸饭。上汽火力要强，待全部圆汽以后继续蒸料 30 min，出饭率在 135%。饭粒呈玉色，粒粒疏松，不结团块。

（4）摊凉接种：将蒸熟的曲料倒在曲池中，迅速打碎团块，摊平冷却到 30 ~ 32℃。按 50 kg 米：0.5 kg 红曲种子（实验 4-3）的比例接种（接种量 1%），翻拌均匀，注意操作要迅速，以减少杂菌污染。

（5）堆料：将接种后的曲料堆在一起，厚度约 50 cm。在 25 ~ 30℃时，经 15 ~ 18 h 堆料，品温可升到 43 ~ 45℃，此时中心的饭粒出现白色斑点，伴有微微清香气，此时即可养花。

（6）养花：将曲料摊凉在曲池上，厚度约 40 cm。开始时升温较快，经 2 h 上升到 40℃左右即可开耙（翻曲），耙后品温下降 2 ~ 3℃。此时由于菌种代谢加快，产生大量热量，需将堆料厚度降至 25 ~ 30 cm，1 h 开耙一次，必要时可降低厚度至 13 ~ 17 cm，品温维持在 35 ~ 36℃，使饭粒表面产生花斑。大约经 8 h 后，所有饭粒表层都呈白色斑点（花齐）。

（7）吃水与培育：花齐以后，将曲堆厚度调整为 33 ~ 50 cm，品温维持在 32 ~ 33℃，使菌丝大量生长。每隔 1 h 翻曲一次，约经 27 h，曲粒表面菌体增厚略有干皮、少数曲粒略有微红斑点，此时可吃水（喷洒无菌水或凉开水），使曲粒吸收一定水分，以利于菌丝逐渐向饭粒内部生长。

吃水方法：一边拌曲一边向曲池中喷洒无菌水，使曲粒表面润湿并略有发胀。

吃水后将曲料摊成 17 ~ 23 cm 厚，继续培养，待品温上升至 36 ~ 37℃时，再将曲逐步摊开，厚 13 ~ 17 cm，每隔 30 min 拌曲一次，以控制品温，使曲粒疏松、发育均匀。吃水 6 h 后，品温控制在 32 ~ 33℃，每隔 1 h 拌曲一次，经 24 h 曲粒大部分呈淡红斑点状，表层略有干皮，这时行二次吃水，方法同第一次。再将曲粒摊平，厚5~7cm，每隔30min拌曲一次，将品温维持在30~32℃，曲粒菌丝已向内生长，由淡红逐步转向深红，表面略有干皮。再经24h即可行第三次吃水。应视曲粒菌丝的生长情况，正确控制吃水量，品温仍维持在30~32℃，厚度减至3~4cm。每隔1h翻曲一次，此时菌丝已生长到曲粒的2/3，内部色泽由深红转紫红，再经12h即可出房（结束发酵）。如果曲室中有温度与湿度调节器，可减少大量手工劳动。

（8）出房与晒曲：出房后，将曲粒摊平风干，5~6d后即可晒曲。晒曲不得曝晒，应在每天8：00—10：00晒曲2h，分三次晒干。晒曲和其他工序同等重要，必须引起注意。曝晒将减低曲的酶活力和繁殖力，曲粒也易变质。

五、注意事项

1. 操作要迅速，以减少杂菌污染。

2. 若发酵种子是液体，浸米时米的吃水率可降至25%，接种量也不能太多，以免太湿而被细菌污染。

六、思考题

1. 浅盘固态发酵时应注意哪些问题？

2. 怎样操作才能尽可能减少杂菌污染？

实验4-6　红曲霉厚层固态通风发酵

一、实验目的

了解厚层固态通风发酵的工艺流程，较大规模地制备红曲。

二、实验原理

为了克服浅盘固态发酵的缺点，发展出了厚层固态通风发酵的方法。

厚层固态通风发酵在曲池中进行。曲池用砖块和混凝土建成，底部为多孔筛板，风道做成倾斜形，使平行方向来的气流转变成垂直方向（图4-4）。由于有充分的氧气保证，

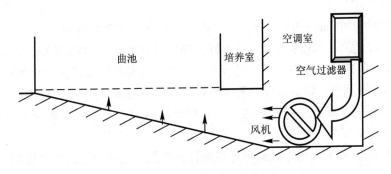

图4-4　厚层固体通风培养示意图

这种方法的堆料厚度可达 30 cm 左右。

三、实验材料、试剂与仪器

蒸锅、空压机、空气过滤设备、通风曲池等。

四、实验步骤

方法基本同实验 4-5。原料加水吸涨后在蒸锅中蒸熟，冷却至 40℃接种，待温度降至 33～34℃时堆料（厚度约 50 cm），4～5 h 后入池发酵（厚度 30 cm 左右）。打开调温调湿设备和鼓风设备，在红曲霉最适宜的条件下培养，每隔 6 h 翻曲一次，并检查红曲霉的生长状况。由于温度湿度可自动控制，省去了开耙翻曲等工序，使劳动强度大大降低。

发酵结束后晒干（或烘干），进行成品质量检查。

（1）外观检查：曲粒表层光滑紫红，中心呈玉色，不得有空心。曲粒断面菌丝均匀，具有红曲特有的曲香，不得有酸气等不正常气味；

（2）生物与理化项目检查：水分 12%以下，容量（100 mL）44.5～46.5 g，淀粉含量 59%～62%，无细菌和霉菌污染。

将检查合格的红曲（图 4-5），按质量等级分批贮藏在封闭容器内，严防受潮变质和虫蛀，并从中挑选最优红曲种作为来年的生产曲种，单独贮藏。

A   B

图 4-5　红曲米（A）和红曲粉（B）

五、注意事项

1. 蒸饭时间约 30 min（圆汽后计算），以达到糊化和杀菌的目的。

2. 接种量应适当，米粒种子以 1%为好，孢子以 0.25%～0.35%为好。若接种量过大，菌丝生长过快，前期品温升高过猛，温度不宜控制，容易把幼嫩的菌丝烧死；另外，前期养分消耗过多，不利于产物的合成。若接种量过小，易染菌且使生产周期延长。

3. 堆料的目的是使孢子吸水膨胀发芽。但堆料时间不宜过长，避免芽发育成菌丝后因缺氧而窒息。

4. 入池温度以 30℃为佳，过高容易烧曲且易染菌，过低会延长生产周期。

1. 影响红曲质量的因素有哪些？
2. 比较浅盘固体培养与厚层通风固体培养的优缺点。

实验 4-7　红曲代谢产物的浓缩

一、实验目的

熟悉从红曲中分离代谢产物的方法。

二、实验原理

大米经红曲霉固态发酵后产生了一系列代谢产物，但这些产物的量非常少，大米仍占固态发酵产物的绝大部分体积，为了降低运输成本，常常要对红曲霉的代谢产物进行萃取和浓缩。萃取是将某种特定溶剂加到发酵液（或红曲米）中，根据代谢产物在水相和有机相中的溶解度不同，将所需物质分离出来的过程。萃取具有传质速度快、生产周期短、便于连续操作、可自动控制、分离效率高、生产能力大等优点。浓缩是将低浓度溶液除去一定量溶剂（包括水）变为高浓度溶液的过程。浓缩的方式很多，常见的有蒸发浓缩、冷冻浓缩和吸收浓缩。蒸发浓缩是使溶剂气化除去，从而提高溶质浓度的方法；冷冻浓缩是利用溶剂和溶质溶点的差别而达到除去大部分溶剂的方法；吸收浓缩是用吸收剂吸收除去部分溶剂而使溶质浓缩的方法。浓缩是发酵产物提纯前常用的预处理过程。

红曲的代谢产物中既有水溶性组分，也有脂溶性组分，因此可用 80% 丙酮（丙酮：水 = 80：20）萃取。用 HCl 或 NaOH 调节 pH 后可以将其中的酸溶性组分、碱溶性组分和中性组分分开，然后减压蒸去丙酮，就可得到红曲浓缩物。

三、实验材料、试剂与仪器

旋转蒸发仪、分液漏斗、乙酸乙酯、丙酮等。

四、实验步骤

1. 取 200 g 红曲固态发酵产品（红曲米），在植物粉碎机中粉碎。

2. 将红曲粉放于 500 mL 三角瓶中，加入提取液（丙酮：水 = 80：20）300 mL，瓶口用保鲜膜封口。

3. 室温下浸提 1 d，每隔 2 h 摇动一次，过滤，收集滤液。

4. 滤渣用同样提取液再抽提 2 次，每次 100 mL，浸提 2 h，过滤后合并滤液。

5. 将水浴温度调整到 40℃，在旋转蒸发仪中减压蒸去丙酮，当馏出液速度很慢时，可停止蒸馏（因为水分蒸发的速度慢）。

6. 用 1 mol/L HCl 调节残留液（约 100 mL）的 pH 至 3.0，加至分液漏斗中。

7. 加入 70 mL 乙酸乙酯，充分振摇后静置，收集有机相；水相中再分 2 次加入 50 mL

和 30 mL 乙酸乙酯，同样方法收集有机相，合并。

8. 在所得到的乙酸乙酯抽提液中加入适量无水硫酸钠，静置过夜以吸去水分，过滤，滤液在旋转蒸发仪中减压浓缩，得到酸溶性浓缩物。

9. 以同样方法按图 4-6 分离碱溶性组分和中性组分。

10. 将各分离到的组分在旋转减压蒸发仪中蒸去溶剂，得到碱溶性浓缩物和中性浓缩物，装于样品管中，低温保存。

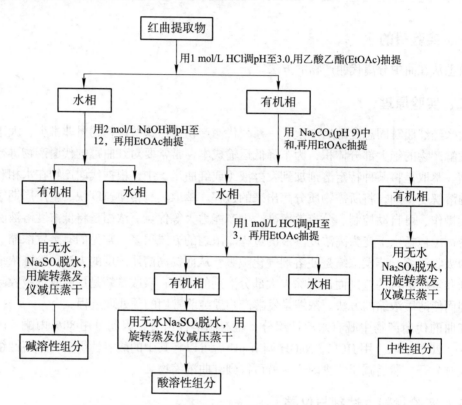

图 4-6　红曲霉产生的碱溶性、中性和酸溶性组分的分离方法

五、注意事项

1. 无水 Na_2SO_4 可回收且反复使用，不要扔掉。

2. 有机溶剂易燃，注意远离火种，原则上应在通风柜中进行。

六、思考题

1. 为什么要用无水 Na_2SO_4 脱水？

2. 进行酸碱调节有什么意义？

一、实验目的

用层析法将红曲色素从发酵产物中分离出来，以达到浓缩和纯化色素的目的。

二、实验原理

层析分离是 20 世纪 60 年代才发展起来的快速、简便而高效的分离技术，应用非常广泛，可用于脱盐、去除热源物质、浓缩高分子溶液、测定相对分子量、纯化抗生素等领域。当发酵液浓缩物随流动相流经装有固定相的层析柱时，混合物中各组分因分子大小不同而被分离，因为大分子物质不易进入凝胶颗粒（固定相）的微孔，向下流动的速度快；小分子物质除了可在凝胶颗粒间扩散外，还可进入凝胶微孔中，因此向下流动的速度慢。

在层析基础上发展起来的气相色谱、中压液相色谱、高效液相色谱等技术使混合物的分离变得越来越方便。

红曲霉产生的色素主要有下列 6 种。

黄色色素两种：

红曲素 monascin（$C_{21}H_{26}O_5$）　　赤红曲黄素 ankaflarin（$C_{23}H_{30}O_5$）

红色色素两种：

红斑素 rubropunctatin（$C_{21}H_{22}O_5$）　　红曲红素 monascorubrin（$C_{23}H_{26}O_5$）

紫色色素两种：

红斑胺 rubropunctamine（$C_{21}H_{23}NO_4$）　红曲红胺 monascorubramine（$C_{23}H_{27}NO_4$）

红曲色素易溶于乙醇、丙二醇、乙酸、氯仿等有机溶剂，但在水中的溶解度相对较小。这些物质随流动相经过固定相时，由于分子大小不同，在两种溶剂中的分配系数不同，保留时间也各不相同，因此可以得到分离纯化。

三、实验材料、试剂与仪器

层析柱、硅胶、己烷、乙酸乙酯、氯仿、甲醇等。

四、实验步骤

1. 选取实验 4–7 分离所得的红色最深的组分，称重。

2. 称取样品质量 50～100 倍的硅胶，用 98% 氯仿 /2% 甲醇调匀，装柱。

3. 将样品加至硅胶层析柱上部，注意尽可能平整。

4. 加三倍硅胶体积的流动相（98% 氯仿 /2% 甲醇），开始层析，待红色部分流出时，用收集管收集。

5. 若样品部分（硅胶中）仍有红色，可依次用 95% 氯仿 /5% 甲醇、90% 氯仿 /10% 甲醇层析，洗脱液的体积大致为硅胶体积的三倍，收集红色流出液。

6. 将各收集液减压蒸发后得到红色素样品。

7. 若要进一步纯化，可用硅胶柱层析（改用其他流动相）、LH–20 柱层析、中压液相色谱（MPLC）、制备型高效液相色谱（HPLC）等方法单离，用薄层层析或分析型 HPLC 检验单离物的纯度（260 nm 吸收）。

五、注意事项

1. 硅胶在装柱前应与层析液混匀，装柱时避免气泡的产生。

2. 加样应平整，在样品上加流动相时应小心，避免搅起样品。

3. 红色流出液的头和尾部分可能含有较多杂质，若要得到纯品，可将头、尾部分去掉。

六、思考题

1. 怎样判断收集到的红色部分是纯品？

2. 纯度是否可以用 505 nm 的吸收来检测？

实验 4–9　红曲米色价的测定 ▶

一、实验目的

逐日测定红曲固态发酵过程中红曲米的色价变化。

二、实验原理

红曲米的色价是指 1 g 红曲米中红曲色素的多少。

红曲色素能溶于80%乙醇中，可通过萃取从米粒中提取出来，红曲色素在505 nm处有最大的吸收峰，可用分光光度计来测定。

三、实验材料、试剂与仪器

分光光度计、水浴锅、量筒、80%乙醇等。

四、实验步骤

1. 称取红曲米样品0.5 g，放于研钵中，加入80%乙醇2 mL，将米粒研碎。

2. 将匀浆液倒入具塞试管中，用80%乙醇6 mL分2次洗涤研钵，将洗涤液合并入试管中。

3. 60℃水浴保温萃取30 min，每隔5 min摇动一次。

4. 取出冷却，用普通定性滤纸过滤入10 mL量筒中，用80%乙醇洗涤残渣2次，合并滤液，并用80%乙醇定容至10 mL（如果过滤速度慢，可用离心法，3 000 g离心5 min）。

5. 以80%乙醇作对照，在505 nm波长下，用1 cm比色皿测定样品的吸光度A_{505}。

6. 计算

$$红曲色价（以1 g样品计）= A_{505} \times 10 \times 2$$

五、注意事项

1. 发酵后期，若红色素产生量多（$A_{505} > 0.7$），可用80%乙醇稀释后测定。

2. 红曲发酵的米以粳米或籼米为好，若用糯米制作，由于黏度高，会使过滤困难。

3. 若要比较不同发酵条件下红曲米的色价，还应测定红曲米的含水量，结果以每克干红曲的色价来表示。

六、思考题

萃取后米粒中仍带有红色，是否会对结果产生影响？

实验4–10　红曲组分抗氧化能力的定性测定

一、实验目的

学习抗氧化物质的简易判断方法。

二、实验原理

自由基清除物质又称为抗氧化物质，可防御代谢过程中产生的自由基对机体的破坏作用，在抗衰老保健领域具有重要的作用。本实验用1,1–二苯–2–苦肼基（1,1–diphenyl–2–picrylhydrazyl，简称DPPH）作为自由基发生剂来筛选自由基清除物质。DPPH是一种紫色的溶液，当它被还原后，紫色褪去，从颜色变化可判断红曲提取物是否具有抗氧化活力。

自由基清除剂 DPPH（紫色）　　　　　　　1,1–diphenyl–2–picrylhydrazine（无色）

同样，靛酚（indophenol）溶液呈蓝色，当它被抗氧化物质还原后呈无色，根据褪色情况也可以判断红曲提取物的抗氧化能力。

三、实验材料、试剂与仪器

硅胶薄层层析板、层析缸、层析液（流动相）、0.5 mmol/L 1,1–二苯–2–苦肼基溶液或靛酚溶液。

四、实验步骤

1. 将实验 4-7 的酸溶性、中性和碱溶性浓缩物分别点在两块硅胶薄层层析板的基部，选取合适的流动相（如 75%己烷 /25%乙酸乙酯），在层析缸中进行薄层层析。

2. 待层析液上升到硅胶板高度的 90%时，取出硅胶板，风干。

3. 在 260 nm 或 370 nm 紫外灯下，观察硅胶板中各组分的分离情况，能显色的斑点（组分）处用铅笔做好记号。

4. 一块硅胶板喷上紫色的 1,1–二苯–2–苦肼基（DPPH）溶液，另一硅胶板喷上蓝色的靛酚溶液，观察褪色情况。褪色者表示其有抗氧化能力，褪色越快，表示抗氧化能力越强。

五、注意事项

1. 实验最好在通风柜中进行。

2. 紫外线对人体有一定伤害作用，尽可能不要照到皮肤上，观察时速度要快。

六、思考题

怎样选择合适的流动相？

实验 4-11　红曲粗提物的自由基清除活性测定 ▶

一、实验目的

1. 学习自由基清除活性的定量测定方法。

2. 测定红曲提取物的自由基清除活性。

二、实验原理

维生素 E 和维生素 C 是两种公认的效果比较好的自由基清除物质，其他自由基清除物质的评价常用其与维生素 E 或维生素 C 的相对活性来表示。本实验用 DPPH 作为自由基发生剂，由于 DPPH 呈紫色，在 517 nm 处有最大吸收峰，自由基清除能力越强，褪色越明显，因此可以用分光光度计定量测定。

三、实验材料、试剂与仪器

1. 试剂

（1）0.1 mol/L 乙酸缓冲液（pH 5.5）：称取 6.8 g 乙酸钠（NaAc·3H$_2$O）和 3 g（约 2.95 mL）乙酸分别溶于 500 mL 水中，等量合并后调 pH 至 5.5；

（2）0.5 mmol/L DPPH 溶液：3.9 mg DPPH 溶于 20 mL 乙醇中；

（3）0.8 mmol/L ASA（即维生素 C）溶液：称取 3.5 mg 维生素 C 溶于 10 mL pH 5.5 的 0.1 mol/L 乙酸缓冲液中。

2. 器材

分光光度计、30℃水浴锅或恒温箱等。

四、实验步骤

1. 样品制备

分别称取 10 mg 实验 4-7 中的酸溶性、中性和碱溶性浓缩物，用 20 mL 无水乙醇溶解，配制成 500 μg/mL 的溶液。

若要测定红曲粗提物的自由基清除活性，可将实验 4-9 步骤 4 中制备的提取液作为样品。

2. 按表 4-3 加样，30℃反应 30 min 后测定 A_{517}。

表 4-3　自由基捕捉活性的定量测定

试管号	乙酸缓冲液 /mL	80% 乙醇 /mL	DPPH/mL	维生素 C/mL	样品 /mL	A_{517}
1	2.0	3.0	0	0	0	0
2	2.0	2.0	1.0	0	0	A_1
3	1.9	2.0	1.0	0.1	0	A_2
4	2.0	1.0	1.0	0	1.0	A_3
5	2.0	2.0	0	0	1.0	A_4

3. 计算红曲粗提物样品相对于维生素 C 的自由基清除活力

$$自由基清除活力 = \frac{A_1 + A_4 - A_3}{A_1 - A_2} \times 100\%$$

五、注意事项

1. 试管应洗干净，防止其他还原性物质混入。
2. 测定红曲粗提物的自由基清除活力时，应设置对照来减小红曲色素的干扰（如测 A_4）。

六、思考题

1. DPPH 在 517 nm 处有最大吸收峰，而红曲色素在 505 nm 处有最大吸收峰，因此红曲色素对自由基清除活力的测定有很大的干扰作用，请设计一个实验来尽可能地消除这种干扰。

2. 是否可在测 4 号管时样品混合后马上测一个 A_{517}，30℃ 30 min 后再测一个 A_{517}，二者的差值代替上式中的 $A_1+A_4-A_3$ 来测定自由基清除活力？

实验 4-12　胆固醇合成抑制物高产红曲霉菌株的筛选

一、实验目的

1. 学习胆固醇合成抑制物高产菌株的筛选方法。
2. 掌握 3- 羟基 -3- 甲基戊二酸单酰辅酶 A（HMG-CoA）还原酶活性的测定方法。

二、实验原理

HMG-CoA 还原酶是胆固醇合成过程中的关键酶，催化 3- 羟基 -3- 甲基戊二酸单酰辅酶 A 还原成二羟甲基戊酸（MVA），因此可作为高脂血症临床药物的筛选靶标。

HMG-CoA 还原酶的活力可用单位时间内（每分钟）每毫克酶蛋白所氧化的 NADPH 量来表示。以不加抑制剂时的活力为对照，测定加入不同浓度抑制剂时酶活力的减小程度，可以判断抑制的强弱。由于 NADPH 在 340 nm 处有最大吸收峰，而其氧化物 NADP$^+$ 在此波长下没有吸收峰，因此可通过分光光度法来定量。

$$HMG\text{-}CoA + 2NADPH + 2H^+ \xrightarrow{\text{HMG-CoA 还原酶}} MVA + HSCoA + 2NADP^+$$

如果所用的酶为粗酶（有一定的浑浊度）或所用的抑制物有颜色，必须设置一组校正管，在计算酶活时从对照管和样品管的吸光度中减去校正值。

三、实验材料、试剂与仪器

1. 菌种

经自然选育获得的红曲霉菌株或经诱变选育获得的红曲霉突变株。

2. 试剂

（1）反应缓冲液：在 0.1 mol/L 磷酸缓冲液（pH 7.0）中溶入 0.1 mol/L KCl，1 mmol/L EDTA 和 10 mmol/L 二硫苏糖醇（DTT，或用 2 mmol/L cysteamine 代替）。具体配方如下：

2.067 g Na$_2$HPO$_4$·12H$_2$O 与 0.660 g NaH$_2$PO$_4$·2H$_2$O 溶于 95 mL 蒸馏水中，加入 0.745 g

KCl、29 mg EDTA、154 mg DTT，溶解后调 pH 至 7.0，并定容至 100 mL。

（2）20 mmol/L NADPH：1 mg NADPH·Na₄ 溶于 60 μL 反应缓冲液中，现配现用。

（3）10 mmol/L HMG–CoA：1 mg HMG–CoA 溶于 100 μL 反应缓冲液中，–20℃储藏。

（4）HMG–CoA 还原酶：从公司购买或从猪肝微粒体中制备。配制成 1 mg/μL 的酶溶液，4℃储藏。

3. 器材

恒温水浴锅、分光光度计、离心机等。

四、实验步骤

1. 红曲霉菌株的获得

收集各地的红曲，按实验 1-1 进行自然选育。或对实验室保藏菌株参照实验 1-8 进行诱变育种；先制备红曲霉菌的孢子悬液，用 80% 致死率的剂量进行诱变，涂平板，培养后挑选生长良好的突变株，保藏备用。

2. 菌株培养

按实验 4-5 对各菌株分别进行培养。

3. 红曲提取物的制备

如实验 4-7 所述提取红曲的酸溶性组分、碱溶性组分和中性组分，将它们溶解于反应缓冲液中，制备成一定浓度的红曲提取物。或参照实验 4-9 制备成红曲粗提液（用反应缓冲液代替乙醇浸提）。

4. HMG–CoA 还原酶活性测定

总反应体系为 2 mL。如果样品无色且酶液不浑浊，可只做空白管、对照管和样品管，按表 4-4 加入缓冲液、HMG–CoA 还原酶和红曲提取物，混匀，37℃保温 5 min 后加入 NADPH，立即测定吸光度 A_{340}，然后加入经预热的 HMG–CoA，37℃保温 10 min，再次测定 A_{340}，两读数的差值即为 NADPH 吸收峰的下降值。按公式（1）计算酶活性抑制百分率。

如果样品有色或酶液浑浊，可按表 4-4 设置校准管，直接测定反应后各管的 A_{340}，按公式（2）计算酶活性抑制百分率。

如果样品较多，可在保温 10 min 后迅速加入 200 μL 0.5 mol/L NaOH 以终止反应。

表 4-4　红曲提取物对 HMG–CoA 还原酶的抑制活性测定

管号	缓冲液 / μL	HMG–CoA 还原酶 / μL	红曲提取物 / μL		NADPH/ μL	HMG–CoA/ μL		A_{340}
空白管	1960	0	0	37 ℃ 水浴保温 5min	20	20	37 ℃ 水浴保温 10min	0
校正管 1	1990	10	0		0	0		
对照管	1950	10	0		20	20		
校正管 2	1970	10	20		0	0		
样品管	1930	10	20		20	20		

5. 计算

（1）HMG–CoA 还原酶活性抑制百分率 $= \dfrac{\Delta A_{对照管} - \Delta A_{样品管}}{\Delta A_{对照管}} \times 100\%$

式中：ΔA 表示对照管和样品管在 10 min 内的 A_{340} 变化。

（2）HMG–CoA 还原酶活性抑制百分率 $= \dfrac{(A_{对照管} - A_{校正管1}) - (A_{样品管} - A_{校正管2})}{A_{对照管} - A_{校正管1}} \times 100\%$

五、注意事项

1. 有条件的实验室可用液相色谱法检测反应体系中 NADPH 浓度的变化，藉以评价 HMG–CoA 还原酶抑制剂活性。

2. NADPH 会发生自氧化（虽然 DTT 有一定的保护作用），每次实验必须现配。测定 0 min 的 A_{340} 时，必须迅速，最好在有恒温装置的分光光度计上测定。

3. 若样品较多，可采用设置校正组的办法，在反应 10 min 后迅速加入 NaOH 使酶失活，但也必须尽可能快地测定，以免 NADPH 发生自氧化。

六、思考题

1. 对酶活定义的不同是否会对实验结果（HMG–CoA 还原酶活性抑制百分率）产生影响？为什么？

2. 加入 200 μL NaOH 后反应液体积的变化是否会对实验结果产生影响？

实验 4–13　红曲提取物的过氧化物酶活力测定

一、实验目的

1. 掌握间隔法测定过氧化物酶活力的原理及操作方法。
2. 测定红曲提取物的过氧化物酶活力。

二、实验原理

过氧化物酶（peroxidase，POD）广泛存在于好氧生物的细胞中，其功能主要是催化过氧化物的分解，清除机体在生物氧化过程中产生的过氧化物，保护细胞免受氧化损伤。这类酶最理想的底物通常为 H_2O_2，但也可以是过氧脂质等其他过氧化物。

$$ROOR' + 2e^- + 2H^+ \longrightarrow ROH + R'OH$$

过氧化物酶在催化 H_2O_2 分解时释放的中间产物新生态氧 [O]，可使无色的愈创木酚（邻甲氧基苯酚）氧化成红棕色的四邻甲氧基连酚，反应式如下：

$$4H_2O_2 \xrightarrow{\text{过氧化物酶}} 4H_2O + 4[O]$$

（无色）　　　　　　　　　　　　　　（红棕色）

过氧化物酶的活力在一定范围内与四邻甲氧基连酚的生成量成正比。由于四邻甲氧基连酚在 470 nm 处有最大吸收峰，故可通过测定 A_{470} 的变化来确定过氧化物酶的活力。本实验规定：在 25℃、pH4.6 的条件下，反应体系中 A_{470} 的增加值为 0.01OD/min 所需的酶量为一个过氧化物酶活力单位。

三、实验材料、试剂与仪器

1. 样品

实验室发酵所得的红曲米或摇瓶液体培养所得的红曲菌（实验 4-4）。

2. 试剂

（1）0.2 mol/L pH4.6 乙酸 – 乙酸钠缓冲液：1.36 g 乙酸钠（NaAc·3H₂O）溶于 95 mL 蒸馏水中，加 0.59 mL 冰乙酸，混匀后加水定容至 100 mL。

（2）愈创木酚溶液（2.5 g/L）：0.25 g 愈创木酚用 5 mL 50% 乙醇溶解后，用蒸馏水定容到 100 mL，临用前配制。

（3）40 mmol/L H_2O_2 溶液：取 410 μL 30% H_2O_2 溶液加水稀释至 100 mL，临用前配制。

3. 器材

分光光度计、研钵、恒温水浴锅、100 mL 容量瓶、吸管、离心机等。

四、实验步骤

1. 酶液的制备

精确称取 5.0 g 红曲米（或菌丝球），放于研钵中，加入预冷的 0.2 mol/L pH 4.6 的乙酸 – 乙酸钠缓冲液 3 mL，置冰浴上充分研磨。将匀浆液全部转入离心管中，再用 2 mL 乙酸 – 乙酸钠缓冲液洗涤研钵中残渣，并入离心管中，10 000 g 离心 2 min。收集上清液，即为粗酶液，4℃ 贮藏备用。

2. 测定

将分光光度计预热 10 min，调节波长至 470 nm。按表 4-5 加量后，25℃ 反应 5 min，每隔 1 min 记录 A_{470}（酶液加入量最好控制在 5min 内使 A_{470} 达到 0.5，若吸光度偏低，可增大酶用量，并相应减少缓冲液添加量）。

表 4-5 过氧化物酶活力的测定

试 剂	管 号						
	1	2	3	4	5	6	7
乙酸 – 乙酸钠缓冲液 /mL	1.8	1.0	1.0	1.0	1.0	1.0	1.0
愈创木酚溶液 /mL	1.0	1.0	1.0	1.0	1.0	1.0	1.0
25℃水浴保温 2 min							
粗酶液 /mL	0	0.8	0.8	0.8	0.8	0.8	0.8
H_2O_2 溶液 /mL	0.2	0.2	0.2	0.2	0.2	0.2	0.2
混匀，25℃保温，每隔 1 min 取 1 管测吸光度							
A_{470}	0	$A_{0\,min}$	$A_{1\,min}$	$A_{2\,min}$	$A_{3\,min}$	$A_{4\,min}$	$A_{5\,min}$

注：粗酶液和 H_2O_2 溶液可先在 25℃水浴预热 2 min。

3. 红曲过氧化物酶活力（U/g）计算

$$过氧化物酶活力 = \frac{\Delta A_{470} \times V_t}{W \times V_s \times t \times 0.01}$$

式中：ΔA_{470} 为一定反应时间内吸光度的变化；

W 为样品湿重（g）；

V_t 为酶液总体积（mL）；

V_s 为测定时取用酶液体积（mL）；

t 为反应时间（min）；

0.01 为校准系数，以每分钟 A_{470} 变化 0.01 为 1 个过氧化物酶活性单位。

五、注意事项

1. 必须严格控制读数时间。

2. 测定时，若分光光度计具有恒温装置，酶反应最好在分光光度计的比色杯内进行，只需做一个样品管，每隔 1 min 记录一个读数，连续记录 5 min，然后以时间为横坐标，A_{470} 值为纵坐标作图。根据 A_{470} 的变化速率（ΔA_{470}/min）计算出样品的过氧化物酶活力。

3. 每分钟的 ΔA_{470} 应为一恒定值。若酶活力快速衰减，即图上的斜率变小，则以图上直线部分的斜率为准来计算酶活力。

4. 最好用新购置的 30% H_2O_2 溶液（其浓度约为 9.8 mol/L），如果储藏时间过久，由于部分 H_2O_2 分解成氧气和水，会使浓度略有下降。

六、思考题

1. 过氧化氢在 240 nm 处有最大吸收峰，因此可用紫外分光光度法测定反应体系中残剩的过氧化氢来评价过氧化氢酶活力。已知 1 μmol/L H_2O_2 溶液在 240 nm 处的吸光度为 0.043 6，请据此设计一个实验来测定红曲的过氧化氢酶活力。

2. 为什么要每隔 1 min 进行一次读数？

实验 4-14　红曲提取物的超氧化物歧化酶活力测定

一、实验目的

1. 掌握测定超氧化物歧化酶活力的原理及操作方法。
2. 测定红曲提取物的超氧化物歧化酶活力。

二、实验原理

超氧化物歧化酶（superoxide dismutase，SOD）是一种催化超氧阴离子（O_2^-）和自由基歧化成分子氧和过氧化氢的酶，能特异性地清除自由基，减轻这些物质对机体的损伤。因此在生物的抗氧化和解毒过程中发挥着重要作用。

超氧化物歧化酶的测定方法很多，其中邻苯三酚自氧化法是最常用的一种。邻苯三酚在碱性条件下能迅速自氧化，生成一系列在 325 nm 和 420 nm 处有强烈光吸收的中间产物。当反应体系中存在 SOD 时，邻苯三酚自氧化生成的 O_2^- 在 SOD 催化下与 H^+ 结合生成 O_2 和 H_2O_2，阻止了带色中间产物的积累。因此，可通过吸光度的变化来测定酶活力。带色中间产物的积累量在最初的 3 min 内比较稳定，所以测定应该在 3 min 内完成。

邻苯三酚自氧化测定 SOD 活力的方法主要有两种。第一种是经典的 Markiund 法，简称 420 nm 法，该法中邻苯三酚和样品的加入量较大，一般各为 0.1 mL；另一种是改进的微量法，简称 325 nm 法，该法中邻苯三酚和样品的加入量较少，一般小于 10 μL。325 nm 法的灵敏度比 420 nm 法要高，适于 SOD 活力较低的样品，但因加样量少，测定误差相对较大；SOD 活力较高的样品可选择 420 nm 法。测定时 420 nm 法的自氧化速率控制在 0.020 OD/min 为好，325 nm 法的自氧化速率控制在 0.070 OD/min 为好。

通过比较邻苯三酚的自氧化反应速率（$\Delta A_{自}$/min）和存在样品时的氧化速率（$\Delta A_{样}$/min），便可算出 SOD 的活力。本实验用 325 nm 法测定红曲米的超氧化物歧化酶活力，规定在 25℃、pH8.3 的条件下，使每毫升反应液中邻苯三酚自氧化速率抑制 50% 的酶量为 1 个酶活力单位（U）。

三、实验材料、试剂与仪器

1. 样品

实验室发酵所得的红曲米或摇瓶液体培养所得的红曲菌（实验 4-4）。

2. 试剂

（1）酶提取缓冲液：0.2 mol/L 乙酸 - 乙酸钠缓冲液（pH4.6，参见实验 4-13，另加 1 mmol/L EDTA）。

（2）自氧化测定用缓冲液：

50 mmol/L 磷酸缓冲液（pH 8.3）：1.728 g $Na_2HPO_4 \cdot 12H_2O$ 与 27.3 mg $NaH_2PO_4 \cdot 2H_2O$ 溶解于蒸馏水中，定容至 100 mL。

（3）0.04 mmol/L 邻苯三酚溶液：称取 504 mg 邻苯三酚，用 0.01 mmol/L 盐酸溶解并定容至 100 mL。

3. 器材

恒温水浴锅、分光光度计、离心机等。

四、实验步骤

1. 酶液的制备：同实验 4–13，可适当浓缩。

2. 粗酶液活性测定：将分光光度计预热 10 min，设定波长 325 nm。按表 4–6 加入缓冲液后，在 25℃恒温水浴中保温 5 min，然后加入经 25℃预热的邻苯三酚（空白管用 0.01 mmol/L 盐酸代替），迅速摇匀倒入 1 cm 比色皿中，以空白管为参比，在 325 nm 下测吸光值，每隔 30 s 测一次，连续记录 3 min，求出光密度的变化速率。若邻苯三酚的自氧化速率偏离 0.070 ± 0.002 OD/min，可在调节邻苯三酚溶液的用量后重新测定。

表 4–6　超氧化物歧化酶活力的测定

管号	pH8.3 缓冲液（μL）		SOD 提取液（μL）	0.01 mmol/L 盐酸（μL）	邻苯三酚（μL）	A_{325}
1	2 990		0	10	0	0
2	2 990	25℃水浴	0	0	10	$A_{自}$
3	2 980	5 min	10	0	10	$A_{样1}$
4	2 940		50	0	10	$A_{样2}$
5	2 890		100	0	10	$A_{样3}$

3. 以时间为横坐标，A_{325} 值为纵坐标作图（或求回归方程），求出图中直线部分的斜率，即 ΔA_{325}/min。

4. 求出每克红曲中过氧化物酶的活力，以 U/g 表示。

$$\text{SOD 酶活力（U/ml）} = \frac{\Delta A_{自} - \Delta A_{样}}{\Delta A_{自}} \times \frac{100\%}{50\%} \times \frac{V'}{V} \times D$$

式中：V' 为反应液总体积；

V 为所加样品液体积；

D 为样品液稀释倍数。

总活力（U/g）= 单位体积活性（U/mL）× 原液体积（mL）/ 样品质量（g）

五、注意事项

1. 邻苯三酚浓度的选择：反应液中邻苯三酚自氧化速率随其浓度的增加而增加，但自氧化速率随时间变化的线性范围随其浓度增加而减少。只有邻苯三酚的自氧化速率在 0.070 ± 0.002 OD/min 时氧化速率在 3 min 内基本保持恒定。随着邻苯三酚浓度的增加，SOD 对其自氧化的抑制也相应减小。

2. 反应温度的选择：邻苯三酚自氧化速率随反应温度的升高而增加，而其自氧化速率随时间变化的线性范围随反应温度的升高而降低，SOD 对邻苯三酚自氧化抑制率随温度的升高而减少，本实验选择反应温度为 25℃。

3. 反应 pH 的选择：邻苯三酚的自氧化速率随 pH 的升高而加快。当 pH 低于 8.20 时，要维持自氧化速率 0.070 ± 0.002 OD/min，则需增加邻苯三酚的加入量。结果是产生更多的活性氧，故测定时必须增大样品的量才能使自氧化速率抑制到可测范围，且易使测出的 SOD 活力偏低；反之，pH 高于 8.20 时，酶活测定值偏高。

4. 红曲中的酚类物质对测定有干扰，制备粗酶液时可加入少量聚乙烯吡咯烷酮来去除。

六、思考题

1. 如果实验室只有可见光分光光度计，怎样来测定样品的 SOD 活性？写出详细实验步骤，并进行操作尝试。

2. 红色素对结果是否会有影响？

实验 4-15　红曲提取物的过氧化氢酶活力测定

一、实验目的

1. 学习过氧化氢酶活力测定的方法。
2. 比较不同发酵条件下红曲霉菌的过氧化氢酶活力。

二、实验原理

红曲菌丝具有较强的过氧化氢酶（catalase）活力，能将外界环境中的 H_2O_2 消除。H_2O_2 能与 Fox1 试剂中的铁发生 Fenton 反应，将二甲酚醇氧化成蓝紫色的复合物，该复合物在 562 nm 有最大的吸收峰，因此可用分光光度法测定。

三、实验材料、实际与仪器

1. 样品
实验室发酵所得的红曲米或摇瓶发酵所得的液体培养物。

2. 试剂

（1）0.2 mol/L 醋酸缓冲溶液（pH 4.6）：吸取冰醋酸 2.95 mL，称取醋酸钠（NaAc·3H_2O）6.8 g，加水定容至 500 mL。

（2）Fox1 试剂：76 mg 二甲酚醇（xylenol orange）和 18.217 g 山梨醇溶于 1 000 mL 蒸馏水中，加硫酸 1.33 mL，混匀后加入 100 mg 硫酸亚铁铵，溶解后溶液应为黄色。

3. 器材
恒温水浴锅、分光光度计、离心机等。

四、实验步骤

1. 酶液制备

称取 5.0 g 固体发酵之红曲米，放于研钵中，加醋酸－醋酸钠缓冲液 10 mL（若红曲米较干，可多加些缓冲液），研碎，30℃水浴锅中浸提 30 min（每隔 5 min 搅拌 1 次），过滤（或离心），滤液定容至 10 mL，即为粗酶液。

2. 制作标准曲线（表 4–7 中 1～7 号管）及测定红曲中过氧化氢酶活力（表中 8～9 号管，可 3 个重复）。

表 4–7　过氧化氢酶活力测定 *

试管号	1	2	3	4	5	6	7	8	9
H_2O_2 浓度 /$\mu mol \cdot L^{-1}$	0	40	80	120	160	200	400	200	200
0.4 mM H_2O_2/mL	0	0.2	0.4	0.6	0.8	1.0	2.0	1.0	1.0
缓冲液 /mL	2	1.8	1.6	1.4	1.2	1.0	0	0.8	0.8
红曲提取液 /mL	–	–	–	–	–	–	–	–	0.2
30℃保温 30 min									
红曲提取液 /mL	–	–	–	–	–	–	–	0.2	–
各吸取反应混合液 0.2 mL									
Fox 1 试剂	1.8	1.8	1.8	1.8	1.8	1.8	1.8	1.8	1.8
30℃ 30 min									
A_{562}	0							A1	A2

* 吸取 0.2 mL 30% H_2O_2 溶解于 450 mL 蒸馏水中，混匀后吸 1 mL，加至 9 mL 缓冲液中，即得 0.4 mmol/L H_2O_2。

3. 以过氧化氢浓度为横坐标，A_{562} 为纵坐标，作标准曲线。根据标准曲线，查出样品反应前的 A_1 和反应后的 A_2 所对应的过氧化氢浓度，根据浓度变化求出红曲提取物的过氧化氢酶活力。

4. 过氧化氢酶活力计算：以实验条件下 1 g 红曲 1 h 分解 1 μmol H_2O_2 为一个酶活单位。

五、注意事项

1. Fox1 试剂配制时各化学物质加入的次序不能搞错，最终混合液应呈黄色，否则要重配。

2. 红曲接种和培养时注意无菌操作，培养箱最好能恒温恒湿调控。若不能控制湿度，应在培养箱底部加一盆水，尽量减少红曲中水分的蒸发。

六、思考题

1. 用加热杀死的酶作对照代替 8 号管，是否使结果更精确？

2. 红曲中的红色素是否会对结果造成影响？

3. Fox1 试剂配好后总量超过 1 000 mL 对结果是否有影响？你认为先加蒸馏水990 mL，待全部试剂溶解后再定容至 1 000 mL，是否更合理？

实验 4-16　红曲发酵液中 Monacolin K 含量的测定

一、实验目的

1. 了解高效液相色谱仪的测定原理及使用方法。
2. 掌握红曲发酵液中 Monacolin K 含量的测定方法。

二、实验原理

红曲发酵液中的 Monacolin K 具有抑制胆固醇合成的功效，其分子式为 $C_{24}H_{36}O_5$，结构式如下：

Monacolin K 是一种中性有机组分，易溶于甲醇（或乙醇）中，因此可按实验 4-7 中的步骤用甲醇把它抽提出来。但抽提的组分中含有许多杂质，这些杂质在以乙腈：0.1% H_3PO_4 = 65：35 为流动相的层析柱中与 Monacolin K 有不同的分配系数，因此可以用高效液相色谱将它们分开。同时，Monacolin K 在 238 nm 处有最大吸收峰，峰的面积与 Monacolin K 的量成正比，因此可用测定峰面积来推算发酵液中的 Monacolin K 含量。

三、实验材料、试剂与仪器

1. 试剂

Monacolin K 标准样品、乙腈（色谱纯）、甲醇（色谱纯）、磷酸（分析纯）、95%乙醇（分析纯）等。

2. 仪器

液相色谱仪（带紫外检测器）、色谱柱（如 Shim-pack VP-ODS C_{18}，4.6 mm×150 mm，5 μm）等。

四、实验步骤

1. 标准曲线的绘制

精确称取 Monacolin K 标准品 2.5 mg，以甲醇溶解并定容至 50 mL，精确吸取 0.04、0.2、1.0、2.0、4.0、6.0、8.0 mL，用甲醇定容至 10 mL。取 20 μL 进样，以乙腈：0.1%

$H_3PO_4 = 65 : 35$ 为流动相进行层析,读出保留时间。以浓度为横坐标,峰面积为纵坐标,绘制标准曲线。

2. 红曲中 Monacolin K 的含量测定

精确称取实验 4-7 中的中性组分 10 mg,用 1 mL 甲醇溶解,取 20 μL 进样测定,读取保留时间与标准 Monacolin K 一致组分的峰面积。

3. 从标准曲线上查出相应的 Monacolin K 含量。

4. 用甲醇清洗色谱柱。

五、注意事项

1. 高效液相色谱仪贵重,使用时必须十分小心。

2. 进行液相色谱测定所用的溶剂应是色谱纯,提取时的溶剂可用分析纯。

六、思考题

若红曲提取物中杂质过多,是否会影响 Monacolin K 含量的测定?

实验 4-17　红曲霉素的提取及其抑菌能力的测定

一、实验目的

1. 了解红曲代谢产物的多样性。
2. 掌握抑菌性能的测定方法。

二、实验原理

红曲发酵液中除含有 Monacolin 等一系列生理活性物质外,还存在着一些抗菌成分,特别是在液态发酵的发酵液中,通常把这些具有抑菌活性的成分统称为红曲霉素。20 世纪 70 年代,我国有关单位对红曲的抑菌物质进行了研究,发现从红曲发酵液中提取的红曲霉素能抑制大肠杆菌、奈氏球菌的生长,对治疗慢性肠炎、痢疾有特效,对家畜肠道病和仔猪白痢也具有显著疗效。其后有人从红曲霉素中分离出了 Monascidin A,并证实此物质对芽孢杆菌、链球菌、假单胞菌等食品腐败菌具有显著的抑制作用。

本实验以金黄色葡萄球菌为指示菌,用钢圈琼脂法测定红曲霉素的抑菌能力。

三、实验材料、试剂与仪器

1. 测定用指示菌金黄色葡萄球菌。

2. 器材和培养基见实验 1–5。

四、实验步骤

1. 标准抑菌曲线的制作

参考实验 1–5。

2. 红曲发酵液的抑菌试验

取培养好的液体红曲发酵液，代替图 1–6 中的 B 或 C，进行抑菌试验，若有显著抑菌能力（发酵液抑菌圈在 10 mm 以上者认定为有效），可从中提取红曲霉素。

3. 红曲霉素的提取

经抑菌检验合格的发酵液经过滤，滤液中加 1/10 体积的 95% 乙醇剧烈振摇后，用文火蒸馏，每 500 mL 红曲液蒸出 150 mL 左右的馏出物。蒸出的馏出物继续在旋转蒸发仪上浓缩，至原体积的 1/10，浓度一般达 14～15°Bx，即为红曲霉素原液。

对固态发酵的红曲，粉碎后用 80% 乙醇浸提，提取液在旋转蒸发仪上减压蒸馏，蒸去乙醇，浓缩液测定抑菌活性。

4. 红曲霉素的抗菌活性

红曲霉素粗提物用磷酸缓冲液稀释后，同以上方法进行抑菌试验，计算校准值，并从标准曲线查出红曲霉素的抑菌效价。

五、注意事项

作为提取液的乙醇要蒸干，因为它本身也能杀死指示菌。

六、思考题

指示菌的浓度对结果会产生怎样的影响？

实验 4–18　红曲淀粉酶活力的测定 ▶

一、实验目的

了解红曲中淀粉酶活力的测定方法。

二、实验原理

红曲霉具有较强的淀粉分解能力，它除了能将淀粉液化生成不同分子量的糊精及寡糖外，还具有糖化酶的活力，能将短链糊精和寡糖分解为葡萄糖。α- 淀粉酶（淀粉 1,4- 糊精酶）是一种液化酶，能将淀粉中的 α-1，4 糖苷键切断，生成大量糊精及少量麦芽糖和葡萄糖，使淀粉浓度下降，黏度降低。由于碘液与不同分子量的糊精反应后呈现不同的颜色（从蓝色、紫色、红色，到无色），因此可以以蓝色消失速度来衡量红曲霉液化能力的大小。淀粉 – 碘复合物在 660 nm 处有较大的吸收峰，可用分光光度计来测定。

若要测定红曲霉的糖化能力，可用水解后生成的还原糖含量来衡量，有关操作可参考啤酒分析实验中还原糖含量的测定（见实验3–10）。

三、实验材料、试剂与仪器

1. 试剂

（1）0.2 mol/L 乙酸 – 乙酸钠缓冲溶液（pH 4.6）

乙酸溶液：吸取冰乙酸1.18 mL，加水定容至100 mL；

乙酸钠溶液：称取乙酸钠（NaAc·3H$_2$O）2.72 g，加水定容至100 mL；

将乙酸溶液与乙酸钠溶液等体积混合即为pH 4.6的缓冲溶液。

（2）其他试剂参见实验1–6。

2. 器材

分光光度计、水浴锅等。

四、实验步骤

1. 酶液制备

称取5.0 g固体发酵之红曲米，用研钵研碎，加乙酸 – 乙酸钠缓冲液10 mL，30℃水浴锅中浸提1 h（每隔15 min搅拌1次），过滤或离心（3 000 g，5 min），滤液（或上清液）用乙酸 – 乙酸钠缓冲液定容至10 mL，即为粗酶液。另取红曲米5.0 g，在105℃干燥箱中烘至恒重，求得含水量。

2. 标准曲线的制作及淀粉酶活力测定

按实验1–6进行，用乙酸 – 乙酸钠缓冲液代替磷酸氢二钠 – 柠檬酸缓冲液。

3. 酶活力计算

酶活力以1 g红曲米在40℃、pH 4.6的条件下1 h所分解的淀粉毫克数来衡量。

五、注意事项

1. 淀粉一定要用少量冷水调匀后，再倒入沸水中溶解。若直接加到沸水中，会溶解不均匀，甚至结块。

2. 若淀粉酶活力高，可将酶液用缓冲液稀释后测定。

六、思考题

1. 设计一个实验来测定红曲酶液中的糖化酶活力。

2. 红曲米本身含有较丰富的淀粉，研磨过程中会把部分淀粉带入粗酶液中，而对结果造成一定的影响。方法之一是用失活的酶作一对照，将红曲粗酶提取液在100℃水浴处理5 min。请设计一个对照实验来尽可能减小这种影响。

主要参考文献

Berenjian A. Essentials in Fermentation Technology. Switzerland AG：Springer，2019.

EI-Mansi E M T，Nielsen J，Mousdale D，et al. Fermentation Microbiology and Biotechnology. 4th Ed. Boca Raton：CRC Press，2018.

Guido L F. Brewing and Craft Beer. Basel，Switzerland：MDPI AG，2019.

Harzevili F D，Chen H. Microbial Biotechnology：Progress and Trends. Boca Raton：CRC Press，2018.

Kumar P，Patra J K，Chandra P. Advances in Microbial Biotechnology：Current Trends and Future Prospects. Florida：Apple Academic Press，2018.

Ray R C，Didier M. Microorganisms and Fermentation of Traditional Foods. Boca Raton：CRC Press，2014.

SHUKLA P. Microbial biotechnology：an interdisciplinary approach. Boca Raton：CRC Press，2016.

STEUDLER S，WERNER A，CHENG J J. Solid state fermentation：research and industrial applications. Cham：Springer Nature Switzerland AG，2019.

YOKOTA A，IKEDA M. Amino Acid Fermentation. Tokyo：Springer Japan KK，2018.

傅金泉，张华山，姚继承. 中国红曲及其实用技术. 武汉：武汉理工大学出版社，2017.

管敦仪. 啤酒工业手册. 修订版. 北京：中国轻工业出版社，2018.

佟毅. 味精绿色制造新工艺、新装备. 北京：化学工业出版社，2020.

吴根福. 几个啤酒酵母菌株的性能比较. 科技通报，1995（2）：107-110.

吴根福. 使用固定化酵母凝胶珠的分批式啤酒发酵 // 毛树坚. 生命科学论文集. 杭州：杭州大学出版社，1992：134-139.

吴根福. 固定化细胞帘式生物反应器用于啤酒发酵的研究 // 毛树坚. 生命科学论文集. 杭州：杭州大学出版社，1992：207-209.

吴根福，陈佩华. 己酸菌和产酯酵母共固定产己酸乙酯的研究. 生物工程学报，1996，12（增刊）：141-145.

吴根福，高海春. 微生物学实验简明教程. 北京：高等教育出版社，2015.

吴根福，吴科杰，高海春. 优化设计，整合资源，提高实验教学质量. 实验室研究与探索，2016（8）：203-206.

吴根福，吴雪昌. 红曲菌产生的 DPPH 自由基捕捉物质的筛选. 微生物学报，2000，40（4）：394-399.

吴根福，杨志坚. 炭角菌深层发酵制品的抗氧化特性研究. 浙江大学学报，2002，29（2）：179-183.

杨立，龚乃超，吴士筠. 现代工业发酵工程. 北京：化学工业出版社，2020.

杨生玉，张建新. 发酵工程. 北京：科学出版社，2013.

于信令. 味精工业手册. 2 版. 北京：中国轻工业出版社，2009.

余龙江 . 发酵工程原理与技术 . 北京：高等教育出版社，2016.

GB 15961–2005，食品添加剂　红曲红 . 北京：中国标准出版社，2005.

GB 4926–2008，食品添加剂　红曲米（粉）. 北京：中国标准出版社，2008.

GB 4927–2008，啤酒 . 北京：中国标准出版社，2008.

GB/T 4928–2008，啤酒分析方法 . 北京：中国标准出版社，2008.

GB/T 8967–2007，谷氨酸钠（味精）. 北京：中国标准出版社，2007.

郑重声明

高等教育出版社依法对本书享有专有出版权。任何未经许可的复制、销售行为均违反《中华人民共和国著作权法》,其行为人将承担相应的民事责任和行政责任;构成犯罪的,将被依法追究刑事责任。为了维护市场秩序,保护读者的合法权益,避免读者误用盗版书造成不良后果,我社将配合行政执法部门和司法机关对违法犯罪的单位和个人进行严厉打击。社会各界人士如发现上述侵权行为,希望及时举报,本社将奖励举报有功人员。

反盗版举报电话　　(010) 58581999　58582371　58582488
反盗版举报传真　　(010) 82086060
反盗版举报邮箱　　dd@hep.com.cn
通信地址　北京市西城区德外大街4号　高等教育出版社法律事务与版权管理部
邮政编码　100120

防伪查询说明

用户购书后刮开封底防伪涂层,利用手机微信等软件扫描二维码,会跳转至防伪查询网页,获得所购图书详细信息。也可将防伪二维码下的20位密码按从左到右、从上到下的顺序发送短信至106695881280,免费查询所购图书真伪。

反盗版短信举报

编辑短信"JB,图书名称,出版社,购买地点"发送至10669588128

防伪客服电话

(010) 58582300